信息科学技术学术著作丛书

# 对等网络的拓扑结构及数据驱动路由方法

郭得科　朱晓敏　周晓磊　刘　忠　著

科学出版社
北　京

## 内 容 简 介

本书以结构化对等网络的可扩展拓扑结构为基础，深入地探讨一些新型的网络拓扑结构的设计与优化方法，并通过引入数据驱动路由机制解决非结构化对等网络的低延迟和低成本资源定位问题。第 1 章和第 2 章介绍对等网络的应用和发展现状。第 3 章～第 6 章阐述四种新型的常量度数互联结构以提高结构化对等网络的系统能力，分别是 MOORE、BAKE、KCube 和 KMcube。第 7 章～第 10 章讨论非结构化对等网络的数据驱动路由问题，分别介绍基于 BF 的全状态概率路由机制、基于 BF 的弱状态概率路由机制、基于 BF 的索引路由机制，以及数据驱动路由中的噪声干扰抑制问题。

本书可作为高等院校计算机专业、软件工程专业、信息系统专业以及其他相近专业的教材或教学参考书，也可供对应专业的研究人员和工程技术人员阅读。

**图书在版编目(CIP)数据**

对等网络的拓扑结构及数据驱动路由方法/郭得科等著. —北京：科学出版社，2018.5

(信息科学技术学术著作丛书)

ISBN 978-7-03-056903-5

Ⅰ.①对… Ⅱ.①郭… Ⅲ.①计算机网络-网络拓扑结构②计算机网络-数据处理 Ⅳ.①TP393

中国版本图书馆 CIP 数据核字(2018)第 049608 号

责任编辑：张艳芬 王 苏 / 责任校对：郭瑞芝

责任印制：张 伟 / 封面设计：蓝 正

科学出版社 出版

北京东黄城根北街 16 号

邮政编码：100717

http://www.sciencep.com

北京九州迅驰传媒文化有限公司印刷

科学出版社发行 各地新华书店经销

*

2018 年 5 月第 一 版 开本：720×1000 1/16

2025 年 8 月第三次印刷 印张：14 1/2

字数：273 000

**定价：88.00 元**

(如有印装质量问题，我社负责调换)

# 《信息科学技术学术著作丛书》序

21世纪是信息科学技术发生深刻变革的时代，一场以网络科学、高性能计算和仿真、智能科学、计算思维为特征的信息科学革命正在兴起。信息科学技术正在逐步融入各个应用领域并与生物、纳米、认知等交织在一起，悄然改变着我们的生活方式。信息科学技术已经成为人类社会进步过程中发展最快、交叉渗透性最强、应用面最广的关键技术。

如何进一步推动我国信息科学技术的研究与发展；如何将信息技术发展的新理论、新方法与研究成果转化为社会发展的推动力；如何抓住信息技术深刻发展变革的机遇，提升我国自主创新和可持续发展的能力？这些问题的解答都离不开我国科技工作者和工程技术人员的求索和艰辛付出。为这些科技工作者和工程技术人员提供一个良好的出版环境和平台，将这些科技成就迅速转化为智力成果，将对我国信息科学技术的发展起到重要的推动作用。

《信息科学技术学术著作丛书》是科学出版社在广泛征求专家意见的基础上，经过长期考察、反复论证之后组织出版的。这套丛书旨在传播网络科学和未来网络技术，微电子、光电子和量子信息技术、超级计算机、软件和信息存储技术、数据知识化和基于知识处理的未来信息服务业、低成本信息化和用信息技术提升传统产业，智能与认知科学、生物信息学、社会信息学等前沿交叉科学，信息科学基础理论，信息安全等几个未来信息科学技术重点发展领域的优秀科研成果。丛书力争起点高、内容新、导向性强，具有一定的原创性，体现出科学出版社“高层次、高水平、高质量”的特色和“严肃、严密、严格”的优良作风。

希望这套丛书的出版，能为我国信息科学技术的发展、创新和突破带来一些启迪和帮助。同时，欢迎广大读者提出好的建议，以促进和完善丛书的出版工作。

中国工程院院士

原中国科学院计算技术研究所所长

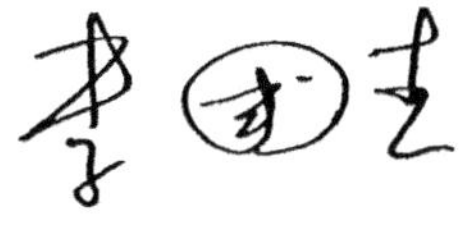

# 前　言

对等网络是由众多互联网主机自发组织或依特定规则组织而成的分布式系统。单个主机的资源非常有限，但大量这类主机构成的对等网络则能提供非常丰富的资源和强大的服务能力。对等网络被广泛运用于很多领域，具有广阔的应用前景，也面临很多方面的技术挑战。以是否对拓扑结构和资源的组织方式施加约束规则为依据，对等网络分为结构化对等网络和非结构化对等网络两个基本研究方向。

结构化对等网络控制节点之间的邻居关系，即每个节点在选择邻居节点时遵循特定的规则。此外，结构化对等网络还对全部节点的资源实施全局层面的统一组织和存储，即并不是每个节点在本地组织和存储其拥有的资源，而是全部节点共同组织和存储加入网络的所有资源。在节点邻居规则和资源存储规则的支持下，结构化对等网络能非常高效地支持基于精确匹配的资源定位模式，并确保在确定的延迟内正确定位目标资源。结构化对等网络的拓扑性质是影响其系统性能的最关键因素，从拓扑优化的角度研究结构化对等网络是非常重要的研究思路。

非结构化对等网络没有明确的拓扑结构规则，并且仅要求对各个节点所拥有的资源进行本地组织和管理。每个参与节点以自组织的方式同其他一些节点建立邻居关系，通常最终形成一个随机网络。非结构化对等网络没有全局层面的资源组织机制，任何一个节点在定位一个网络资源时都不能仅仅根据本地信息推导出目标资源所在节点的信息。因此，在没有其他机制辅助的前提下，资源定位机制不能同时获得较低的定位延迟和少量的定位成本。为非结构化对等网络的资源定位问题设计能够同时满足低延迟和低成本的路由机制显得尤为重要。此时，数据驱动路由方法的研究是解决非结构化对等网络资源定位问题的关键。

作者围绕对等网络的上述两个重要研究方向，进行了一系列深入而系统的研究。本书以结构化对等网络的可扩展拓扑结构为基础，深入地探讨一些新型网络拓扑结构的设计与优化方法，并通过引入数据驱动路由机制解决非结构化对等网络的低延迟和低成本资源定位问题。书中绝大部分内容取材于作者及其团队近年来在国内外重要学术期刊和会议上发表的论文，全面系统地展示相关领域的很多新的研究成果和进展。

本书共 10 章，从结构上可分为三部分。

第一部分介绍对等计算及对等网络发展现状，包括第 1 章和第 2 章。第 1 章从起源和发展的角度详述对等计算模式的概念、对等网络系统的分类、对等网络系统的应用以及所面临的重大挑战。第 2 章对当前对等网络采用的网内数据存储和数据驱动路由机制进行详细介绍，分别介绍结构化对等网络、非结构化对等网络，以及混合对等网络的数据驱动路由机制。

第二部分是结构化对等网络的拓扑结构。结构化对等网络的拓扑性质是影响其系统性能的关键因素。本部分将论述四种独立设计的新型拓扑结构，分别是 MOORE 拓扑结构、BAKE 拓扑结构、KCube 拓扑结构、KMcube 拓扑结构。MOORE 和 BAKE 拓扑结构的网络直径和平均路由长度分别优于基于其他多机互联网络的结构化对等网络的对应指标。KCube 和 KMcube 拓扑结构采用混合图的设计理念，构造出能兼容多种拓扑结构优势的新结构。这部分内容包括第 3 章～第 6 章。

第 3 章介绍基于非正则 Kautz 图的常量度数结构化对等网络——MOORE。无论在静态环境还是动态环境中，MOORE 均能获得常量度数（节点的度数随着网络规模的增长一直固定不变）和 $O(\log N)$ 量级的网络直径。

第 4 章介绍支持任意节点规模的平衡 Kautz 树和 Kautz 环，并在此基础上设计一种新的结构化对等网络 BAKE，其继承了正则 Kautz 图的拓扑结构优势，并具有对数网络直径和常量节点度数。

第 5 章介绍基于复合图的常量度数结构化对等网络 KCube，其采用 Hypercube 结构作为单元簇，并依据 Kautz 有向图的拓扑结构实现诸多单元簇之间的规则互联。KCube 在继承 Hypercube 和 Kautz 图拓扑优势的同时也避免了各自的不足，因此拥有许多优良的网络拓扑性质，如模块化、可扩展性和规则性。

第 6 章介绍基于复合图的常量度数结构化对等网络 KMcube，其采用 Möbius "立方体"结构作为单元簇，并按照 Kautz 有向图的拓扑结构实现诸多单元簇之间的规则互联。KMcube 比 KCube 具有更小的网络直径，还可以支持并行计算机和数据中心的互联结构设计。

第三部分介绍非结构对等网络的数据驱动路由方法。由于拓扑结构的不确定性和资源对象放置的随意性，非结构化对等网络的资源定位机制难以同时获得较低的定位延迟和定位成本。数据驱动路由方法是解决上述非结构化对等网络问题的关键。本书依次论述四方面的问题，分别是基于 BF 的全状态概率路由、基于 BF 的弱状态概率路由、基于 BF 的索引路由以及数据驱动路由中的噪声干扰抑制问题。这部分内容包括第 7 章～第 10 章。

第 7 章介绍非结构化对等网络中基于 BF 的全状态概率路由。传统的 BF 设计方法会使基于 BF 的全状态概率路由演变成泛洪广播这种无序路由。为此，本章提出面向接收方的 BF 优化设计方法，据此能够确保基于 BF 的全状态概率路由机制的有效性和可行性。

第 8 章介绍非结构化对等网络中基于 BF 的弱状态概率路由。本章提出有效实现基于 BF 的弱状态概率路由机制的充分和必要条件，并设计面向接收方的 BF 优化机制来满足此充分和必要条件，还解决弱状态概率路由机制产生的冗余消息问题和网络覆盖问题。

第 9 章介绍非结构化对等网络中基于 BF 的索引路由。本章发现，为静态集合设计的 BF 被用以表示动态集合时，会面临假阳性判定概率无法控制的难题。本章首次提出动态 BF 来处理动态集合并兼容静态集合，通过按需扩展自身容量将其发生假阳性判定的概率控制在较低水平。

第 10 章介绍数据驱动路由中的噪声干扰抑制问题。本章提出两种设计方法来高效抑制噪声对路由的影响，可使弱状态概率路由算法以很高的概率将查询消息向正确方向转发，并使全状态概率路由算法确保各节点能够沿着最短路径将查询消息路由到目标节点。

本书的研究工作得到了国家自然科学基金优秀青年科学基金项目（No. 61422214）、国家自然科学基金面上项目（No. 61772544）以及湖南省自然科学基金杰出青年基金项目（No. 2016JJ1002）的资助。朱桂明博士参与了第 10 章的撰写。研究生谢俊杰、胡智尧、陈月月、史良、任棒棒、秦煜东、苑博、程葛瑶等参与了本书的排版、图表绘制、整理等工作，在此一并表示感谢。

限于作者水平，书中难免存在不足之处，恳请读者批评指正。

郭得科

2018 年 1 月于长沙

# 目　　录

# 第 1 章　对等网络简介

对等(peer-to-peer,P2P)网络是近年兴起的一种重要网络技术。P2P 网络由众多地位平等的网络主机自发随机组织或依特定规则组织而成,即使单个网络主机的资源非常有限,其也能提供丰富的资源和强大的服务能力。一些著名的文件共享系统取得巨大成功之后,P2P 网络被广泛运用于很多领域,具有广阔的应用前景。本章分别从起源和发展详述 P2P 计算模式的概念、P2P 网络系统的分类和研究进展;从应用领域的角度阐述 P2P 网络在内容共享等传统应用、移动 P2P 网络、存储系统、信息中心网络等领域的应用现状;从信任机制、数据污染、扰动问题、搭便车问题、流量识别问题、负载均衡问题等方面阐述 P2P 网络面临的重大挑战。

## 1.1　起源与发展

### 1.1.1　P2P 计算模式的概念

在传统的客户机/服务器(client/server,C/S)计算模式中,参与计算的主机存在角色上的根本差异。在整个计算过程中,客户端不断地向服务端索取资源而无法向服务端共享资源,长久以来,网络应用完全围绕服务端开展。随着互联网的广泛普及、网络带宽的大幅增加,以及客户端主机性能的大幅提高,学术界和工业界开始研究如何将处于网络边缘的众多客户端主机纳入应用,进而充分利用这些潜在的庞大资源。在这种大背景下,P2P 计算模式应运而生,并自 20 世纪末以来受到工业界和学术界的普遍关注[1],逐渐成为信息学科研究和应用的热点问题。P2P 计算模式与传统的 C/S 计算模式相比,所有参与计算的网络主机处于完全对等的地位,没有客户机和服务器之分。换句话说,每台网络主机既是客户机,也是服务器;既向他人提供服务,也享受来自他人的服务。

P2P 并不是一种全新的概念,其起源可以追溯到互联网诞生之初的点对点通信模式。互联网的基础架构和协议支持任意两台主机之间的端到端通信,参与通信的双方处于平等地位。在早期的互联网中,P2P 是占主导地位的网络结构和应用模式。新闻讨论组(uses network,USENET)是基于 P2P 的早期典型应用,是互联网上信息传播的一个重要组成部分,也是互联网上一种高效的交流方式。后来,个人用户与机构用户在经济能力和对互联网使用意图上的不对等,导致互联网上的个人计算机和机构主机呈现出处理能力、网络带宽以及提供内容等方面的不对等。各类服务和内容提供商接入互联网的网络主机具有强大的计算能力和很高的网络带宽,而且对外发布个人用户不具备的丰富内容。在这种大背景下,大型主机成为各种互联网应用的中心,而个人计算机只是从互联网获取服务的网络终端,因此 C/S 计算模式广泛流行并取得了巨大成功。万维网是互联网在该阶段的垄断性应用,并推动了互联网的快速普及和发展。

但是,随着互联网和个人计算机的逐渐普及并深入大众的日常生活,人们需要更直接、更广泛的信息交流,可以实现更多的资源和服务共享。普通用户希望能够更全面地参与到互联网的信息交流中,而个人计算机和网络性能的提升也使其具有了实现的可能性。一方面,个人计算机的性能迅速提高而价格不断下降,当前一台普通个人计算机的计算能力和存储能力已经超过了 30 年前的大型机。与此同时,互联网基础设施越来越完备,分配给个人用户的网络带宽不断提高,接入互联网的宽带用户迅速增长。随着计算能力和网络带宽的改善,很多个人计算机也具备了较强的计算和服务能力。另一方面,个人计算机可提供的内容虽然仍然比不上专门的内容提供商,但是已经相当丰富。考虑到接入互联网的个人计算机达到上亿的规模,这些个人计算机可提供的内容总和已经非常庞大。

此外,尽管服务器的部署方式也已从传统的单一服务器发展到集群服务器、并行服务器以及分布式服务器等,但其面临的服务压力日趋增大,在很多领域已经难以满足不断增长的应用需求,如支持大量用户和内容的流媒体直播[2~5]和流媒体点播[6]应用。正是在这种背景下,P2P 计算技术引起了人们的广泛关注,并迅速发展成一种重要的网络计算模式。互联网上大量分布、动态和自治的网络个人计算机成为 P2P 计算的基本单元,而且这些基本单元的地位相同,没有客户端和服务器之分。这些地位相等的节点可以互相进行资源调用和数据共享,不需要通过 C/S 计算模式的中心服务器来转接和通信,这样可以极大地降低对中心服务器的依赖,也就降低了对服务器的性能要求。

1999 年,一款 P2P 文件共享系统 Napster 将 P2P 重新带回网络世界,P2P 应用才真正迅速流行起来。Napster 为互联网用户提供音乐文件的共享和交换服务,其允许大量对等的用户不受任何干涉地进行音乐文件的上传和下载。Napster 本身并不提供音乐资源,只提供动态刷新的网内音乐文件的目录服务。Napster 在短时间内迅速在众多音乐爱好者中传播开来,并吸引了千万量级的用户。它的成功使人们意识到 P2P 拓展到互联网其他应用领域的可能性。随后出现了更多的 P2P 应用和系统,而且 P2P 用户数量持续快速增长,如 KaZaA[7]、LimeWire、Morpheus 和 BitTorrent[8]等。目前,互联网上各类 P2P 应用造成的流量已占骨干网流量的很大比例。

P2P 这种网络计算模式兴起的最初目标是基于互联网边缘的大量个人计算

机形成一个 P2P 网络系统，从而充分发掘和利用这些网络节点的资源，包括提供带宽、存储空间、计算能力、内容等资源。因此，当加入 P2P 网络系统的节点数量日益增多时，整个系统的资源总量和服务能力也随之增长。这种能力是通过固定规模服务器提供服务的 C/S 计算模式所不具备的，此时大量客户端只会给服务端带来更大的压力，导致所有客户端获得更慢的服务体验。一些非常著名的文件共享系统取得巨大成功之后，P2P 网络逐渐成为一种通用网络计算技术被广泛应用于各种领域，包括分布式存储[9,10]、广域分布计算[11]、协同工作以及流媒体分发等。

与传统的 C/S 计算模式相比，P2P 计算模式具有如下重要优势。

(1) 非中心化。网络中的资源和服务分散在所有节点上，信息的传输和服务的实现都直接在节点之间进行，可以不需要中间环节和服务器的介入，避免了可能的瓶颈。P2P 计算模式的非中心化基本特点使其在可扩展性、健壮性等方面具有优势。

(2) 可扩展性。在 P2P 网络中，随着更多用户节点的加入，不仅服务的需求增加了，系统整体的资源和服务能力也在同步地扩充，始终能比较容易地满足用户的需要。理论上，P2P 网络的可扩展性几乎可以认为是无限的。例如，对于传统的文件传输协议(file transfer protocol，FTP)，当下载用户增加后，下载速度会变得越来越慢，然而，P2P 网络正好相反，加入的用户越多，P2P 网络中提供的资源就越多，下载的速度反而越快。

(3) 健壮性。P2P 架构天生具有耐攻击、高容错的优点。由于服务是分散在各个节点之间进行的，因此部分节点或网络遭到破坏对其他部分的影响很小。P2P 网络一般在部分节点失效时能够自动调整整体拓扑，保持其他节点的连通性。P2P 网络通常都是以自组织的方式建立起来的，并允许节点自由地加入和离开。

(4) 高性价比。性能优势是 P2P 架构被广泛关注的一个重要因素。随着硬件技术的发展，个人计算机的计算和存储能力以及网络带宽等性能依照摩尔定律高速增长。采用 P2P 架构可以有效地利用互联网中散布的大量普通节点，将计算任务或存储资料分布到所有节点上。利用其中闲置的计算能力或存储空间，达到高性能计算和海量存储的目的。

(5) 负载均衡。P2P 网络环境下，每个节点既是服务器又是客户机，这减少了对传统 C/S 构架服务器计算能力、存储能力的要求，同时资源分布在多个节点上，更好地实现了整个网络的负载均衡。

### 1.1.2　P2P 网络系统的分类

P2P 网络系统有很多种分类方法，根据系统对中央服务器的依赖程度可以将各种 P2P 网络系统分为三种类型，分别是集中式 P2P 网络系统、部分分布式 P2P 网络系统，以及纯分布式 P2P 网络系统[12]。

### 1. 集中式 P2P 网络系统

集中式 P2P 网络系统中存在一个或多个目录服务器。每个加入系统的节点需要主动将本地资源的索引发布到目录服务器上。每个节点以 C/S 计算模式从目录服务器获取所需资源的地址,然后节点之间以 P2P 模式建立连接并直接进行交互。该类系统包括典型的文件共享系统 Napster、BitTorrent 等,以及实时通信系统 MSN、QQ 等。这类系统具有易于部署和维护等优点,但是文件共享系统中的这些目录服务器往往面临版权纠纷和性能瓶颈两大问题。事实上,正是版权问题使得 Napster 系统在运行不久之后就被迫关闭。

### 2. 部分分布式 P2P 网络系统

部分分布式 P2P 网络系统的基本思想是充分发掘并利用 P2P 网络节点间的能力差异,包括计算能力、内存大小、网络带宽、在系统中滞留的时间等。根据这些能力指标构造某种规则,进而从系统中选择一些超级节点来充当目录服务器的角色。每个超级节点与若干普通节点构成一个簇(cluster),超级节点作为簇内的目录服务器,管理簇内所有节点的资源信息。不同簇之间通过对应的超级节点按照 P2P 模式相连,组织成一个纯分布式的 P2P 网络,并令超级节点之间交换索引内容和服务器列表信息。

每个节点发起的资源查询请求会先由所在簇的目录服务器处理,如果所在簇内没有满足要求的资源,那么查询消息会被转发给其他簇内的目录服务器处理,直至找到满足需求的资源或查询消息依据协议规则被终止。这些超级节点往往拥有较强的处理能力、高带宽和较长的在线时间,使系统在查询性能、容错性、伸缩性等方面表现出较好的能力。这类系统的典型代表是基于 FastTrack 协议的 KaZaA 系统。总体来说,基于超级节点的部分分布式 P2P 网络比以前的 P2P 网络有很大程度的改进,但超级节点本身的脆弱性也可能致使所在簇内的其他节点处于孤立状态。

### 3. 纯分布式 P2P 网络系统

纯分布式 P2P 网络系统的出现可以从根本上改进集中式 P2P 网络系统的缺陷和不足。纯分布式 P2P 网络中不存在任何目录服务器,每个节点既是服务器也是客户端,且具有相同的权利和义务,所有的服务及其相关信息完全散布于各个 P2P 网络节点中,因此它最显著的特点就是“完全地去中心化”。这种系统采用随机图或其他特定的互联结构将全体节点组织成为一个纯分布式的网络系统。这类系统的优点是系统没有性能瓶颈,具有较强的伸缩性和扩展性,而缺点是需要辅以特定的内容查询机制才使得任意节点能从网络中找到潜在的目标资源。也就是说，在节点间相互发送查询请求，通过多跳路由转发后命中目标节点并找到所需资源，然后将查询结果传回源节点。因此，这类 P2P 网络系统在查询时延、查询成本和容错性等方面都面临很大的挑战，需要做大量的工作。典型系统包括 Gnutella[13]、Freenet[14,15]、Chord[16]和 CAN[17]等。

此外，以是否对拓扑结构和资源的组织方式施加特定约束为依据，纯分布式 P2P 网络系统可以进一步划分为如下三种类型。

1) 非结构化 P2P 网络系统

非结构化 P2P 网络系统没有明确的拓扑结构规则，并且只要求各个节点对所拥有的资源实施本地组织和管理策略。每个参与节点以自组织的方式同其他一些节点建立邻居关系，通常最终形成一个随机网络或符合幂律分布的网络。非结构化 P2P 网络没有全局层面的资源组织机制，任何一个节点在定位一个网络资源时都不能只根据本地信息推导出目标资源所在的节点。因此，在没有其他机制辅助的前提下，资源定位机制不能同时获得较低的定位延迟、较低的定位成本和较高的查准率。非结构化拓扑的实现和维护相对简单，可支持灵活的资源查询模式，适用于由大量自治性强的节点组成、对服务质量没有严格要求的应用，如 P2P 文件共享应用等。典型系统包括 Gnutella 和 Freenet 等。

2) 结构化 P2P 网络系统

结构化 P2P 网络系统控制节点之间的邻居关系，即每个节点在选择邻居节点时遵循特定的规则。此外，结构化 P2P 网络还对全部节点的资源实施全局层面的统一组织和存储。并不是每个节点在本地组织和存储其拥有的资源，而是全部节点共同组织和存储加入网络的所有资源。在节点邻居规则和资源存储规则的支持下，结构化 P2P 网络能非常高效地实现基于精确匹配的资源定位模式，并能在确定的延迟内正确定位目标资源。结构化 P2P 网络的应用领域广泛，包括分布式存储、应用层组播和名字服务等。但是，在动态环境下，结构化 P2P 网络的拓扑维护相对复杂，而且受所采用的可扩展分布式数据结构的限制无法自然地支持复杂查询模式。例如，被广泛采用的分布式哈希表(distributed Hash table，DHT)仅能高效支持精确查询模式。典型系统包括 Chord、CAN、Pastry[18]、Tapestry[19]、Skipnet[20]等。

3) 混合 P2P 网络系统

在上述两种类型系统的基础上，研究人员进一步提出了混合 P2P 网络系统[21,22]。这类系统的基本思想是用网络中比较稳定的节点来构建一个结构化 P2P 网络用于组织网络中副本很少的稀有资源，而其他节点在该结构化 P2P 网络外围随意连接而成一个非结构化 P2P 网络。当一个节点有资源向整个网络共享时，其首先要评估该资源在网络中已有的副本数目，若属于稀有资源则传递给结构化 P2P 网络负责组织和存储，否则本地存储。同理，当一个节点需要从网络中获取资源时，若目标资源属于稀有类型则由结构化 P2P 网络负责处理该查询，否则由非结构化 P2P 网络负责处理。这种 P2P 网络的基本设想很好，但是在具体实施过程中仍然有很多难题亟待解决，如评估用户对各个资源的兴趣度、评估各个资源在网络中的副本数目、混合 P2P 网络的构造和维护等问题。

### 1.1.3 P2P 网络的研究进展

虽然 P2P 计算涉及的研究内容和应用领域相当广泛，但是概括来说主要包括 P2P 网络技术[1]和 P2P 应用技术[23]。P2P 网络技术是各种 P2P 应用的基础性关键技术，其核心工作是为 P2P 应用解决拓扑构造、资源组织和资源定位等共性问题。P2P 应用技术则关注具体应用涉及的技术难题。P2P 网络对上层应用的性能、可扩展性和鲁棒性等方面都有重要影响。考虑到基于 P2P 网络构建的各类应用具有如下鲜明特点，P2P 网络的研究面临着很多新的挑战。

(1) 节点规模巨大。P2P 计算模式的初衷是尽可能利用处于互联网边缘地位的空闲主机和内容，P2P 系统的规模直接制约着其可提供的内容和服务的总量。因此，目前用户广泛认可和参与的 P2P 系统大多具有较大的规模。例如，Napster 创建一年多后用户就增长到 5000 万，KaZaA 系统的注册用户达到 1.3 亿。每个节点提供一些内容和服务，这使 P2P 系统的资源极为丰富，从而吸引了越来越多的用户。面对如此庞大的节点和资源，如何构建良好的拓扑结构并高效地组织资源是一个挑战性的难题。因此，P2P 网络必须具有良好的可扩展性、较高的资源定位性能、较低的资源定位成本、较低的系统维护成本等特性。

(2) 系统的动态性。在某些面向大众的开放式 P2P 系统中，节点的主动加入和退出是一种动态且不可预测的行为，而且可能频繁发生。很多基于非结构化 P2P 网络的 P2P 应用已经证实了这一特性。例如，对 Napster 和 Gnutella 的研究表明，节点加入和退出系统的频率相当高，节点每次平均在线时间只有 1h 左右[24]。节点随机加入或退出网络，会频繁破坏并重构部分节点的局部拓扑结构，增加资源组织和资源定位的难度。这一特性要求底层的 P2P 网络必须具有较强的可扩展性、自适应性、鲁棒性和较低的维护成本，并维持系统的稳定性、可用性和性能。相对来讲，非结构化 P2P 网络比结构化 P2P 网络更适合于处理节点的各类动态行为，也更适用于动态性较强的系统，而结构化 P2P 网络在相对稳定或中度动态环境中能够发挥更佳的资源定位效果。

(3) 资源的分散性。一个 P2P 系统往往涉及地理上广泛分布的众多参与节点和资源，虽然不同节点之间可以通过 P2P 模式直接交互和共享资源，但是其前提条件是每个节点首先能够从系统中定位目标节点或资源。节点和资源的分散性使得在大规模网络中快速定位节点和资源成为一种挑战性的难题。在没有内容目录服务器的 P2P 网络中，通过特定路由机制将查询消息在节点之间不断转发以完成资源的分布式定位。结构化P2P网络的拓扑构造和资源组织有规则可依，而且结构化P2P网络本身往往具备分布式内容索引的功能，因此资源定位的分布式实现机制相对来说非常明确和简洁。非结构化P2P网络本身不具备与结构化P2P网络一样的索引功能，因此往往通过类似泛洪(flooding)[13,25,26]的方法来逐步定位目标资源。在大规模P2P网络中，如何提高资源定位的性能并降低由此产生的网络负载是一个挑战性的难题。

(4) 系统的容错性。在某些P2P应用中，节点除了可能会随机加入或退出系统外，还面临由于各种异常情况导致的失效行为。因此，这类P2P系统必须有较强的容错性，以保证系统的稳定性和可用性。部分节点的失效行为仅对局部网络拓扑结构造成破坏，而对网络其他部分的影响较小。此外，P2P系统必须提供容错算法，使其在部分节点失效时能够自动修复受其影响的拓扑结构，同时在设计路由算法等环节时必须额外采取一些容错机制。

综上所述，为了应对P2P系统存在的上述特性，P2P网络必须具备良好的可扩展性、自适应性、鲁棒性和分散性。接下来分别介绍非结构化P2P网络和结构化P2P网络的研究进展和面临的主要难题。

1) 非结构化P2P网络

早期的P2P系统使用单个或多个目录服务器来解决资源定位的问题。这种集中式方式很快就遇到可扩展性差、单点失效、性能瓶颈和版权纠纷等一系列问题。为了缓解或解决这些问题，随后出现的Gnutella和Freenet等P2P系统采用了真正意义上的非结构化P2P网络。非结构化P2P网络没有任何目录服务器，没有固定的逻辑拓扑结构，也没有全局层面的资源组织和存储策略。节点以一种随机的方式加入和退出网络，可以选择任意节点作为自己的邻居。节点的加入和退出一般只影响其直接邻居，对整个网络的影响仅仅限于局部小范围。另外，节点的出度和入度一般不固定，而且分布也不均匀。研究发现，非结构化P2P网络多呈现出随机网络或无标度网络的统计特征[27]。

非结构化P2P网络缺乏全局的资源组织规则，无法起到全网资源分布式索引的作用，因此其中的资源定位问题面临诸多难题。以Gnutella系统为例，其采用泛洪方式来解决资源的定位问题，这样可以避免集中式目录服务器存在的问题。但是，泛洪模式会遍历系统中太多的节点并产生大量的消息传输，严重影响系统的可扩展性和性能。因此，P2P系统会对泛洪方式的搜索范围加以限制，进而控制其产生的消息量[28]。但是这种方式的查准率得不到保障，即在有限的搜索半径内不能确保一定能够搜索到存在的目标资源，尤其在查询稀有资源时的查准率更低。泛洪模式的另一种经典的改进模式是深度优先的随机搜索模式，每个节点在接到查询消息之后并不是向所有直接邻居转发(泛洪模式采用的转发策略)，而是向任意一个邻居转发[36]。虽然这种模式遍历的节点数目少，但是查询延迟很长，而且仅仅适用于查询副本较多的资源。另外，在给定的查询延迟内，这种方式的查准率同样得不到保障。

另外一些 P2P 系统采取集中式目录服务器和非结构化 P2P 网络相结合的方式来解决资源定位问题，典型系统如 FastTrack 等。具体而言，从系统中选择一些超级节点作为部分节点的目录服务器，这些目录服务器之间形成一个非结构化 P2P 网络，尽量在查询消息发起节点所对应的目录服务器上定位目标资源。这虽然能够在一定程度上加快资源定位的过程并减少消息开销，但是无法避免以泛洪模式或其演变出的模式在超级节点之间转发查询消息。

非结构化 P2P 网络的拓扑构造和维护相对简单，而且能较好地支持多种复杂查询模式，因此在很多 P2P 系统中得到了应用。通常认为非结构化 P2P 网络比结构化 P2P 网络能够更好地支持节点的动态性。但是，非结构化 P2P 网络存在资源定位过程中查询延迟、查准率和查询成本三个指标无法被同时优化等相当突出的问题。因此，对非结构化 P2P 网络资源定位方法的研究具有非常重要的理论和应用价值，具体而言就是对查询路由机制的研究，这正是本书的主要内容之一。

2) 结构化 P2P 网络

虽然结构化 P2P 网络也可以实现其他一些类型的可扩展分布式数据结构，但是大家所熟知的结构化 P2P 网络大多实现了 DHT 的基本功能，因此结构化 P2P 网络常常直接简称为 DHT。自从结构化 P2P 网络的代表性成果 Chord[16] 和 CAN[17] 被提出之后，结构化 P2P 网络就成为 P2P 领域的重点研究内容。其他著名的结构化 P2P 网络还有 Pastry[18]、Tapestry[19]、Skipnet[20] 等。结构化 P2P 网络具有良好的可扩展性，并提供了简单有效的抽象接口，可作为各种大规模分布式应用的底层基础设施。目前已经在分布式存储、内容发布应用、内容共享应用和数据管理等多个重要领域得到广泛应用。

结构化 P2P 网络是指节点之间依照某种拓扑结构规则建立逻辑上的邻居关系，加入网络中的资源依照某种资源放置策略被分布到网络中的某个或某几个节点，而且实现了最基本的资源访问接口。网络中，每个节点被赋予不可复用的标识符，每个资源被赋予可能被复用的标识符。节点标识符和资源标识符的命名空间按照相同的规则构建，而且资源标识符的命名空间通常包含节点标识符的命名空间。节点标识符和资源标识符的获取方式因具体的结构化 P2P 网络而异。一项资源一旦获得了其标识符，则其在网络中的存储位置一般就可以直接或间接地确定下来。当需要从网络中查询一项标识符已知的资源时，根据目标资源的标识符、当前节点的标识符和路由规则就能够选定距离资源最近的邻居节点作为转发目的地。

在结构化 P2P 网络中，每个节点都有唯一的节点标识符，多数结构化 P2P 网络根据节点标识符来构建网络拓扑结构。每个节点都维护一个路由表，保存相关邻居节点的信息。每个节点在处理资源的定位消息时，如果其不是目标资源的宿主节点，则根据其路由表将消息转发到相应的邻居节点上，直到消息最终到达资源的宿主节点。在结构化P2P网络中，节点加入、节点退出和节点失效行为会导致局部相关节点更新路由表，并动态调整其负责存储的资源标识符空间的范围。结构化P2P网络采用了全局的资源放置策略。任意一项资源获得标识符之后，无论向网络发布该资源还是从网络中检索该资源，网络都能在路由策略的支持下快速准确地完成。无论被定位的资源是不是稀有资源，也无论被定位的资源是否在网络中已经存在，它们大多都能在$O(\log N)$跳内定位到该资源或者明确判定网络中不存在被查询的资源。

结构化P2P网络的主要拓扑评价指标有节点出度、路由延迟、网络直径、路由消息开销和动态维护开销等。节点出度是指每个节点需要维护的邻居链路的数目和路由表的大小。路由延迟是指一次搜索在结构化P2P网络中依特定路由算法经过的逻辑跳数(hop)。网络直径是指一次搜索在网络中依特定路由算法经过的最大逻辑跳数，也即路由延迟的最大值。路由消息开销是指一次搜索在网络中产生的消息数量，通常等于路由延迟的大小。动态维护开销是指节点加入或退出时为维护系统的一致性而产生的维护消息数量。目前，研究人员对结构化P2P网络展开了大量研究，提出了一些新的结构化P2P网络来优化上述评价指标。结构化P2P网络的拓扑性质是影响上述评价指标的最根本要素，而且通常最关注的两个拓扑性能指标是节点出度和网络直径。

现有的很多结构化P2P网络都是由一些传统的多机互联网络(interconnection network)扩展而来的。早期的结构化P2P网络多基于非常量度数的多机互联网络扩展。节点出度和网络直径都随网络规模$N$的增加而依对数规则增加，而且均能在$O(\log N)$跳内将加入网络中的资源发布到正确的节点，并将任何搜索请求路由到正确的待查节点。但是，随着网络规模的增加，这些设计模式要求每个节点维护日益增长的邻居链路和路由表，进而造成巨大的维护成本。此外，每个节点所能提供的邻居链路在实际应用中往往是受限资源，随着网络规模的增加，系统每个节点需要保持的邻居链路数目常常会超过其所能提供的实际数目。上述两个因素共同决定了早期的结构化P2P网络设计方法具有较差的系统可扩展性。

为了解决这个问题，研究人员提出了几种基于常量度数的多机互联网络的结构化P2P网络。网络直径随着系统规模的增加而成对数增加，但是每个节点的出度是一个常量，因此在路由表大小和路由延迟之间取一个比较好的折中。这些设计大多有如下苛刻要求：节点规模必须恰好是由节点出度和网络直径决定的少数离散数值。但是P2P网络的开放性和动态性决定了网络规模必然是不确定的任意整数。因此，在现实应用中，这些方法并不能使结构化P2P网络获得理想的多机互联网络拓扑，常常需要采取一些变通的方式去处理。

# 1.2 P2P 网络的应用领域

P2P 计算模式作为一种分布式计算模式，追求的是自治个体之间通过直接交换来共享资源和服务，因此在解决系统的可扩展性、自组织和负载均衡等网络系统的共性问题方面具有较大的优势。P2P 网络改变了目前互联网中占主导地位的 C/S 计算模式中消费者和生产者之间的资源不平衡问题。P2P 网络中每个节点具有资源消费者和资源提供者的双重身份，同时具有信息通信方面的功能。因此，P2P 应用的扩展性强，实现方式灵活多样，已在很多领域获得了成功应用。

## 1.2.1 传统应用领域

1. 内容共享应用

P2P 内容共享系统能够充分利用各个客户端的数据和存储资源，在大量节点之间进行内容的直接共享和交换，实现灵活高效的内容共享。由于系统规模庞大，汇聚了极为丰富的内容，用户能很容易找到所需的内容，因此也能吸引更多的用户加入。P2P 内容共享是最著名的应用之一，而且已经成为互联网上的主流应用之一。典型系统包括 Napster、Gnutella、KaZaA 和 BitTorrent 等。

以 BitTorrent 系统为例，用户客户端首先从服务器上获得待下载文件的种子文件，该种子文件中包含下载文件名及数据部分的哈希值，还包含一个或者多个索引(tracker)服务器的访问地址。据此，客户端选择向某个索引服务器发送一个超文本传输协议(hyper text transport protocol，HTTP)的 GET 请求，并将自己的私有信息和下载文件的哈希值植入 GET 请求的参数中。索引服务器根据请求的哈希值查找内部的数据字典，随机地返回正在下载该文件的一组节点，客户端与这些被推荐的客户端建立连接，下载需要的文件片段。可以将这种客户端间的通信和数据传输协议称为 BitTorrent 对等协议。这种协议在提出之后也面临不断的改进和优化，例如，可以通过用户数据报协议(user datagram protocol，UDP)或 DHT 的方法获得推荐的客户端信息，而不是仅仅采用最初的 HTTP。这些改进方法令 BitTorrent 应用变得更加灵活，同时提高了用户的下载体验。

这类 P2P 应用的最大问题在于对网络带宽的消耗极大，很多互联网服务提供商(Internet service provider，ISP)主干带宽的 50%以上被 P2P 内容共享应用占用。这导致的直接结果就是，很多 ISP 注重识别 P2P 内容共享系统产生的流量，进而对其进行流量限制或其他处理。这促使研究人员开始研究 P2P 应用在使用互联网资源时如何不过于损害 ISP 的利益，如何同 ISP 合作发展等新问题。目前已有一些探索性的思路，如 P2P 内容共享系统与传统的内容分发网络(content distribution network,CDN)互相协作,将 P2P 内容共享系统的主要流量控制在各个 ISP 内部等。

2. 流媒体内容发布

内容发布应用是 P2P 网络的重要商业应用领域之一。基于 C/S 模式的内容发布能力极大地依赖于服务器的能力和数目。若所发布的内容和支持的用户数目很大甚至非常庞大,则需要投入大量的服务器。与之相反,P2P 网络利用普通网络主机的存储和带宽能力,能够大幅度减少用户访问对发布服务器的压力。这方面最典型的成功应用是 P2P 流媒体直播和 P2P 流媒体点播应用。

P2P 流媒体技术将每个数据文件在服务器端分割成多个内容分片,客户端访问某个文件时可以从服务器或其他客户端的本地缓存中获取不同的内容分片,进而进行内容汇总。显然,该系统中任何留存文件内容分片的客户端均可担任其他客户端的内容服务器。因此,P2P 流媒体技术是一种低成本、高效率的流媒体传输技术,其充分利用大量客户端的闲置上行带宽来协助服务器分发流媒体内容,而且参与的客户端数目越多,流媒体发布的效率就越高。根本原因在于,在 P2P 模式下,并非所有的客户端都从服务器获取媒体数据,客户端大量连接其他客户端来获取媒体数据,因此在增加用户的同时无须相应地增加服务器和带宽资源,从而大大降低了服务器的负载和带宽占用。

P2P 流媒体技术广泛用于互联网多媒体的在线直播、视频点播、远程教育、网络电视台等互联网信息服务领域。互联网的迅猛发展和普及为 P2P 流媒体业务的发展提供了强大的市场动力,流媒体业务正变得日益流行。近几年,基于宽带有线网络的 P2P 流媒体技术应用获得了长足发展,P2P 流媒体技术也日益走向成熟。

3. 分布式存储应用

利用 P2P 网络构建大规模分布式存储系统,是早期 P2P 网络研究和应用的重要热点。在基于 P2P 网络的分布式存储系统中,每个节点都将自己的内容存储到其他节点,也为其他节点提供存储服务。P2P 分布式存储系统为数量庞大的用户提供海量数据的存储和访问服务,具有良好的可扩展性、鲁棒性、易用性及较高的性能。基于 P2P 网络的分布式存储系统的核心研究问题包括数据定位算法、数据副本策略、数据更新和访问控制等。结构化 P2P 网络比非结构化 P2P 网络更加适合这类应用。典型的 P2P 分布式存储系统包括 OceanStore[9]、CFS(cooperative file system)[30]和 PASTry[18]等。

OceanStore 是一个基于 Tapestry 的分布式数据存储系统,其目标是提供全球范围的、持久性数据存储服务。Tapestry 是一个基于 Plaxton Mesh 的结构化

P2P 网络，具有很多非常优异的网络拓扑性质。

CFS 是一种基于 P2P 网络的只读存储系统。CFS 可提供高效、鲁棒和负载平衡的文件存取功能，并且因采用分布式体系结构可以简单地扩展到更大规模的网络。具体而言，CFS 文件系统将文件块分布存储到诸多可用的 CFS 服务器，而其客户端软件把文件块看作文件系统的数据并为应用程序提供只读接口。CFS 存储系统包括两个主要模块，分别是 Dhash 和 Chord。Dhash 在服务器之间分发和存储文件块数据，并维护文件块的缓存和复制，最后使用 Chord 结构化 P2P 网络来定位相应文件块所对应的服务器。

#### 4. 协同工作

协同工作是指多个用户之间利用网络中的协同计算平台互相协同来共同完成特定任务、共享资源信息等。目前，许多公司和机构的规模变得越来越大、越来越分散，人们在工作中需要快捷、方便的网络交流和协作工具。传统的协同工作方式依赖中心服务器，其负担重、成本高、可靠性差、大规模实时协作困难[31]。而 P2P 技术能够实现任意两台计算机之间的实时联系，并完成各种协作活动，具有成本低、可扩展性强等特点，典型的 P2P 协同工作系统是 Lotus 公司开发的 Groove 产品。

即时通信是一种简单的协同工作应用，参与的节点可以实现点对点的实时通信。MSN 和 QQ 是典型的即时通信系统，这些系统拥有大量的用户。考虑到即时通信应用拥有数目庞大而且稳定的用户群体，当前 P2P 即时通信应用开始同 P2P 内容发布应用集成。例如，及时通信系统 QQ 集成了流媒体直播和点播系统 PPLive。

#### 5. 志愿计算等应用

随着互联网和个人计算机的普及和发展，越来越多的网络终端计算机处于闲置状态，即使在开机状态下 CPU 也远远未能被充分利用。采用 P2P 计算技术可以聚合这些计算机的大量空闲计算能力，得到可与昂贵的超级计算机相比拟的性能。同时，很多领域出现了一些虽然复杂但很适合划分为大量小计算片断的问题。因此，可以将复杂的计算任务分割成小的子任务，分配到参与 P2P 计算的各个志愿者节点，由各个节点来完成子任务，并将运算结果向服务器汇总和综合。随着参与者和计算机数量的不断增加，这种复杂计算任务的解算过程变得非常迅速，而且被实践证明确实可行。基于 P2P 的志愿计算模式通常适用于数据并行性程度很高的应用，如天文数据分析、基因组分析和密码破译等。这方面的典型项目有 SETI@home、Folding@home、distributed. net 等。

除了上述重要应用领域，P2P 计算还在大规模在线游戏、网页缓存、分布式搜索引擎、分布式数据库、分布式仿真、网格计算等领域有应用。另外,越来越多的分布式系统开始采用P2P计算技术来实现系统中资源的组织与管理。

### 1.2.2 移动P2P网络

随着蜂窝移动网络、移动自组织网络(mobile Ad Hoc network,MANET)等无线网络技术的日臻成熟,无线网络的广泛部署提供了覆盖范围更广的网络高速接入能力,同时令基于无线网络的数据业务得以迅猛发展。很多互联网的主流应用开始向移动网络环境拓展。因此,作为互联网重要应用之一的P2P系统在移动环境中得到了更广泛的关注和应用。虽然P2P网络系统的自组织技术、路由协议、容错技术等都可以应用到无线网络领域,但是移动P2P网络应用具有分布式更强、参与性更广、动态性更强等特性,这决定了很多互联网P2P技术无法直接过渡到无线网络。

目前还缺乏对移动P2P网络统一的定义,移动P2P网络还处于不断探索的阶段,其研究领域和应用范围越来越广泛。首先,移动P2P应用的具体网络环境涉及蜂窝移动网络、移动自组织网络、车辆自组织网络(vehicular Ad Hoc network,VANET),甚至无线Mesh网络等。虽然移动P2P网络可以使用多种不同的底层接入技术,但其主要目标还是在移动终端设备之间以直接交互的方式实现数据资源共享与服务协同。另外,移动P2P网络的应用范围由文件共享等传统应用扩大到流媒体、数据分发、网络管理等。

综上所述,移动P2P应用的网络环境主要是多种无线网络,而且接入网络中的载体主要是手机等移动终端。因此,移动P2P网络具有不同于传统P2P网络的一些特点。①节点自身资源受限。虽然工业界不断推动移动终端的升级换代,但是其计算能力和存储能力与桌面主机相比仍然存在很大的差距,尤其是其在贡献资源的同时必须考虑自身的能耗约束。另外,每个移动终端在P2P网络中允许接入的邻居数目也有一定的限制。②网络资源受限。与互联网P2P应用依托的固定网络相比,移动P2P应用的网络资源受限,传输速率低,而且无线传输的性能受环境因素的影响很大。③网络拓扑结构的动态性更强。与传统互联网中P2P网络的拓扑结构相对稳定不同,终端节点的移动性会致使移动P2P网络的拓扑结构不断发生变化,这给拓扑结构的维护带来了很大的挑战。

作为移动P2P网络的基础,网络体系结构的设计和优化要与底层无线网络技术紧密结合,并且对上层多样化的应用透明。对于基于蜂窝移动网络和宽带无线接入网络的移动P2P网络而言,可利用现有的基站和访问节点等固定基础设施资源,因此适合采用集中式控制的网络结构。MANET并不配备固定的基础设施,其高度分散且自治的特点决定了其更适合完全分布式的非结构化P2P网络结构。此外,也有一些研究人员尝试在移动P2P网络中采用结构化P2P网络结构,取得介于上述两种方式之间的网络扩展性能。

除了网络体系结构，移动 P2P 网络还面临着资源发现、数据分发、安全和隐私、可靠传输等方面的一系列挑战。资源发现问题追求在有限的时间和有限的带宽范围内以有效的手段快速响应用户的资源请求，并返回尽可能多的搜索结果。移动 P2P 网络的数据分发问题旨在从某个源节点开始将数据通过某种机制分发到所有请求节点。移动 P2P 网络中的安全和隐私问题尤其重要，目前的研究主要集中在信任管理、攻击检测、访问控制、匿名通信、对等信誉等方面。传统的 TCP 可靠传输机制并不能自然地解决移动 P2P 网络的可靠传输问题，原因是无线信道的多径衰减、易被干扰等因素致使无线信道的性能动态变化。

在移动 P2P 社交网络下，各种移动设备接入的方式不同，如手机用户通过基站接入互联网，平板电脑、笔记本电脑更多的是通过 WiFi 接入互联网。这形成了一个底层的混合通信网络，同时这些移动设备之间还可以通过蓝牙技术进行短距离共享数据。这些移动设备通过运行授权的客户端软件，在底层混合通信网络的基础上，可以自主聚合形成一个虚拟 P2P 覆盖社交网络(overlay social network)，在此基础上可以进一步实现主动的社交发现服务，向用户推荐满足其要求的社交关系[32]。

### 1.2.3 NoSQL 存储系统

大数据的诞生是信息技术发展的必然结果，其来源渠道多样，如物联网大数据、互联网大数据、社交网络大数据、社会公共领域大数据和专业机构产生的大数据等。大数据成为物质与能量之外的第三大社会资源，如何充分利用数据资源、如何更快捷地从海量异构的复杂数据中快速提取价值成为关键。在大数据中，文本等非结构化数据、网页等半结构化数据占据了很大比例，传统关系型数据库不适合存储和处理这类大数据，从而催生了 NoSQL 系统。

NoSQL 系统是指那些非关系型、分布式、不保证遵循原子性、一致性、独立性、持久性原则的数据存储系统。key-value 存储系统是 NoSQL 存储系统中的重要分支，备受大数据领域的关注。Dynamo[33]、Cassandra[34]和 MongoDB[35]都是代表性的 key-value 存储系统。目前，很多 key-value 类型的 NoSQL 系统和结构化 P2P 网络一样采用了 DHT 模型。DHT 具有内在的分布式索引结构，通过提供简单有效的抽象接口可作为各种大规模分布式应用的底层基础设施。

基于 P2P 的 key-value 分布式存储系统的基本思想是利用 DHT 技术，整合诸多分散计算设备的空闲存储资源，在节点上存储〈key，value〉对，形成一个具有高可扩展性、高性能、容错性、可伸缩性的分布式存储系统。因此，数据的分布式组织、分布式存储、分布式索引等问题都可以自然地从底层 DHT 系统获得支持。

研究人员针对结构化 P2P 网络的需求，从很多不同角度对 DHT 进行了优化设计，如 DHT 单维度索引结构、DHT 多维度索引结构、基于单个 key 的精确查询机制、基于 key 的范围查询机制等。这些研究成果可以非常好地支持 key-value 这种 NoSQL 存储系统的功能设计和优化。

### 1.2.4　信息中心网络

互联网的应用方式正从以面向主机的点对点通信为主转向以海量内容获取为主。为了适应不断增长的信息访问要求，学术界和工业界陆续诞生了一些新型的数据分发技术和系统，如 P2P 网络和 CDN。虽然这些技术旨在满足用户的大规模信息获取需求，但都是应用层的解决方案。这会造成互联网物理层的大量冗余数据传输，并致使网络资源利用率不高。为了从网络体系架构层面对内容获取模式提供支持，近年研究人员提出了多种以信息/内容为中心的新型网络架构，并统称为信息中心网络(information centric networking，ICN)。这些新型网络架构和非结构化 P2P 网络在设计理念上有很多相似之处，但并不像 P2P 网络那样在应用层进行创新和实践。

ICN 取代了传统的以地址为中心的网络通信模型，对全网的内容进行统一标识并作为网络传输的标识，IP 地址不被考虑或者只作为一种底层的本地化传输标识。传统体系结构的通信模式是通过源主机地址和目的主机地址获取通信路径的，ICN 基于内容的名字即可获取源主机到潜在目的主机的通信路径，实现内容驱动的定位、路由和传输。至此，用户不需要关心内容在网络中的具体位置，只需要关心内容本身并从网络中透明地拉取所需的内容。用户实时向网络发送请求信息，若网络已经缓存了该信息，则网络可以把信息回应给用户。

另外，为了缓解网络流量的快速增长对网络带宽造成的严峻压力，ICN 架构普遍采用缓存机制以加速内容的分发，将传统的存储转发转变为缓存转发，进而提高网络资源的利用率。与传统互联网架构中的 CDN 缓存相比，ICN 缓存系统呈现了缓存透明化、泛在化和细粒度化等新特征。ICN 的网内内容查询路由机制在设计理念上继承了非结构化 P2P 网络的数据驱动路由机制。通过设计各种不同的缓存机制，取得不同的内容路由和查询性能。

ICN 的缓存方式包括集中式缓存机制和分布式缓存机制两类。集中式缓存机制会把一条完整的内容信息缓存在从内容源点到查询节点所在路径的全部网络设备中，因此后续用户查询可直接从一台网络设备中获取对应内容的完整信息。集中缓存机制难以高效地利用存储空间，导致缓存利用率不高。分布式缓存机制选择将一条完整的内容信息分割存储在不同的中间网络设备中，最大限度地利用缓存存储空间。此外，分布式缓存机制还可进一步分为核心缓存机制和边缘缓存机制两种类型。其中，核心缓存机制会将内容尽量存放在核心路由器上，而边缘缓存机制则选择将内容尽量存放在离用户最近的边缘路由器上。

## 1.3　P2P 网络面临的挑战

### 1.3.1　信任机制

P2P 网络的匿名性、动态性和开放性等特性，使其面临恶意用户入侵等安全隐患，以及用户搭便车(free riding)等自私行为。因此，如何将潜在的不良用户从网络中隔离出来，规避此类用户带来的安全风险，是 P2P 网络面临的重要安全问题。将信任机制引入 P2P 网络是解决上述安全问题的有效途径。

信任机制的基本思想是收集、记录和分析用户的历史行为，从而预测用户的未来行为，并辅助其他用户选择合适的交互对象，最终达到抑制网络中恶意或不良用户行为的目的。这涉及信任与信誉的表示、计算、存储等一系列基础环节。一种常见的技术途径是让每对交互节点在一次交互活动完成后互相进行评价。当 P2P 网络中某个节点从其他节点获得一定数量的评价之后，即可计算出该节点的信任度。为 P2P 网络中每个节点计算出的可信度可为后续的交互对象选择决策提供参考依据[36]。

作为 P2P 网络安全隐患的一种有效解决机制，信任机制得到了学术界的极大关注，并取得了不少研究成果。首先，研究提出了多种不同的信任模型，但是难以对这些信任模型进行性能比较，主要原因在于缺乏统一的评价标准。其次，研究提出了很多典型的信任算法，但是很多信任模型缺少对算法的高效实现，这会影响算法的性能和可扩展性。最后，不少研究关注如何激励用户积极参与评价并提供认真准确的评价结果，因为依据不完全评价反馈为每个网络节点计算出的信任值，并不能反映 P2P 网络系统的真实情况。主要的激励措施侧重于对提供诚实评价的用户进行奖励，但如何判断评价的真实性则变得更为棘手。

一个无法回避的问题是随着用户对信任机制的了解，P2P 网络的信任机制也会受到一些不良行为的干扰，如提交虚假评价、推荐虚假信任数据。此外，恶意用户试图采用不同的攻击策略绕过信任机制。例如，在诚实行为和恶意行为之间摇摆，多个恶意节点合谋作弊，以及利用节点的隐蔽性进行多账号攻击。因此，设计 P2P 网络的信任机制时必须了解各种可能的恶意行为，并针对上述每种恶意行为配备一些应对和抑制策略。有研究将 Bayesian 理论引入 P2P 网络，从而判别某个节点的评价与大多数节点针对相同对象的评价偏离程度，当偏离较大时就认为该节点的评价不公正，进而推断该节点的可信度不高。在计算每个网络节点的信任值时应综合考虑其当前信任、历史信任以及信任波动，这样便可有效抵抗摇摆攻击。在网络中进行信任传递时赋予可信度较高的节点较大权重，据此可减轻不诚实评价带来的不良影响。

### 1.3.2　数据污染

P2P 网络中共享文件的数据污染给 P2P 网络的安全带来了新的难题[37]。P2P 网络中文件的数据污染，是指用户将虚假甚至含有恶意内容的文件贴上某些热门内容的标签后进行发布，诱骗其他用户下载和传播。共享文件的这种数据污染问题有两个源头。一个是孤立用户制造和传播污染数据；另一个是数字媒体公司雇用专门的公司有组织地发起大规模的恶意数据污染攻击，严重影响 P2P 网络系统的生态环境。

目前，已经演变出了很多类型的数据污染方式。例如，针对 P2P 网络文件索引的污染，试图在索引服务中注入大量虚假记录，指向不存在的文件，令用户多次尝试下载失败后放弃。这种数据污染方式简单易操作，原因是污染者并不需要强大的污染服务器来注入大量的虚假文件。此外，还有针对文件副本的污染攻击，是指污染者声称提供了某个正确文件版本的一个副本，但实际上提供的却是错误的数据。如果这种污染者足够多，用户误选这些污染者作为下载源的概率会很高，进而浪费大量的时间精力和网络资源下载无用的数据。但是，危害性最大的文件污染方式是针对文件原始版本的污染。其基本思想是针对某些热门关键字制造出大量含有恶意或错误内容的原始文件，并在其分布式污染服务器上提供大量可供下载的文件及其副本。当 P2P 网络用户根据关键字搜索和下载相关文件时，一旦下载了污染版本而又没有及时加以检验，就会进一步通过本地共享传播给其他用户。久而久之，P2P 网络中，某个关键字对应的正确文件会被淹没在大量污染的文件中，使该关键词的文件资源变得不可用。

从宏观上来看，上述数据污染问题引发的主要安全威胁体现如下：①受污染的文件携带恶意程序，威胁到整个网络系统用户的安全；②由恶意攻击者发起的数据污染攻击，会严重影响 P2P 网络中正常资源的共享使用，造成 P2P 网络系统中大量节点失效，甚至使整个 P2P 网络系统崩溃；③当数据污染严重到一定程度时，这种不良行为会严重影响 P2P 网络的用户体验，进而挫败用户使用 P2P 网络的积极性，缩短其滞留 P2P 网络的在线时间，最终导致用户的大量流失。

正是因为遭受了严重的数据污染威胁，P2P 网络系统开发商和 ISP 等利益相关方都对数据污染问题给予了密切关注和研究。P2P 网络系统开发商希望解决好严峻的数据污染问题，增强其自身的性能和安全性，为用户提供高效且内容准确的共享服务。此外，ISP 希望掌握上述数据污染攻击的特征、传播方式、影响范围，据此开展有效的流量规划和用户服务质量管理，提高物理网络资源的使用效率。

从 2005 年开始，P2P 网络的数据污染问题引起了广大研究人员的关注，开展了多方面的研究工作，如对数据污染现状的测量分析、对数据污染问题的抽象建模、识别和快速定位污染数据、数据污染治理和抑制策略等。但是，这些方面的研究工作面临着诸多困难。首先，目前无法获得完整、准确的数据污染观测数据，现有的数据污染模型都存在一定的局限性。因此，难以理解 P2P 网络中污染信息扩散与网络自身特点之间的内在联系。其次，P2P 网络中庞大且动态的文件信息增加了污染内容的识别效率和准确性，而特征提取、消息校验等污染数据的识别算法在效率和准确性上都还不能满足需求。

### 1.3.3 扰动问题

当某个节点加入或退出 P2P 网络时，网络都需要做出一系列调整才能适应这种变化，通常要进行局部拓扑结构的更新和相关资源信息的更新。P2P 网络中拓扑结构的扰动问题(churn)是指针对某个动态节点的网络调整尚未完成，又有其他后续节点加入或退出网络，这会致使网络处于不停的调整和抖动状态。P2P 网络的相关测量研究显示，P2P 网络中的节点加入和退出非常频繁，而且节点的平均在线时间一般都比较短。移动 P2P 网络面临的扰动问题比传统 P2P 网络更严重。首先，移动设备的位置经常变化，而且节点加入和退出网络很频繁。其次，传统 P2P 网络中，节点位置一般比较确定而且邻居关系相对稳定，而移动 P2P 网络节点位置的移动性决定了邻居关系不断动态变化。

上述扰动问题有很多不同的定义，例如：①节点持续加入和退出的过程；②成员关系的持续改变；③节点加入、退出、失效导致的一系列参与节点的改变；④众多节点独立地加入和退出所产生的叠加效果等。这些定义虽然说法各不相同，但其内涵基本一致，都包含两个关键点。第一，扰动问题是由节点加入或退出引起的。第二，扰动问题描述的是整个网络的动态特点，它是由单个节点的行为而产生的整体结果。单个节点的加入或退出可以被很快地调整过来，困难在于不断地有节点加入和退出网络。

扰动问题自 P2P 网络诞生之日就应运而生，并对网络的正常运行产生影响，使其变得非常低效。总体来说，扰动问题带来的不良影响主要包括如下两个方面。

(1) 导致 P2P 网络的拓扑不一致。当节点加入和退出网络比较频繁时，节点的邻居节点经常变化，这会令一些存在于邻居表中的节点由于失效或退出而无法连接，从而使 P2P 网络的理论拓扑结构和实际情况发生严重的偏差。为了解决这一问题，每个节点需要定期发送消息来检查确认邻居节点是否在线，而这种周期性的拓扑维护消息总量非常庞大。

(2) 严重影响 P2P 网络的性能。扰动问题对路由效率、查找延迟、数据传输率等网络性能指标都有影响。P2P 网络的路由和数据传输协议均希望邻居节点保持不变,但在实际路由过程中,任何节点失效均会导致路由不可达。在 P2P 网络中查询资源时,节点的退出导致有些资源根本不在网络中。另外,在数据传输的过程中,节点频繁加入和退出网络很可能会造成数据传输中断,为此网络需要选择其他路径来进行传输,从而降低数据传输的效率,并严重影响 P2P 网络的可靠性。

为了减少扰动问题带来的上述不良影响,需要获得扰动问题的统计特性,分析这些统计特性对网络的影响,并据此提出一些切实有效的应对策略。研究扰动问题的统计特性旨在获得 P2P 网络的动态规律,如节点的在线时长和会话时长。节点的在线时长是用当前时刻减去该节点加入网络的时刻来计算,其分布特性目前尚无定论。节点的会话时长是以其离开网络的时刻减去其加入网络的时刻来计算,往往服从泊松分布或幂律分布。学术界为扰动问题提出了多种应对策略,包括邻居选择策略、失效恢复策略和系统稳定性维护策略等。邻居选择策略引导节点加入时有意识地甄别和选择邻居。如果同会话时间长的节点建立邻居关系,那么扰动问题对它的影响会比较小。失效恢复策略主要考虑的是在邻居节点失效的情况下,如何进行局部拓扑的恢复和更新策略。系统稳定性维护策略旨在建立动态的 P2P 网络来应对扰动问题,发生扰动时若有更合适的节点出现,则相关节点往往会主动更新其路由表和邻居关系。

### 1.3.4　搭便车问题

P2P 网络技术自诞生伊始就一直秉承"人人为我、我为人人"的理念。但是在很多 P2P 网络系统中,节点之间存在很大的能力差距,而且对网络的贡献程度也存在极大差异。多数节点在共享内容方面并不活跃和积极,很多节点在主动获取其他节点的资源服务时,为整个网络所做的贡献很小,如共享了很少的文件或者共享的文件无人问津。仅从系统中获取其他节点提供的服务,而不为 P2P 网络做贡献的行为称为搭便车,而存在搭便车行为的节点称为搭便车者。搭便车现象最初是通过测量非结构化 P2P 网络 Gnutella 发现的,研究人员后来采用多种测量方法对不同的 P2P 网络系统进行长期观测和分析,最后发现搭便车行为是 P2P 网络中普遍存在的一种客观现象。

搭便车行为背离了 P2P 网络的基本理念,其不同于数据污染问题,但也给 P2P 网络的健壮性、可用性造成了严重的负面影响。为此,针对搭便车行为设计合理的抑制机制是 P2P 网络研究的一个重要领域。研究人员首先关注如何观测和识别 P2P 网络中不同的搭便车现象。具体而言,研究人员采取了主动式测量和被动式测量两大类流量测量技术。在此基础上,研究人员采用排队论和随机过程对 P2P 网络的服务能力进行数学建模,并对搭便车行为的性能影响进行了分析,他们发现,当网络中搭便车节点超过一定比例后,服务请求数量不断增大,而提供服务的节点并没有增加，最终会降低 P2P 网络的性能和服务能力。若搭便车现象进一步加剧，则很有可能导致整个 P2P 网络系统走向崩溃的边缘。

在此基础上，研究人员提出了一系列的搭便车行为抑制机制。这些抑制机制的共性指导原则是：根据节点已经做出的贡献，确定其能够从网络中享受服务的能力，那些贡献较小的节点从网络中获取资源的能力就越弱。现有的抑制机制分为基于节点行为的激励机制、基于博弈论的搭便车抑制方法、基于社会网络或经济模型的控制策略三种类型[38]。

基于节点行为的激励机制是被最早提出并且广泛应用的搭便车行为抑制方法，不同激励机制之间的差异主要是定义了不同的效用函数（节点享受服务能力与节点为系统已经做出的贡献之间的关系）。这类抑制机制普遍将控制权赋予服务提供节点，若服务提供节点不过载，则尽力满足收到的所有服务请求。反之，服务提供节点会依据请求发起节点的效用值进行区别对待，先满足效用值高的节点发出的服务请求，后满足效用值低的节点发出的服务请求。

基于博弈论的搭便车抑制方法将节点在 P2P 网络中的行为建模为长期博弈过程，从整个 P2P 网络的角度来分析一个节点行为策略选择与其他节点行为策略选择的关系。此时，每个节点的行为选择不再孤立，而是同其他在线节点的行为选择紧密相关。每个节点需要在积极为系统做贡献、贪婪下载、贡献收益平衡等多种行为策略中选择最大化自身收益的策略。

基于社会网络或经济模型的控制策略认为 P2P 网络中的搭便车行为是节点用户个人心理活动的一种延伸。因此，经济学和社会学领域的学者探索利用社会网络模型、经济模型来抑制 P2P 网络中的搭便车现象。相关研究指出，适度的搭便车现象是提高 P2P 网络资源利用效率的一种有效方法，并且应该在搭便车行为抑制与争取更多用户之间找到合理的均衡点。

### 1.3.5　流量识别问题

随着 P2P 网络技术的不断发展，P2P 网络已经在很多领域得到广泛使用。迅猛增长的 P2P 流量已成为互联网的主宰流量，消耗了很多网络带宽资源，并加剧了互联网的拥塞程度。更糟糕的是，互联网上出现了大量的 P2P 恶意流量，加快了带宽的消耗，甚至导致拒绝服务攻击。因此，识别和控制 P2P 流量已经成为网络管理面临的重要挑战[39]。稳定准确地提取出流量特征是确保流量识别准确度的关键，但网络的动态性以及相关规避检测技术的采用使 P2P 流量的特征并不明显。此外，需要设计出实时、准确、可扩展和健壮的 P2P 流量识别算法，但迅猛增长的流量使设计理想的流量识别方法面临极大的挑战。

尽管如此，学术界仍然开展了大量研究工作并取得了不少研究成果。这些成果不仅能区分 P2P 流量和非 P2P 流量，而且可以识别出流量来自哪些 P2P 应用或协议。根据所采用识别方法的不同，P2P 流量识别又可分为端口流量识别技术、深度包检测技术、基于机器学习的流量识别技术和基于网络行为的识别技术等。各种 P2P 流量识别技术都有其优缺点，但都无法识别出网络中的所有 P2P 流量。

端口流量识别技术由于仅需要检测数据包头部，计算开销小，易于实现，因此可用于高速网络环境下的实时流量分类。随着越来越多的 P2P 应用使用动态端口以及端口伪装技术来躲避流量检测，端口流量识别技术的识别率不断降低，已经不能满足当前需求。

深度包检测技术常利用模式匹配算法搜索流量中 P2P 网络相关协议的应用层特征，进而判断是否属于 P2P 流量。制约这种技术应用效果的主要因素来自两个方面，分别是应用层负载特征的准确提取和模式匹配算法的高效设计。由于其准确性较好且可用于在线识别，深度包检测技术已被广泛应用于很多网络系统，但是提取应用层特征会涉嫌侵犯用户隐私，而且对加密流量的识别率并不理想。

基于机器学习的流量识别技术弥补了深度包检测技术的不足，其一般不依赖数据流的应用层信息，而是利用流量统计特征建立机器学习分类模型来识别 P2P 流量。但是，流量统计特征受网络环境的影响较大，这导致基于机器学习的流量识别技术的健壮性较差。例如，这类代表性的流量分类工具 Tstat 仅能识别 Skype 流量，尚无法识别所有 P2P 流量。

基于网络行为的识别技术也不检测数据包的负载信息，而是针对节点不同的网络行为特征设计多种流量识别算法。普遍使用的网络行为特征包括网络连接模式、流行度、扰动性。网络连接模式包括网络传输层所采用的协议和端口，连接形成的整体拓扑结构等。另外，一些 P2P 应用在使用时要发起大量的连接，流行度会突然增加。节点在线时间短、变化大也是一种显著的 P2P 网络行为。基于网络行为的识别技术虽然高效，但是仅能粗粒度地识别 P2P 流量，且不适用于在高速网络环境下在线实时识别 P2P 流量。

总体而言，虽然已经研发出很多 P2P 流量的识别技术，但是 P2P 流量识别仍然是网络流量工程的研究热点。相关研究面临的困难主要源自 P2P 网络的复杂性和演变性。P2P 网络的复杂性包括流量的动态性和网络行为的动态性，流量的动态性使 P2P 流量在某些状况下不具备区别于其他流量的明显特征，而网络行为的动态性给基于机器学习的流量识别造成了极大困难。此外，P2P 网络系统处于不断发展和演变过程中，不断涌现的新应用软件表现出很多不同的网络行为，所以流量识别技术也需要不断改进以适应 P2P 网络自身的演变特性。

### 1.3.6　负载均衡问题

P2P 网络系统与其他分布式系统一样面临严重的负载不均衡问题。在某些时刻，一些节点的负载很大并导致无法正常地提供服务，而另一些节点的负载却比较小并致使处理能力被闲置。负载不均衡问题会使 P2P 网络系统的健壮性较差，整体效率会变得很低。产生这种现象的原因有两个方面：①P2P 网络中文件的分布不均衡，部分节点提供和存储了大部分文件，而其他节点则提供和存储了少部分文件；②P2P 网络中查询请求的分布也非常不均匀，且往往服从 Zipf 定律。当众多查询请求都访问一个或者少数几个文件时，网络中就出现了负载分布不均匀的一种极端形式，即访问热点(query hotspot)。

为了解决上述不均衡问题，结构化 P2P 网络引入了 DHT，并从很多方面进行了优化设计，例如：①考虑了节点的异构性，资源配置更强大的节点会存储更多的文件，而资源配置较低的节点则存储较少的文件；②优化哈希函数从而改善全体文件在节点之间的分布特性，并不要求全体节点均匀地分担整个 DHT 的存储空间，因为全体文件在整个 DHT 存储空间中的分布并不均匀。尽管如此，DHT 结构仍然无法有效地解决查询请求分布的不均匀造成的访问负载不均衡问题。为了改善 P2P 网络系统的性能，需要在这些负载不均匀的节点之间重新合理地分配负载，使各个节点的存储负载和访问负载基本均衡，缓解访问热点造成的网络性能下降问题。

研究人员尝试从多个角度解决 P2P 网络中的访问不均衡问题[40]。首先，在结构化 P2P 网络中，为负载重的节点按需引入一定数量的虚拟节点，能够在一定程度上处理不均衡问题。其次，按需复制热点文件是处理访问负载不均衡的有效方法。这要求将热点文件的访问请求在路由查询过程中向各个副本所在节点进行分散处理。最后，在上述两种方法都失效的情况下，合理地进行负载转移，调整文件在 P2P 网络中的分布情况，均衡各个节点上的访问负载，提高系统利用率。上述三个方面目前都存在大量的研究成果，本书不再一一赘述。

## 参考文献

[1] Milojicic D, Kalogeraki V, Lukose R, et al. Peer-to-peer computing[R]. HP Laboratories, Palo Alto, 2002.

[2] Zhang X, Liu J, Li B, et al. Do-Net/coolstreaming: A data-driven overlay network for live media streaming[C]//Proceedings of the IEEE 24th INFOCOM, Miami, 2005.

[3] Piotrowski T, Banerjee S, Bhatnagar S, et al. Peer-to-peer streaming of stored media: The indirect approach[C]//Proceedings of the ACM SIGMETRIC, Saint Malo, 2006.

[4] Sripanidkulchai K, Ganjam A, Maggs B, et al. Feasibility of supporting large-scale live streaming applications with dynamic application end-points[J]. ACM SIGCOMM Computer Communication Review, 2004, 34(4): 107-120.

[5] Liao X F, Jin H, Liu Y H, et al. Anysee: Peer-to-peer live streaming[C]//Proceedings of the

IEEE 25th INFOCOM, Barcelona, 2006.

[6] Huang Y, Tom Z, Chi D, et al. Challenges, design and analysis of a large-scale P2P vod system[C]//Proceedings of the ACM SIGCOMM, Seattle, 2008.

[7] Liang J, Kumar R, Ross K. The KaZaA overlay: A measurement study[J]. Computer Networks Journal, 2005, 50(6): 842-858.

[8] Qiu D, Srikant R. Modeling and performance analysis of bittorrent-like peer-to-peer networks [J]. ACM Sigcomm Computer Communication Review, 2004, 34(4): 367-378.

[9] Kubiatowicz J, Bindel D, Chen Y, et al. Oceanstore: An architecture for global scale persistent storage[J]. ACM Sigplan Notices, 2000, 35(11): 190-201.

[10] Rowstron A, Druschel P. Storage management and caching in past, a large-scale, persistent peer-to-peer storage utility[C]//Proceedings of the ACM 18th SOSP, Chateau Lake Louise, 2001.

[11] Schreiner K. Distributed projects tackle protein mystery[J]. Computing in Science and Engineering, 2001, 3(1): 13-16.

[12] Androutsellis T S, Spinellis D. A survey of peer-to-peer content distribution technologies [J]. ACM Computing Surveys, 2004, 36(4): 335-371.

[13] Chawathe Y, Ratnasamy S, Breslau L, et al. Making gnutella-like P2P systems scalable [C]//Proceedings of ACM SIGCOMM, New York, 2003.

[14] Clarke I, Miller S G, Hong T W. Protecting free expression online with freenet[J]. IEEE Internet Computing, 2002, 6(1): 40-49.

[15] Clarke I, Sandberg O, Wiley B, et al. Freenet: A distributed anonymous information storage and retrieval system[J]. Lecture Notes in Computer Science, 2001: 46-66.

[16] Stoica I, Morris R, LibenNowell D, et al. Chord: A scalable peer-to-peer lookup protocol for network applications[J]. IEEE/ACM Transactions on Networking, 2003, 11(1): 17-32.

[17] Ratnasamy S, Francis P, Handley M, et al. A scalable content-addressable network[J]. ACM Sigcomm Communication Review, 2001, 31(4): 161-172.

[18] Rowstron A, Druschel P. Pastry: Scalable, decentralized object location, and routing for large-scale peer-to-peer systems [J]. Lecture Notes in Computer Science, 2001, 2218: 329-350.

[19] Zhao B Y, Kubiatowicz J, Joseph A D. Tapestry: A fault-tolerant wide-area application infrastructure[J]. ACM SIGCOMM Computer Communication Review, 2002, 32(1): 81.

[20] Harvey N J A, Jones M B, Saroiu S, et al. Skipnet: A scalable overlay network with practical locality properties[C]//Proceedings of the 4th USENIX Symposium on Internet Technologies and Systems, Washington D. C., 2002.

[21] Luo X, Qin Z, Han J, et al. DHT-assisted probabilistic exhaustive search in unstructured P2P networks[C]//Proceedings of the 22nd International Parallel and Distributed Processing Symposium (IPDPS), Miami, 2008.

[22] Shi X, Han J, Liu Y, et al. Popularity adaptive search in hybrid P2P systems[J]. Journal of

Parallel & Distributed Computing，2009，69(2)：125-134.
[23] 李东升. 基于对等模式的资源定位技术研究[D]. 长沙：国防科学技术大学博士学位论文，2005.
[24] 付志鹏，王怀民，史殿习，等. 对等网络的抖动特性研究综述[J]. 计算机学报，2011，34(9)：1563-1577.
[25] Jiang S，Guo L，Zhang X. Lightflood：An efficient flooding scheme for file search in unstructured peer-to-peer systems[C]//Proceedings of the 32nd International Conference on Parallel Processing (ICPP)，Kaohsiung，2003.
[26] Jiang H B，Jin S D. Exploiting dynamic querying like flooding techniques in unstructured peer-to-peer networks[C]//Proceedings of the IEEE 13th ICNP，Boston，2005.
[27] Reka A，Albert-La B. Statistical Mechanics of Complex Networks[M]. Berlin：Springer Heidelberg，2003.
[28] Chang N，Liu M. Revisiting the TTL-based controlled flooding search：Optimality and randomization[C]//Proceedings of the ACM 10th MobiCom，Philadelphia，2004.
[29] Han J，Liu Y，Lu L，et al. A random walk based anonymous peer-to-peer protocol design [C]//Proceedings of the International Conference on Computer Networks and Mobile Computing (ICCNMC)，Zhangjiajie，2005.
[30] Dabek F，Kaashoek M F，Karger D，et al. Wide area cooperative storage with CFS[J]. ACM Sigops Operating System Review，2001，35(5)：202-215.
[31] 任浩. P2P 覆盖网拓扑优化技术研究[D]. 长沙：国防科学技术大学博士学位论文，2007.
[32] 曹怀虎，朱建明，潘耘，等. 情景感知的 P2P 移动社交网络构造及发现算法[J]. 计算机学报，2012，35(6)：1223-1234.
[33] Decandia G，Hastorun D，Jampani M，et al. Dynamo：Amazon's highly available key-value store[C]//Proceedings of the ACM 21st SOSP，Stevenson，2007.
[34] Lakshman A，Malik P. Cassandra：A decentralized structured storage system[J]. ACM Sigops Operating Systems Review，2010，44(2)：35-40.
[35] Zhu W P，Li M X，Chen H. Using MongoDB to implement textbook management system instead of MySQL[C]//Proceedings of the IEEE 3rd ICCSN，Xi'an，2011.
[36] 李勇军，代亚非. 对等网络信任机制研究[J]. 计算机学报，2010，33(3)：390-405.
[37] 王勇，云晓春，秦志光，等. P2P 网络数据污染综述[J]. 计算机科学，2011，38(3)：1-4.
[38] 余一娇，金海. 对等网络中的搭便车行为分析与抑制机制综述[J]. 计算机学报，2008，31(1)：1-15.
[39] 鲁刚，张宏莉，叶麟. P2P 流量识别[J]. 软件学报，2011，22(6)：1281-1298.
[40] 李振宇，谢高岗. 基于 DHT 的 P2P 系统的负载均衡算法[J]. 计算机研究与发展，2006，43(9)：1579-1585.

# 第2章　典型的数据驱动路由模型和机制

拓扑构造、网内数据存储以及网内数据驱动路由是P2P网络研究和实践的核心工作。网内数据存储要求对各个节点产生的数据进行本地存储或依据特定规则分布存储到网内其他节点，而不是在数据产生后立即向某个中心节点汇总。网内数据驱动路由意即任意网络节点都可能是潜在的数据需求者，同时任意节点都可能是潜在的数据提供者，因此需要快速定位并路由到那些存储其所需数据的网络节点。

以是否对拓扑构造和数据存储的组织方式施加约束规则为依据将P2P网络分为结构化P2P网络和非结构化P2P网络两种基本类型。这两种类型的P2P网络采用完全不同的网内数据存储和数据驱动路由模式。结构化P2P网络对所有节点输入的数据进行统一的分布式存储，同时形成一种内在的分布式索引结构，如DHT，据此设计出高效的数据驱动路由模式。与之相反，非结构化P2P网络允许各个节点产生和接入的数据进行本地存储，由于缺乏分布式内容索引的支持，仅基于数据本地存储难以实现高效的网内数据驱动路由。本章依据P2P网络的拓扑结构分类，分别介绍对应的数据驱动路由机制。

## 2.1　结构化P2P网络的数据驱动路由机制

### 2.1.1　非常量度数结构化P2P网络

现有的很多结构化P2P网络都是基于一些传统的多机互联网络扩展而来的。Hypercube、Mesh、Butterfly、Skip-list等多机互联结构的网络直径和节点度数都达到$O(\log N)$量级。这意味着它们的网络直径和节点度数随着网络规模的增加呈现出对数量级的增加。早期的结构化P2P网络多参照这类非常量度数的多机互联结构进行结构优化和再设计，如Chord、Kademlia、Pastry、Tapestry、Ulysses、Skipnet等著名结构。

1. 基于Hypercube多机互联结构

Chord是在2001年由著名学者Stoica等[1]提出的一种基于Hypercube结构的结构化P2P网络。Chord的设计基于一维环形空间，每个加入P2P网络中的节点和数据对象都会被标识为一个长为$m$位的二进制串，就是一个$0\sim2^m-1$的任意整数。具体而言，分别根据节点的 IP 地址和数据对象的关键字通过 SHA-1 算法为节点和数据对象赋予标识符。节点根据标识符的大小按照顺时针方向排列成一个环形。对于 $N$ 个节点的 Chord 网络，每个节点至少需要维护 $\log N$ 个邻居关系，向网络中写入一项数据对象的路由延迟为 $\log N$ 跳转发，平均路由延迟为 $(\log N)/2$，而节点加入或退出 P2P 网络的开销为 $O((\log N)^2)$。

每个节点都维护两个不同的路由表。一个维护其后序节点的邻居关系，即在 Chord 环上沿顺时针方向最近的节点，另一个路由表被记为 finger 表，finger 表最多有 $m$ 项，对于任意的 $0 \leqslant i \leqslant m-1$，节点 $n$ 的第 $i+1$ 项是整数 $n+2^i$ 在 Chord 环上的后序节点。每个加入 Chord 的数据对象在获得其标识符 key 之后，被发布到 key 在 Chord 环上的后序节点。例如，图 2.1 中标识符为 5 的数据对象会被映射到节点 6 上。任何节点在处理任意一个数据对象的查询消息时，首先产生该目标数据对象的标识符 key，然后查看其 finger 表中哪个邻居节点在 Chord 环上最接近 key，就将请求转发到该节点，直到发现目标节点。若 finger 表中记载的全部节点都失效，则沿着其后序节点转发该消息，由该节点按照正常的路由算法转发请求。

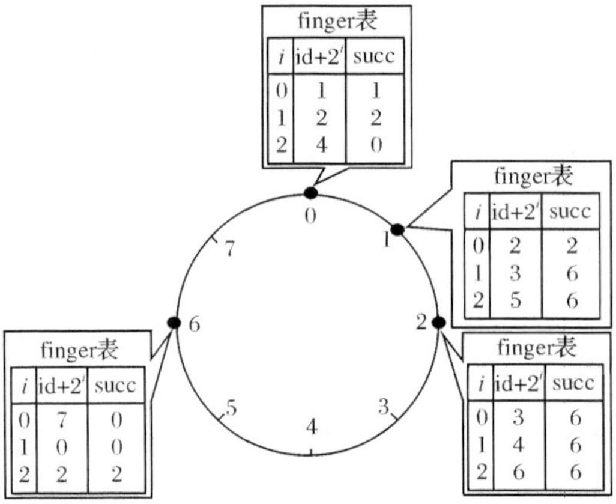


图 2.1　Chord 结构

Chord 的节点和数据对象命名规则与 Hypercube 结构[2,3]的节点命名规则一致。当 Chord 的节点规模达到 $2^m$ 时，Chord 的主干拓扑结构正是一个如图 2.2 所示的 Hypercube 结构。考虑到 Chord 的节点规模通常达不到 $2^m$，因此对 Hypercube 的拓扑构造规则和路由规则进行了必要的调整。

Kademlia[4]是基于 Hypercube 结构拓展而来的另一个著名的结构化 P2P 网络。Kademlia 和 Chord 非常类似，但两个节点之间的距离定义为它们的标识符的异或值，而不是在 Chord 环上的顺时针距离。这使任意两个节点之间具有对称的

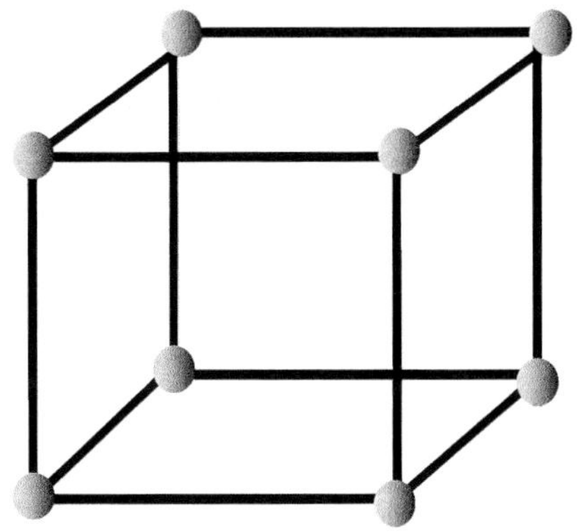

图 2.2　Hypercube 结构

距离，这有别于 Chord 环中的不对称距离。Kademlia 的性能特征与 Chord 相似。

综上所述，Chord 和 Kademlia 的拓扑结构与实现的分布式索引结构 DHT 密切关联，提出的数据驱动路由方法能将任何数据对象的查询请求在最多 $O(\log N)$ 个跳数内转发到负责存储该数据对象的节点。

2. 基于 Plaxton Mesh 多机互联结构

2001 年，微软剑桥研究院提出了 Pastry[5] 结构化 P2P 网络。加入 Pastry 网络的节点和数据对象会被首先赋予一个 128 位的二进制标识符，数据对象加入网络时会被逐步路由到标识符在数值上最相近的节点。相似地，关于某个数据对象的网内查询请求也会被逐步路由到标识符最相近的某个节点。

Pastry 中数据驱动路由的核心思想是：任意节点将查询消息路由转发给下一个节点时，要确保下一个节点的标识符和查询消息的标识符的公共前缀至少增加一位。若找不到这样的下一跳转发节点，则将查询消息转发给公共前缀长度相同但标识符取值更接近查询标识符的某个节点。为了实现上述路由机制，每个 Pastry 节点需要创建和维护三个表：路由表、邻居表以及叶节点表。节点收到一条查询消息时，首先检查该查询对象的标识符是否落在其叶节点的标识符范围内。若命中，则将查询消息直接转发给节点标识符和查询对象标识符最接近的某个叶节点。否则，当前节点会将查询消息转发给路由表中的一个邻居节点，其标识符和查询对象的标识符的公共前缀长度至少要增加一位。若从路由表中查不到满足上述条件的表项，则查询消息被转发给公共前缀的长度相同但节点标识符更接近的节点。Pastry 的数据驱动路由机制确保路由的每一步都比上一步向目标节点逼近了至少一步，因此数据驱动路由最终会取得收敛的结果。

Tapestry[6]是由加利福尼亚大学伯克利分校的 OceanStroe 项目组提出的一种基于 Plaxton Mesh 结构的结构化 P2P 网络。Tapestry 中每个节点和数据对象被分配一个以 $b$ 为基底的位串。每个节点维护一个多层的路由表，路由表的层数等于节点标识符的长度，路由表中第 $j$ 层节点的标识符与本节点的标识符拥有长度为 $j-1$ 的公共后缀；第 $j$ 层共有 $b$ 项，第 $i$ 项节点的标识符的第 $j$ 位为 $i$；若网络中存在多个节点的标识符满足路由表中某一项的条件，则选择延迟最小的节点。Tapestry 中每个数据对象都被发布到与其标识符具有最长公共后缀的节点上。Tapestry 采用基于后缀匹配的数据驱动路由方法：根据目标数据对象的标识符进行路由，每经过一个中间节点，目标数据对象的标识符与节点标识符的最长公共后缀的长度增加一位。此外，Tapestry 还考虑了其逻辑拓扑与实际物理网络之间的较好匹配问题，因此能够保证一对节点在 P2P 网络上的路由延迟在其物理路径延迟的常量因子之内，从而数据驱动路由具有较低的响应时间。此外，Tapestry 也提供了冗余邻居和数据对象副本等技术来提高其容错能力。

Pastry 与 Tapestry 具有很多共同之处，例如，都采用 Plaxton 前缀或后缀匹配路由算法，$N$ 个节点的网络中每个节点都维护 $O(\log N)$ 个邻居关系，路由延迟和路由消息开销是 $O(\log N)$ 等。此外，Pastry 和 Tapestry 也存在很多设计细节方面的差异，如采用不同的数据对象副本策略。

3. 基于 Butterfly 多机互联结构

虽然 Butterfly[7]是一种典型的常量度数多机互联结构，但是学者以其为基础提出了一种非常量度数结构化 P2P 网络——Ulysses[8]。Ulysses 中节点标识符空间是一个 $k$ 级的 $k$ 维空间，每个节点负责标识符空间的一个子空间。节点加入时，随机加入某一级的 $k$ 维空间中，拆分该空间中的区域。Ulysses 节点间按照近似如图 2.3 所示的 Butterfly 拓扑建立邻居关系。对于 $N$ 个节点的 Ulysses，节点的理想出度是 4，但实际上节点的出度通常为 $O(\log N)$，而路由延迟及路由消息开销为 $O\left(\frac{\log N}{\log\log N}\right)$。

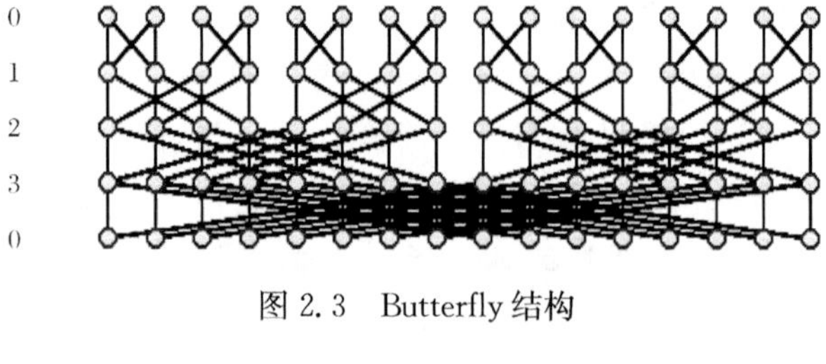


图 2.3 Butterfly 结构

4. 基于 Skip-list 多机互联结构

Skipnet[9]由微软研究院提出，是基于 Skip-list 的结构化 P2P 网络。同此前的结构化 P2P 网络不同，Skipnet 为每个网络节点和数据对象采取了双重命名的机制，即同时采用了字典标识符和数字标识符。全体节点获得标识符后被组织成多个层次的环形结构，每个环中的节点按照字典域标识符顺时针排列。第 0 层的环称为根环，其包括全体节点。第 $i$ 层的环被一分为二构成第 $i+1$ 层环，依次向上。各层环中的节点按照其字典标识符的排序，然后组织成类似 Skip-list 的多层双向链表结构，每个节点在各层中都选择双向链表中相邻位置的两个节点作为邻居。Skipnet 的节点度数、平均搜索延迟和动态维护开销都是 $O(\log N)$[10]。

加入 Skipnet 中的任意数据对象，在获得标识符后，会按照字典标识符或数字标识符相近的原则发布到宿主节点上。此后，为了实现任意数据对象的网络高效查询，Skipnet 采用了多种数据驱动路由方法，包括基于字典标识符的路由机制、基于数字标识符的路由机制，以及两者的混合路由机制。基于字典标识符的路由机制的核心思想是折半查找，而基于数字标识符的路由机制采用了前缀匹配的思想。

### 2.1.2　常量度数结构化 P2P 网络

常量度数结构化 P2P 网络为了在路由表大小和路由延迟之间取比较好的折中，提出了两个设计准则。一个是随着系统规模的增加，网络直径成对数增加。另一个是随着系统规模的增加，每个节点的出度总是保持不变。常量度数结构化 P2P 网络的核心思想源自常量度数的多机互联网络，如 d-torus、CCC(cube-connected cycle)、Butterfly、de Bruijn 图和 Kautz 图。

1. 基于 d-torus 多机互联结构

CAN[11]是基于 d-torus 的结构化 P2P 网络，其将节点映射到一个 $d$ 维笛卡儿坐标空间中。当新节点加入网络时，随机选择一个坐标，然后根据路由算法定位到一个负责该坐标位置的节点，于是该节点和新节点按照某一个维度平分其所负责的整个坐标区域。当节点加入或退出时，相关节点负责的区间会进行拆分或合并。每个节点的邻居是在各个维度上距离其最近的节点，这意味着每个节点的邻居数目是 $2d$。类似地，路由算法会将数据对象传递到负责其坐标所在区域的节点。对于 $N$ 个节点的 CAN，其路由延迟为 $O(dN^{1/d})$，平均路由延迟为 $O\left(\frac{dN^{1/d}}{4}\right)$。

图 2.4 是 $d=2$ 时 CAN 方法拓扑结构的示例。一个二维笛卡儿坐标空间由网络中 $n_1$、$n_2$、$n_3$、$n_4$、$n_5$ 共 5 个节点负责，每个节点负责坐标空间中的部分区域。当数据对象加入时，每个节点根据目标节点的坐标位置，将数据对象转发给离目标最近的邻居。图 2.5 给出了从节点 $n_1$ 到数据对象所在的坐标点 $f_4$ 的路由过程，节点 $n_1$ 的邻居 $n_3$ 离目标较近，因此节点 $n_1$ 将查询消息转发给邻居 $n_3$。节点 $n_3$ 继续将该消息转发给节点 $n_4$，最后到负责数据对象 $f_4$ 的节点 $n_5$。

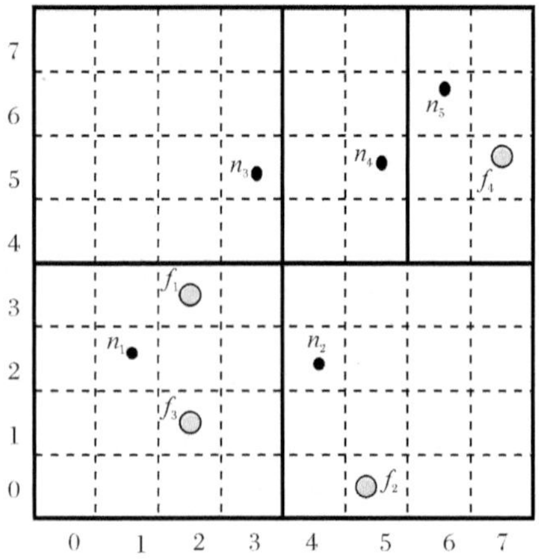


图 2.4　二维坐标空间中 CAN 的节点分布情况

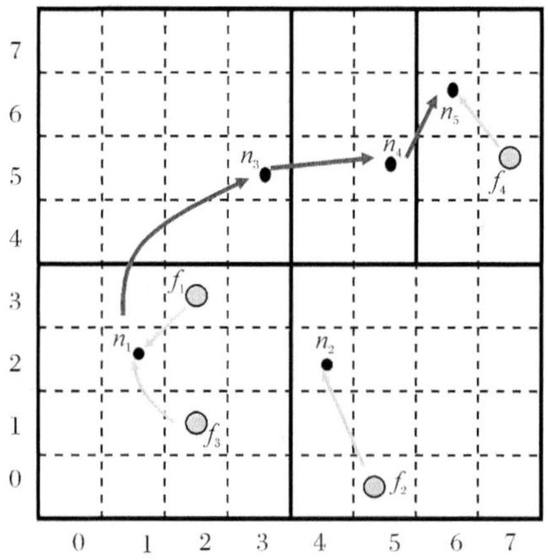


图 2.5　从节点 $n_1$ 开始搜索处于坐标 $f_4$ 处的数据对象

2. 基于 CCC 多机互联结构

如图 2.6 所示，一个 $n$ 维 CCC 多机互联结构[12]是在一个 $d$ 维 Hypercube 图上将各个顶点替换成一个含 $d$ 个节点的环而构成的图，其节点数目为 $n=d\times 2^d$。Cycloid[13]结合了 Pastry 和 CCC 结构的特征。在节点数为 $n=d\times 2^d$ 的 Cycloid 系统中，每个节点有 3 个邻居，每次查询需要 $O(\log N)$ 步。与 Pastry 相同，Cycloid 使用了一致性哈希函数将 key 值映射到各个节点上，key 值与节点标识符都均匀分布在大小为 $d\times 2^d$ 的标识符空间中。

一个数据对象加入类 CCC 结构时会首先获得一个二维标识符，第一个维度用于标识其在 Hypercube 结构中的位置，第二个维度用于标识其在环中的位置。CCC 结构中的某个节点要引入一项新数据对象时，会首先获得目标节点的二维标识符，然后采用环内和 Hypercube 的混合路由机制，最终被转发到目标节点。针对一个数据对象的查询操作也可以通过相似的方式得到解决。

3. 基于 Butterfly 多机互联结构

一个 $d$ 维 Butterfly 中有 $d\times 2^d$ 个节点，每个节点的度为 4，网络直径约为

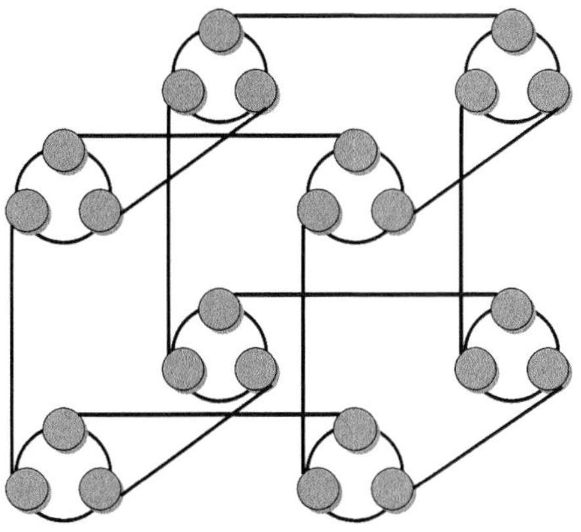

图 2.6　CCC 结构

$3d/2$。Viceroy[7]是基于 Butterfly 拓展而来的常量度数结构化 P2P 网络。在 Viceroy 中，每个节点被赋予一个标识符和一个层号。标识符的值独立且均匀地分布在区间[0,1]中，层号可以在区间[1,log$N$]内任意取值，其中 $N$ 是当前网络规模的估计值。每个节点的标识符被用于唯一标识该节点，是一个固定值，但是层号在节点的生命周期内可能会进行适当的调整，层号只起路由作用，不起标识作用。

网络中所有节点组织成一个环，同层节点又构成一个小环。一个位于第 $l$ 层的节点有 7 个指针指向它的邻居，它们分别是大环中的前序节点(predecessor)和后序节点(successor)，同层小环上的前、后两个相邻节点，第 $l+1$ 层的左、右两个节点，以及第 $l-1$ 层的上行节点。Viceroy 的路由包括三个步骤：通过上行指针上升到第一层的某个节点，再通过下行指针到达一个离目标节点最近的节点，最后通过大环或者同层环指针到达目标节点。Viceroy 方法的设计和动态维护相当复杂，节点出度为 7，入度可达到 $O(\log N)$，在大概率情况下路由延迟为 $O(\log N)$。

4. 基于 de Bruijn 多机互联结构

Koorde[14]在一个带标号的环上嵌入了如图 2.7 所示的 de Bruijn 结构，继承了 Chord 的动态维护等机制，但拓扑构造和路由规则是在 Chord 中模拟 de Bruijn 结构的相应规则而进行的。每个节点有 $O(1)$ 个邻居，查询延迟为 $O(\log N)$。Koorde 的节点标识符和数据对象的标识符都均匀地分布在大小为 $2^d$ 的环形值域空间中。一个数据对象被存储在其标识符的后序节点上，即节点的标识符等于或大于该数据对象的标识符。由于 P2P 系统固有的动态性，系统中经常只包含 $2^d$ 个节点中的极少数，因此嵌入 Chord 环中的 de Bruijn 结构是不完全的。Koorde 在执行 de Bruijn 结构的路由规则时，总是将查询传递给 de Bruijn 邻居节点的前序节点，即如果 de Bruijn 结构中某个节点不存在，那么 Koorde 就将查询传递给该节点的前序节点。

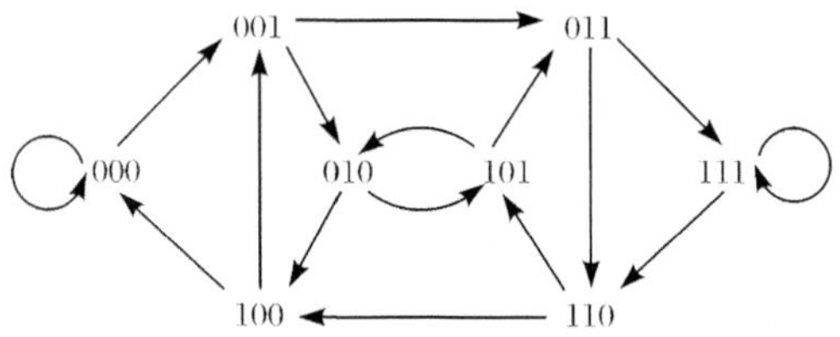


图 2.7　de Bruijn 结构

D2B[15,16]也基于 de Bruijn 互联结构，但其设计与 Koorde 完全不同。D2B 是在一个正则的 de Bruijn 结构基础上通过节点的动态加入和退出不断演变而得。换句话说，节点的标识符是可以动态产生和调节的，每个节点根据其标识符建立近似的 de Bruijn 结构拓扑。D2B 中消息路由算法也是模仿 de Bruijn 结构中的最短路径路由进行的。D2B 节点度数的期望值是常量，但各个节点的节点度数差异很大，路由延迟和消息开销为 $O(\log N)$。Koorde 的标识符空间不可以扩展或缩小，而 D2B 充分考虑了网络规模的不可预见性和动态性，因此允许标识符空间可动态调整。

基于 de Bruijn 结构拓扑的结构化 P2P 网络还有 Distance Halving[17,18]、ODRI[19]和 Broose[20]，这些 P2P 网络具有相似的拓扑性质，因此不再一一介绍。

5. 基于 Kautz 图多机互联结构

FissionE[21]是由如图 2.8 所示的以 2 为基底的正则 Kautz 图扩展而来的结构化 P2P 网络。节点的标识符是一个基底为 2 的 Kautz 串。FissionE 的初始拓扑结构正是一个以 2 为基底、以 $k$ 为网络直径的正则 Kautz 图。网络中共有 $2^k+2^{k-1}$个节点，它们将 FissionE 负责的一个标识符空间均匀分割，并各自负责其中的一份。随着节点的不断加入或退出，FissionE 负责的标识符空间会不断地被拆分或合并，该标识符的各个子空间的标识符以及节点的邻居关系也会进行相应的调整。因此，FissionE 中各节点的标识符长度可能是不同的，且随着节点的加入或退出而动态变化。为了取得较好的拓扑特性，FissionE 提出邻居关系不变量拓扑构造规则，即 FissionE 中邻居节点的标识符长度相差始终不超过 1。节点根据它们的标识符按照 Kautz 图结构以及邻居关系不变量规则组成邻居关系，形成 FissionE 拓扑。在一个网络规模为 $N$ 的 FissionE 中，每个节点的入度为 2，出度范围为 1～4，平均路由延迟小于 $\log_2 N$，网络直径小于 $2\times\log_2 N$，动态维护开销小于 $3\times\log_2 N$。

这里对主流结构化 P2P 网络的拓扑结构、节点出度和路由延迟进行比较。如

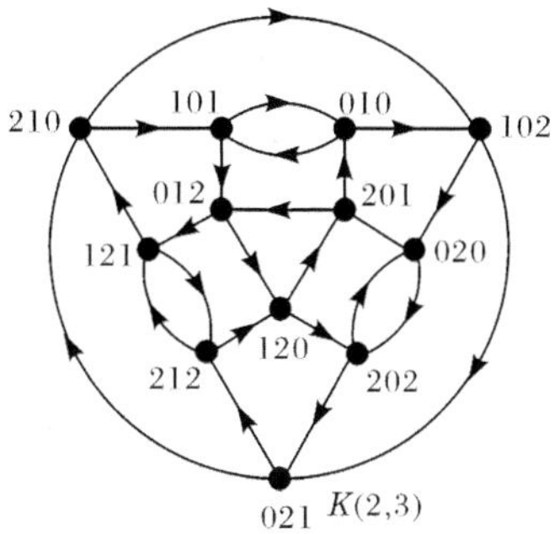


图 2.8　正则 Kautz 图

表 2.1 所示，常量度数拓扑结构在获得同样量级的路由延迟的基础上，其每个节点的出度远小于非常量度数拓扑结构的这一指标。这有利于简化系统的拓扑结构，改善系统的性能；有利于降低每个节点对路由表和邻居关系的维护成本；有利于降低动态行为导致的拓扑维护成本等。此外，常量度数拓扑结构比非常量度数拓扑结构更接近节点度数/网络直径（degree/diameter）问题的摩尔上界。需要说明的是，虽然表 2.1 显示多个结构化 P2P 网络的拓扑性质会达到相同的量级，但是其具体取值仍然存在很大的差异，这也是仍然不断有新的结构化 P2P 网络被提出的原因。

**表 2.1　典型结构化 P2P 网络的拓扑结构及其拓扑性质**

| 结构化 P2P 网络 | 拓扑结构 | 节点出度 | 路由延迟 |
|---|---|---|---|
| Chord、Kademlia | Hypercube | $O(\log N)$ | $O(\log N)$ |
| Tapestry、Pastray | Plaxton Mesh | $O(\log N)$ | $O(\log N)$ |
| Ulysses | Butterfly | $O(\log N)$ | $O\left(\frac{\log N}{\log\log N}\right)$ |
| Skipnet | Skip-list | $O(\log N)$ | $O(\log N)$ |
| CAN | d-torus | $O(1)$ | $O(\log N)$ |
| Cycloid | CCC | $O(1)$ | $O(\log N)$ |
| Viceroy | Butterfly | $O(1)$ | $O(\log N)$ |
| Koorde、D2B、ODRI、Broose、Distance Halving | de Bruijn | $O(1)$ | $O(\log N)$ |
| FessionE | 基底为 2 的 Kautz 图 | $O(1)$ | $O(\log N)$ |

## 2.2　非结构化 P2P 网络的盲目路由机制

最早出现的 Napster 是一种集中式非结构化 P2P 文件共享系统，其开启了

P2P 网络学术研究和应用的热潮。Napster 采用中央目录服务器保存所有网内计算节点所分享的数据对象的索引信息来实现数据对象的网内定位和提取。在数据对象的请求过程中，节点会将查询请求发送到中央目录服务器，服务器根据请求的内容向请求节点返回符合条件的节点列表。至此，查询节点可以直接向目标节点请求和提取所需的数据对象。

Napster 系统使用中央目录服务器进行数据对象定位，其优点是系统结构简单且易于实现、资源对象的查询定位效率高、数据对象的访问和提取能够在一跳内完成。但是由于中央目录服务器的存在，该系统面临可扩展性差、存在单点失效问题，以及容易引起版权纠纷等诸多挑战。为解决这些难题，研究人员设计提出了完全分布式的非结构化 P2P 网络系统，如 P2P 文件共享系统 Gnutella[22,23]。这种类型的非结构化 P2P 网络中，没有中央目录服务器，每个节点的地位都是平等的，每个节点既是服务器，也是客户端。新节点加入时，往往通过一些带外(out-of-band)方法获知系统中已加入的节点，并通过这些节点获得网络中的其他节点列表。新节点与现有节点之间的连接关系比较随意，即不存在特定拓扑构造规则指导和约束节点之间的互联。最终，各个节点以自组织的方式与其他节点建立邻居关系，形成一个随机网络或符合幂律分布的网络。

数据对象在这种分布式 P2P 网络内的放置也与网络拓扑无关，通常情况下仅在本地存储。与结构化 P2P 网络相比，这种非结构化 P2P 网络的拓扑维护比较简单，而且能针对数据对象制定各种灵活的查询条件，而结构化 P2P 网络往往侧重于对精确查询的支持。尽管完全分布式的非结构化 P2P 网络具有这些鲜明的特点和优势，但是其缺乏全局性的数据对象组织规则，不具有全网数据对象的分布式索引。这致使这类 P2P 网络在没有其他辅助机制的支持下，很难同时获得较低的查询延迟、查询成本以及较高的查询命中率。

近年来，研究人员从不同角度提出了如下一些很具有代表性的数据对象搜索方式。依据搜索过程中是否使用某种类型的提示性信息，非结构化 P2P 网络的路由机制分为盲目路由机制和数据驱动路由机制。此外，非结构化 P2P 网络还可以从其拓扑优化、复制和缓存等方面提高查询效率。

#### 1. 泛洪搜索机制

非结构化 P2P 网络最初采用类似泛洪搜索的方法来应对网内数据对象的搜索问题。其基本思想是：每个接收到搜索消息的节点会将消息的生存时间(time to live，TTL)递减 1，然后向其全部邻居发送该消息，直至找到满足约束的资源对象或者搜索消息的 TTL 达到 0。这种方法的优点是简单、查询命中率高、支持各种灵活的查询，但是也存在鲜明的缺点。例如，一次搜索可能要遍历大量节点才能找到目标资源，产生过重的网络传输开销和网络处理开销，给整个系统带来巨大的负担，影响系统的可扩展性和性能，而缩小搜索消息的传播范围又会降低搜索的查准率。

针对泛洪搜索存在的上述问题，研究人员提出了迭代加深[24]（iterative deepening）的优化搜索方法。这种方法将人工智能中的搜索技术引入 P2P 网络，其基本思想是在开始时发起一个深度较小的宽度优先搜索（breadth first search，BFS）来减小搜索目标对象所产生的消息数。为了一个数据对象的搜索请求，查询节点可能需要执行多次 BFS，每次 BFS 的深度值递增。若某次 BFS 返回了满足条件的全部结果，则整个搜索过程结束；否则，一直递增 BFS 的深度，直至达到设定的最大值，结束搜索过程。与泛洪方法相比，迭代加深和扩展环方法能在一定程度上减少消息的数量，但是仍然遍历了很多不存储目标对象的节点，并增加了搜索的响应延迟。

2. 随机搜索机制

由于泛洪、迭代加深方法普遍会产生大量的查询消息，因此研究人员进一步提出了随机搜索（random walk，RW）方法[25,26]。无论一个查询请求针对哪个网内数据对象，其查询源节点都不向所有邻居节点转发，而是向一个随机选择出的邻居节点发送该查询消息。后续接收到该查询消息的节点会同样随机选择一个邻居节点进行转发，直至找到符合条件的数据对象。虽然这种模式遍历的节点数目少，能够大幅度减少查询消息的数量，但是查询延迟很长且查准率仍然没有保障。

为此，研究人员进一步提出了 $k$ 路随机搜索[1]方法。查询发起节点向 $k$ 个随机选择的邻居转发接收到的查询消息，接收到任意一个查询消息副本的中间节点时会周期性地询问查询发起源是否应该终止查询，并按需将该消息向其任意一个而不是 $k$ 个邻居节点转发。在大部分情况下，$k$ 路随机搜索方法可比泛洪方法减少两个数量级的网络流量，其查询速度比单个随机搜索方法快 $k$ 倍。

与 $k$ 路随机搜索方法比较相近的一种方法是改进的随机 BFS，查询节点向随机选择的多个邻居转发查询，而中间节点也依照相同的策略来转发随机消息[22]。当前缺乏对这两种方法的量化比较，但是不难推断出这种改进的随机 BFS 方法要比 $k$ 路随机搜索方法访问更多的中间节点，因此具有更高的查准率。

3. 选择性搜索机制

选择性宽度优先搜索[24]的基本思想是查询节点仅将查询消息发送给一部分被挑选出来的邻居节点，认为这些节点有望很快获得更满意的查询结果。接收到随机消息的中间节点仍然按照泛洪的方式向其全部邻居节点转发该消息。这种方式虽然能够在较短的查询延迟内获得高质量的查询结果，但是仍然遍历了很多不存在目标数据对象的节点并产生很大的消息成本，原因在于中间节点采用泛洪方式处理接收到的随机查询消息。

基于节点度分布的提示性路由[25]是另外一种选择性搜索机制，其旨在充分利用非结构化 P2P 网络中节点度数呈现出的幂律分布特性。这意味着网络中少数节点的度很大，而大量节点的度很小。这种路由机制的基本思想是：各个节点会保存全体邻居节点的度数，在数据对象的搜索过程中，各节点优先将查询消息转发给度数高的邻居节点。这种机制能加快数据对象的搜索过程，原因在于节点度大的节点以高概率保存更多的数据对象。这种路由机制的缺点是：①度数大的节点要比普通节点处理更多的查询请求，导致系统的负载不均衡；②虽然路由机制中引入了选择策略，但是选择策略的制定依据与查询对象的内容无关，所以仍然属于盲路由(blind routing)。

4. 基于复制和缓存的搜索机制

网内复制和缓存是提高数据对象定位性能的重要方法[26,27]。其核心研究问题是在网络的整体存储能力约束下，为网络中的每个数据对象配置最佳数量的副本，以至于关于每个数据对象的平均搜索成本最低。通常采用均匀复制、依线性比例复制和依平方根比例复制三种副本策略。均匀复制的策略表示为每项数据对象创建相同数目的副本，不考虑其查询分布情况。依线性比例复制的策略表示数据对象的副本数目正比于其被访问的频率。某个数据对象被访问得越频繁，则为其创建的副本数目越多。依平方根比例复制的策略表示数据对象的副本数目正比于其被访问频率的平方根。理论分析和仿真结果显示，依平方根比例复制的策略可以获得最佳的查询效率，依线性比例复制的策略可以获得最佳的负载均衡水平。

数据对象复制和缓存的理论基础是生日悖论现象。生日悖论现象指出，一个几十人的班级中两个人具有相同生日的概率非常高。上述复制和缓存策略在网络中如何实现还需要深入研究。例如，Freenet 采用了沿原路返回的缓存机制，即当某个查询请求命中目标对象后，会将数据对象沿着整条搜索路径进行复制和缓存。而 BubbleStorm[28]以 BubbleCast 的方式将数据对象复制 $r$ 个副本放置后，产生 $g$ 个查询消息，则查询命中的概率近似为 $1-e^{-rg/N}$。当 $r$ 和 $g$ 均达到 $O(\sqrt{N})$ 量级时，查询能以非常高的概率命中目标对象，其中，$N$ 为网络规模。也就是说，在资源复制策略的支持下，经典的生日悖论现象能够从理论上保证随机搜索模式的可行性。

总体来讲，泛洪和随机搜索是非结构化 P2P 网络中的基本搜索机制，由于没有任何提示信息的指导，故称为盲路由机制。盲路由机制的数据对象搜索过程具有很大的盲目性，因此往往产生大量的消息，并具有较大的查询延迟。这种机制仅适用于搜索那些副本较多且分布较均匀的一些特殊的数据对象。针对其他普通数据对象的搜索很难同时获得较低的查询延迟、查询成本以及较高的查询命中率。虽然研究人员从多种角度提出了针对泛洪和随机搜索的优化方法，但是对于网络中大量存在的一般数据对象而言，如何提高搜索机制的准确率、降低搜索延迟和消息成本已成为挑战性的难题。

## 2.3　非结构化 P2P 网络的数据驱动路由机制

盲路由在数据对象搜索过程中具有很大的盲目性，往往产生大量的搜索消息，并使搜索过程具有较大的延迟。上述随机搜索机制和选择性搜索机制虽然卓有成效，但是仍然不能从根本上解决盲路由机制的问题。为此，研究人员进一步设计提出了针对非结构化 P2P 网络的数据驱动路由机制。其基本思想是：由数据对象共享节点发布数据对象的元信息，并在网络中传播和维护这些信息；在数据对象的搜索过程中，各节点根据其所维护的元信息，做出准确的查询消息转发决策[22,29,30]。

### 1. 基于本地索引的搜索机制

基于本地索引的搜索方法[24]力图获得与泛洪方法相同的查准率和查全率，但是只需要访问很少数目的节点。这种方法的核心思想是：每个节点都能够获得并保留距离其 $k$ 跳以内节点的本地内容索引。当任何节点收到关于任何数据对象的查询消息时，其可以代表距其 $k$ 跳内的所有节点来共同响应该查询。任意一个节点收到资源搜索后按照下述规则进行处理：若在距其 $k$ 跳内存在满足搜索约束的数据对象，则当前节点一定能够根据其保留的索引内容快速选择正确的转发方向；若根据其保留的索引内容没有发现目标数据对象，则意味着距其 $k$ 跳内不存在目标数据对象，当前节点采用泛洪方法处理该消息。

### 2. 基于路由索引的搜索机制

基于路由索引[31]的搜索机制与选择性宽度优先搜索和智能搜索非常相似，它们都运用了关于邻居节点的信息来引导搜索方向。但是，选择性宽度优先搜索仅在查询的源节点运用关于邻居节点的信息来选择搜索方向，在之后的搜索过程中仅采用宽度优先搜索方式。智能搜索[32]和基于路由索引的搜索机制则在整个搜索过程中都运用了关于邻居节点的有用信息来引导搜索方向，它们的区别在于每个节点为邻居节点保留的信息不同。智能搜索要求每个节点记录其邻居在过去一段时间内被成功应答的搜索消息。在基于路由索引的搜索机制下，每个节点保存了邻居节点上的文件数目和文档的主题信息，因此提供了基于文档主题的查询搜索能力，而不仅仅是基于文档名称的检索。每个节点在接收到一个随机消息之后，会将该消息中包含的一系列主题信息与各个邻居方向的路由索引匹配，并选择匹配的主题最多的几个邻居作为下一跳的转发目的地。

与基于路由索引的搜索机制类似，NeuroGrid[33]方法要求每个节点维护一个知识库，用于保存关键词与存储节点的对应关系。每个节点接入新邻居节点时，用该邻居节点共享文件的内容关键词对知识库进行更新。在搜索过程中，节点将查询消息转发给最相关的一部分节点。

虽然最初的路由索引仅关注一跳之外的邻居节点上的内容信息，但是其还可以被扩展到维护 $k$ 跳内的邻居节点上的内容信息。虽然后者更加有利于对查询消息的有效引导，但是路由索引的构造和维护成本较大。

3. 自适应概率搜索机制

自适应概率搜索(adaptive probabilistic search，APS)机制假设网络中各个数据对象的副本数目服从某种概率分布，而且每个数据对象的访问频率分布也服从某种概率分布。APS 基于 $k$ 路随机搜索和概率转发机制来实现。查询节点同时发起关于同一个数据对象的 $k$ 路随机搜索，中间节点在接收到任意一路搜索后，若本地没有被搜索的数据对象，则选择一个最好的邻居转发，沿该邻居方向能够找到所查数据对象的概率最大。每个邻居方向的概率值通过历史查询记录来计算。具体来讲，每个节点为其每个邻居保留一份索引，每个节点发起或转发一项查询消息时，会向下一跳邻居的索引中添加被查询数据对象的条目。索引中每个数据对象的条目被赋予一个概率取值，其表示遇到针对该数据对象的查询时对应邻居被选择为下一跳的概率。初始阶段，每个索引中的每个数据对象的条目赋值相等，在后续不断的查询处理过程中会依据规则不断修正。与 $k$ 路随机搜索方法相比，APS 机制产生相似的搜索成本，但在查准率和查全率这两项指标上占有优势。

4. 基于 Bloom 滤波的概率搜索

对于不采取压缩方法的数据驱动路由方法，维护和更新数据对象的元信息需要消耗大量的存储空间。数据对象元信息的传播和维护通常只能在一个相对较小的范围内进行，以降低对网络带宽的额外消耗，因此对路由的指导作用有限。针对该问题，研究人员提出了基于 Bloom 滤波(Bloom filter，BF)[34]的数据驱动路由机制。

这种方法的思想与基于本地索引方法的搜索一致，只是在索引的实现机制上存在差异。在基于本地索引的搜索方法中，每个节点向确定跳数内的邻居传播原始的本地索引。这种方法面临如下一些难题：①很多 P2P 网络应用中用户不会允许将原始的本地索引散播到网络中，因为这会带来隐私和版权等方面的问题；②本地索引的传输造成的网络开销应该尽可能小，可能的思路是缩小传播范围，或者缩小单个索引的大小。基于 BF 的数据驱动路由机制的出发点正是解决以上两个难题,其基本思想是用 BF 来压缩表示各个节点的本地索引,进而将生成的 BF 传播到网络中来实现相同的功能。

基于 BF 的概率路由机制要求每个被传播出去的 BF 能够表示源节点的本地索引的完整信息。若散播到网络中的 BF 只能部分程度地表示源节点的本地索引信息,则这种机制无法奏效,此时需要考虑第 8 章的研究成果,即基于 BF 的弱状态概率路由机制。另外,第 9 章通过优化 BF 的基本结构来降低这种机制对网络带宽的消耗,并通过降低 BF 的重构频率来提高应用的稳定性。

非结构化 P2P 网络的上述诸多搜索机制的出发点虽然不同,但是在设计思路上存在一些共同之处。为此,这些搜索机制被归纳为如下一些基本分类[35],具体如表 2.2 所示。

**表 2.2 非结构化 P2P 网络的搜索方法分类**

| 类别 | 描述 |
|---|---|
| 确定性搜索 | 迭代加深、基于本地索引的搜索 |
| 概率性搜索 | 数据复制和缓存、自适应性概率搜索、基于路由索引的搜索、选择性宽度优先搜索、选择性随机搜索、$k$ 路随机搜索、基于 BF 的搜索 |
| 盲目路由搜索 | 迭代加深、$k$ 路随机搜索、改进的随机 BFS、数据复制和缓存、选择性 BFS 和选择性随机搜索 |
| 数据驱动路由搜索 | 基于本地索引的搜索、基于 BF 的搜索、自适应性概率搜索、基于路由索引的搜索 |

确定性搜索表示查询转发下一跳邻居是确定的,概率性搜索表示依据随机选择、依概率选择或依排序选择等不确定性方式选择下一跳邻居。盲目路由搜索机制优化后可以保留一些有助于选择性转发的信息,但是搜索过程并不是内容相关的搜索,因此总是具有较大的盲目性。数据驱动路由搜索要求每个节点保留其他一些节点上的数据对象的元信息,据此可以提高搜索机制的准确率,降低搜索延迟和消息成本。

## 2.4 混合 P2P 网络的路由机制

近年来,一些学者将非结构化 P2P 网络和结构化 P2P 网络结合起来进行研究,提出了混合 P2P 网络[36,37]。其基本思想是:将网络中比较稳定的节点构成一个结构化 P2P 网络,而将其他节点在结构化 P2P 网络的外围形成一个非结构化 P2P 网络。结构化 P2P 网络主要用于存储稀有数据对象。数据对象查询时,若目标数据对象是稀有数据对象,则通过结构化 P2P 网络的数据对象定位方法进行查找;否则,通过非结构化 P2P 网络的数据对象定位方法进行查找。这种 P2P 网络的基本设想很好，但是在具体实施过程中仍然有很多难题亟待解决，例如，评估用户对各个数据对象的兴趣度、评估各个数据对象在网络中的副本数目、混合 P2P 网络的构造和维护等问题。

Gnutella 协议的 0.6 版本开始结合中央目录服务器和全分布式 P2P 系统的特点，从系统中选取性能高、在线时间长的节点作为超节点。这些超节点负责维护其普通邻居节点所共享数据对象的内容索引，充当目录服务器的角色。叶节点的查询请求首先会发送给其对应的超节点，超节点将查询消息转发给该查询相关的叶节点和相邻的超节点。这种新搜索方法在一定程度上加快了数据对象的定位过程，并减少了消息开销，但是仍然无法避免超节点之间采用泛洪方式或随机路由方式进行路由。

## 2.5 本章小结

本章依据对等网络拓扑结构构造不同，分别对结构化对等网络、非结构化对等网络，以及混合对等网络的数据驱动路由机制进行了详细阐述。在结构化对等网络方面，介绍了非常量度数和常量度数两种类型的结构化对等网络。在非结构化对等网络方面，介绍了盲目路由机制和数据驱动路由两种机制。

### 参考文献


[1] Stoica I, Morris R, Karger D R, et al. Chord: A scalable peer-to-peer lookup service for internet applications[J]. ACM SIGCOMM Computer Communication Review, 2001, 31(4): 149-160.

[2] Banerjee S, Sarkar D. Hypercube connected rings: A scalable and fault-tolerant logical topology for optical networks[J]. Computer Communications, 2001, 24: 1060-1079.

[3] Schlosser M, Sintek M, Decker S, et al. Hypercup-hypercubes, ontologies, and efficient search on peer-to-peer networks[C]//Proceedings of the ACM 1st AP2PC, Berlin, 2002.

[4] Maymounkov P, Mazieres D. Kademlia: A peer-to-peer information system based on the xor metric[C]//Proceedings of the ACM 1st IPTPS, Berlin, 2002.

[5] Rowstron A, Druschel P. Pastry: Scalable, decentralized object location and routing for large-scale peeer-to-peer systems[C]//Proceedings of the ACM 18th IFIP, Berlin, 2001.

[6] Zhao B Y, Kubiatowicz J D, Joseph A D. Tapestry: A fault-tolerant wide-area application infrastructure[J]. Computer Communication Review, 2002, 32(1): 81.

[7] Malkhi D, Naor M, Ratajczak D. Viceroy: A scalable and dynamic emulation of the Butterfly[C]//Proceedings of the ACM 21st PODC, California, 2002.

[8] Xu J, Kumar A, Yu X X. On the fundamental tradeoffs between routing table size and net-

work diameter in peer-to-peer networks[J]. IEEE Journal on Selected Areas in Communications,2004,22(1):151-163.

[9] Harvey N J A,Jones M B,Saroiu S,et al. Skipnet:A scalable overlay network with practical locality properties [C]//Proceedings of the USENIX 4th USITS,Seattle,2003.

[10] 李东升. 基于对等模式的数据对象定位技术研究[D]. 长沙:国防科学技术大学博士学位论文,2005.

[11] Ratnasamy S,Francis P,Handley M,et al. A Scalable Content-Addressable Network[M]. Berkeley:University of California,2002.

[12] Duato J,Ni L. Interconnection Networks[M]. San Francisco:Morgan Kaufmann Publishers Inc. ,2002.

[13] Shen H,Xu C,Chen G. Cycloid:A constant-degree and lookup-efficient P2P overlay network [J]. Performance Evaluation,2010,63(3):195-216.

[14] Kaashoek F,Karger D. Koorde:A simple degree-optimal distributed hash table[C]//Proceedings of the 2nd IPTPS,Berkeley,2003.

[15] Fraigniaud P,Gauron P. D2B:A de Bruijn based content-addressable network [J]. Theoretical Computer Science,2006,355(1):65-79.

[16] Fraigniaud P,Gauron P. An overview of the content-addressable network D2B[C]// Proceedings of the ACM 22st PODC,Boston,2003.

[17] Naor M,Wieder U. Novel architecture for P2P applications:The continuous-discrete approach[C]//Proceedings of the ACM 15th SPAA,San Diego,2003.

[18] Manku G S. Routing networks for distributed hash tables[C]//Proceedings of the ACM 22nd PODC,San Diego,2003.

[19] Loguinov D,Casas J,Wang X. Graph-theoretic analysis of structured peer-to-peer systems: Routing distances and fault resilience[J]. IEEE/ACM Transactions on Networking,2005, 13(5):1107-1120.

[20] Gai A T,Viennot L. Broose:A practical distributed hash table based on the de Bruijn topology[C]//Proceedings of the 4th P2P,Switzerland,2004.

[21] Li D,Lu X,Wu J. Fissione:A scalable constant degree and low congestion DHT scheme based on Kautz graphs[C]//Proceedings of the IEEE 24th INFOCOM,Miami,2005.

[22] Ripeanu M,Foster I,Iamnitchi A. Mapping the gnutella network:Properties of large-scale peer-to-peer systems[C]//Proceedings of the 1st IPTPS,Berlin,2002.

[23] Chawathe Y,Ratnasamy S,Breslau L,et al. Making gnutella-like P2P systems scalable [C]//Proceedings of the ACM SIGCOMM,New York,2003.

[24] Yang B,Garcia-Molina H. Improving search in peer-to-peer networks[C]//Proceedings of the 22nd IEEE ICDCS,Washington D. C. ,2002.

[25] Adamic L A,Humberman B,Lukose R,et al. Search in power law networks [J]. Physics Review,2001,64(2):046135.

[26] Gkantsidis C,Mihail M,Saberi A. Random walks in peer-to-peer networks[C]//Proceed-

ings of the IEEE 23rd INFOCOM, Washington D. C., 2004.

[27] Cohen E, Shenker S. Replication strategies in unstructured peer-to-peer networks[C]// Proceedings of the ACM SIGCOMM, New York, 2002.

[28] Terpstra W W, Kangasharju J, Leng C, et al. BubbleStorm: Resilient, probabilistic, and exhaustive peer-to-peer search[C]//Proceedings of the ACM SIGCOMM, New York, 2007.

[29] 张一鸣,卢锡城,郑倩冰,等. 概率搜索小组:面向大规模 P2P 系统的快速搜索算法[J]. 软件学报,2008,19(6):1473-1480.

[30] Francisco M C A, Christopher P, Richard P M, et al. PlanetP: Using gossiping to build content addressable peer-to-peer information sharing communities[C]//Proceedings of 12th HPDC, Washington D. C., 2003.

[31] Crespo A, Garcia-Molina H. Routing indices for peer-to-peer systems[C]//Proceedings of the the 22nd IEEE ICDCS, Washington D. C., 2002.

[32] Kalogeraki V, Gunopulos D, Zeinalipour-Yazti D. A local search mechanism for peer-to-peer networks[C]//Proceedings of the 11th ACM CIKM, New York, 2002.

[33] Joseph S R H. NeuroGrid: Semantically routing queries in peer-to-peer networks[C]//Proceedings of the 2nd P2P, Amsterdam, 2002.

[34] Bloom B. Space/Time tradeoffs in hash coding with allowable errors[J]. Communications of the ACM, 1970, 13(7): 422-426.

[35] Carchiolo V, Malgeri M, Mangioni G, et al. Emerging structures of P2P networks induced by social relationships[J]. Computer Communications, 2008, 31(3): 620-628.

[36] Luo X, Qin Z, Han J, et al. DHT-assisted probabilistic exhaustive search in unstructured P2P networks[C]//Proceedings of the 22nd IPDPS, Miami, 2008.

[37] Shi X, Han J, Liu Y, et al. Popularity adaptive search in hybrid P2P systems[J]. Journal of Parallel and Distributed Computing, 2009, 69(2): 125-134.

# 第 3 章　基于非正则 Kautz 图的常量度数结构化 P2P 网络

结构化 P2P 网络的拓扑性质是影响其系统性能的最关键因素，因此从拓扑优化的角度研究结构化 P2P 网络是一种非常重要的研究思路。几种常量度数以及非常量度数的多机互联网络已被多种结构化 P2P 网络用于拓扑结构的设计。在包括多机互联网络在内的已知非平凡图中，在网络规模和节点最大度数相同的前提下，Kautz 图具有最小的网络直径。正则 Kautz 图适用于规模确定的静态网络，其中每个节点的度数为一个恒定值，网络规模必须是网络直径和节点度数共同决定的一些离散数值。P2P 网络的动态性决定了网络的规模必然是任意大小的不确定整数。因此，适用于多机互联网络的正则 Kautz 图不能满足结构化 P2P 网络的基本需求，进而无法被直接用于设计结构化 P2P 网络。

为解决这一难题，本章提出基于非正则 Kautz 图的常量度数结构化 P2P 网络——MOORE。无论在静态环境中还是动态环境中，MOORE 均能获得常量度数（节点度数与网络规模无关）和 $O(\log_d N)$ 量级的网络直径。网络直径和平均路由延迟小于 $1.2\log_d N$，也小于基于其他多机互联网络的结构化 P2P 网络的对应指标。证明和仿真结果显示，MOORE 具有最优的网络直径、高效的查询性能，以及良好的网络连通性。

## 3.1　引　　言

结构化 P2P 网络为构建大规模网络应用探索了一种新的基础架构[1~6]。在过去几年里，研究人员提出了多种类型的结构化 P2P 网络。在影响这类应用的众多因素中，结构化 P2P 网络的拓扑性质是决定系统性能的最关键要素。因此，为不同的应用设计切合需求的最佳拓扑结构是一项重要的研究工作。

结构化 P2P 网络的主要拓扑评价指标有节点出度数、路由延迟、网络直径、路由消息开销和动态维护开销等。节点出度数是指每个节点需要维护的邻居链路数目和路由表大小。路由延迟是指一次搜索在结构化 P2P 网络中依特定路由算法经过的逻辑跳步数；网络直径是指一次搜索在网络中依特定路由算法经过的最大逻辑跳步数，也即路由延迟的最大值。路由消息开销是指一次搜索在 P2P 系统中产生的消息数量，通常等于路由延迟的大小。动态维护开销是指节点加入或退出时为维护系统的一致性而产生的维护消息数量。

几种常量度数和非常量度数的多机互联网络拓扑已经被用于设计结构化 P2P 网络。在非常量度数的拓扑中，如 Hypercube 和 Plaxton Mesh，节点度数和网络直径依网络规模的增加呈对数规律增加。在常量度数的拓扑中，如 Butterfly[4]、CCC[7]、d-Dimensional Torus、de Bruijn[8]和 Kautz[9]，网络直径随网络规模的增加呈对数规律增加，但每个节点的入度和出度并不随网络规模的变化而变化，而是始终保持在一个常数量级(不一定保持为一个恒定值，允许在一个恒定值附近浮动)。在现有的结构化 P2P 网络中，Chord[2]和 Kademlia[3]基于 Hypercube 拓扑，Viceroy[4]和 Ulysses[10]基于 Butterfly 拓扑，Cycloid[11]基于 CCC 拓扑，CAN[6]基于 d-Dimensional Torus 拓扑，Koorde[5]、Distance Halving[12,13]、D2B[14,15]、ODRI[16]和 Broose[17]基于 de Bruijn 拓扑，而 FissionE[18]则基于 Kautz 拓扑。

众所周知，结构化 P2P 网络的拓扑设计具有如下两点根本要求：①P2P 网络受节点动态行为的影响，其网络规模和节点度数是任意大小的不确定整数；②在给定的任意网络规模 $N$ 和节点最大度数 $d$ 的前提下，P2P 网络追求具有最小网络直径和路由延迟的拓扑。

常量度数拓扑满足上述第②点要求，并且正则 Kautz 图在相同的 $N$ 和 $d$ 约束下获得比其他常量度数拓扑更小的网络直径。然而，正则 Kautz 图和上述提到的其他常量度数的拓扑相同，其网络规模 $N$ 只是一些离散的整数而无法覆盖所有的整数。举例来说，仅当 $N=d^k+d^{k-1}$ 时能够构造出一个正则 Kautz 图；仅当 $N=d^k$ 时能够构造出一个 de Bruijn 图($k$ 表示网络直径)。因此，这些静态(正则)的常量度数拓扑都不能满足上述第①点要求。为了支持任意确定数目个节点，正则 Kautz 图被扩展为通用 Kautz 图。但是，通用 Kautz 图的拓扑构造规则决定了在节点数目发生变化时，必须重新构造整个拓扑结构，因此通用 Kautz 图也不适用于结构化 P2P 网络。

本章首先设计一个支持任意网络规模和常量度数的非正则 Kautz 图，其能够满足上述两点根本要求，并继承了正则 Kautz 图在拓扑性质方面的优势；然后提出基于非正则 Kautz 图的常量度数结构化 P2P 网络——MOORE(含义是这种拓扑最接近后面讨论的摩尔上界)。无论在静态环境中还是动态环境中，MOORE 均能获得常量度数和 $O(\log_d N)$ 量级的网络直径。MOORE 的网络直径和平均路由长度都小于 $1.2\log_d N$，小于基于其他多机互联网络的结构化 P2P 网络的对应指标。节点加入和退出操作产生的消息数目最多分别为 $2.5d\log_d N$ 和 $(2.5d+1)\times\log_d N$，并且分别只要求 $d$ 和 $2d$ 个节点更新本地路由表。证明和仿真结果显示，MOORE 具有最优的网络直径、非常高效的查询性能，以及良好的网络连通性。MOORE 各种基本操作的最大消息成本如表 3.1 所示。

**表 3.1　MOORE 中各种基本操作的消息成本**

| 基本操作 | 最大消息成本 |
|---|---|
| 资源发布或搜索 | $\lceil \log_d N - \log_d(1+1/d) \rceil$ |
| 节点加入 | $2.5d\log_d N$ |
| 节点退出 | $(2.5d+1)\log_d N$ |
| 拓扑扩展或收缩 | $(d-1)N\log_d N+N$ |

本章的主要内容如下：

(1) 提出具有任意规模和常量度数的非正则 Kautz 图的定义、构建过程和理论结果，它能够满足上述两点根本要求并继承正则 Kautz 图的优良拓扑性质，包括最优的网络直径、常量出度，以及简单的路由机制。

(2) 基于非正则 Kautz 图，设计一种全新的结构化 P2P 网络，并提出相匹配的资源分布策略、资源和节点标识符的产生方法，以及路由机制。

(3) 提出处理节点基本动态行为和网络规模伸缩所必需的算法，包括节点加入和退出、网络扩展和收缩。这些算法能够保持骨干子网的预期拓扑结构并能够保障 MOORE 的正确性和系统性能。

(4) 通过分析、证明和仿真，评估 MOORE 的系统性能和相关成本，并同基于其他常量度数拓扑的主流结构化 P2P 网络进行比较。

## 3.2　基础知识

结构化 P2P 网络的拓扑结构通常被建模为有向图或无向图，其中 P2P 节点被表示为图中的顶点，P2P 节点之间的邻居关系被表示为图中的边或弧。在图论和多机互联网络研究领域，许多研究致力于解决经典的“节点度数/网络直径”问题。即在任意给定网络直径 $k$ 和节点最大出度 $d$ 的前提下，构造具有最大顶点数目 $n_{dk}$ 的有向图。最大顶点数目 $n_{dk}$ 的值受不等式(3.1)所示的摩尔上界[19]的约束：

$$n_{dk} \leqslant d^k + d^{k-1} + \cdots + d^2 + d^1 + 1 = \frac{d^{k+1}-1}{d-1} \tag{3.1}$$

相关研究表明，当参数 $d \geqslant 3$ 和 $k \geqslant 3$ 时，任何非平凡有向图的节点规模 $n_{dk}$ 都不可能达到摩尔上界[20]。在关于 $n_{dk}$ 下界的研究结果中，目前已知的最好结果是：当 $d=2$ 且 $k \geqslant 4$ 时，存在特定的下界 $n_{dk} \geqslant 25 \times 2^{k-4}$；当 $d$ 和 $k$ 的取值为其他整数时，存在一般意义上的下界 $n_{dk} \geqslant d^k + d^{k-1}$[19]。现存的各种非平凡有向图中，只有 Kautz 图达到关于 $n_{dk}$ 的一般意义上的下界 $n_{dk} \geqslant d^k + d^{k-1}$。

**定义 3.1**(正则 Kautz 有向图)　令 $Z_d=\{0,1,\cdots,d\}$ 是以 $d$ 为基底的势为 $d+1$ 的集合，$Z_d^k=\{x_1\cdots x_{k-1}x_k \mid x_i \in Z_d, x_i \neq x_i+1 \text{ 且 } 1 \leqslant i < k\}$ 是一个长度为 $k$、基底为

$d$ 的 Kautz 标识符空间。Kautz 图的每个顶点从 $Z_d^k$ 中获得唯一一个 Kautz 标识符。对于任意 $\alpha\in\{0,1,\cdots,d\}-\{x_k\}$，Kautz 图中存在从以 $x_1x_2\cdots x_k$ 为标识符顶点到以 $x_2\cdots x_k\alpha$ 为标识符顶点的一条有向边。为了便于表述后续研究内容，令 $K(d,k)$ 表示网络直径为 $k$、每个节点的出度和入度均为 $d$ 的正则 Kautz 有向图[21~23]。

显然，正则 Kautz 图 $K(d,k)$ 中有 $d^k+d^{k-1}$ 个顶点，而且仅当图中顶点数目达到 $d^k+d^{k-1}$ 时才能构造出一个正则 Kautz 图。图 3.1(a) 描绘了一个正则 Kautz 有向图 $K(2,2)$。$K(2,2)$ 中有 6 个顶点，而且每个顶点各有两条出边和入边。

除了经典的"节点度数/网络直径"问题，结构化 P2P 网络还关注"网络规模/节点度数"的问题。即在任意给定网络规模 $n_{dk}$ 和节点的最大出度 $d$ 的前提下，构造具有最小网络直径的有向图。从直观来看，根据不等式(3.1)可知该问题的下界为

$$k\geqslant\lceil \log_d(n_{dk}(d-1)-1)\rceil-1 \tag{3.2}$$

可以证明，当 $d\geqslant 3$ 且 $k\geqslant 3$ 时，现存的所有有向图都不能达到该下界[19]。另一方面，该问题在任意配置下最好的下界是

$$k\geqslant\left\lceil \log_d\frac{n_{dk}}{d+1}+1\right\rceil \tag{3.3}$$

现有的所有非平凡有向图中，只有 Kautz 图达到如式(3.3)所示的下界。

## 3.3 非正则 Kautz 有向图

### 3.3.1 非正则 Kautz 有向图及其属性

令 $G=(V,E)$ 是一个强连通的有向图，其顶点集合和弧集分别表示为 $V=V(G)$ 和 $E=E(G)$。从顶点 $u$ 到顶点 $v$ 的弧记为 $\langle u,v\rangle$，其中顶点 $u$ 和 $v$ 分别称为这条弧的源点和终点。所有以顶点 $u$ 为终点的弧的源点统称为顶点 $u$ 的前序节点，记为 $\Gamma_G^-(u)=\{v\in V(G)\mid\langle v,u\rangle\in E(G)\}$，并且用 $\delta_G^-(u)=|\Gamma_G^-(u)|$ 来表示顶点 $u$ 的入度。所有以顶点 $u$ 为源点的弧的终点统称为顶点 $u$ 的后序节点，记为 $\Gamma_G^+(u)=\{v\in V(G)\mid\langle u,v\rangle\in E(G)\}$，并且 $\delta_G^+(u)=|\Gamma_G^+(u)|$ 表示节点 $u$ 的出度。

**定义 3.2**(非正则 Kautz 有向图)　令 $G$ 是一个正则 Kautz 有向图 $K(d,k)$。令 $E'\subseteq E(G)$ 是 $G$ 中弧集的一个子集，且 $E'$ 中弧的源点集合和终点集合等于图 $G$ 的顶点集合，即 $\{u:\langle u,v\rangle\in E'\}=V(G)$，$\{v:\langle u,v\rangle\in E'\}=V(G)$。当且仅当下述两个条件同时成立时，一个有向图才被称为非正则 Kautz 有向图 $\mathrm{IK}(d,n)$，其中 $n$ 表示该图的阶，而 $d$ 表示该图中每个顶点的出度。

(1) $\mathrm{IK}(d,n)$ 的每个顶点代表 $E'$ 中的一条弧，且存在从 $\mathrm{IK}(d,n)$ 的顶点集合到 $E'$ 的一一映射，即 $V(\mathrm{IK}(d,n))=\{uv:\langle u,v\rangle\in E'\}$，且 $|E'|=n$。

(2) 对于 $\mathrm{IK}(d,n)$ 中的任何一个顶点 $uv$ 而言，存在从顶点 $uv$ 到顶点 $v'w$ 的

一条弧，其中 $w\in\Gamma_G^+(w)$，其中 $v'$ 被定义为

$$v'=\begin{cases} v, & vw\in E' \\ \Gamma_G^-(w)\text{中的任意其他顶点}, & vw\notin E' \end{cases} \tag{3.4}$$

$K(d,k)$ 被定义为非正则 Kautz 图 IK$(d,n)$ 的前序正则 Kautz 图。图 3.1(b) 描绘了一个非正则 Kautz 有向图 IK(2,6)，而图 3.1(c) 和图 3.1(d) 描绘了两种不同形态的非正则 Kautz 有向图 IK(2,9)。

由定义 3.1 可知，$K(d,k)$ 中任意顶点 $u=u_1u_2\cdots u_k$ 和 $v=v_1v_2\cdots v_k$ 之间的弧 $\langle u,v\rangle$ 表示为 IK$(d,n)$ 中的一个顶点 $uv=u_1u_2\cdots u_kv_k$。本章中将不严格区分 $K(d,k)$ 中的弧和 IK$(d,n)$ 中对应顶点之间的区别。在非正则 Kautz 有向图 IK$(d,n)$ 中，若 $vw\in E'$，则顶点 $uv$ 和 $vw$ 之间的弧 $\langle uv,vw\rangle$ 定义为 α-arc 类型的弧；否则，称弧 $\langle uv,v'w\rangle$ 为 β-arc 类型的弧。不难发现，非正则 Kautz 图 IK$(d,n)$ 的全部顶点的出度都是 $d$，每个节点的入度是 $d$ 或者是一个在 $d$ 附近浮动的整数。如图 3.1(b) 所示，非正则 Kautz 图 IK(2,6) 每个顶点的出度和入度都达到了 2。如图 3.1(c) 所示，非正则 Kautz 图 IK(2,9) 每个顶点的出度是 2，顶点 121、021、201 的入度仅仅是 1，顶点 102 的入度是 3，而顶点 012 的入度是 4。如图 3.1(d) 所示，非正则 Kautz 图 IK(2,9) 每个顶点的出度是 2，而顶点 121、010、202 的入度仅仅是 1，但顶点 012、201、120 的入度是 3，没有出现入度是 4 的顶点。

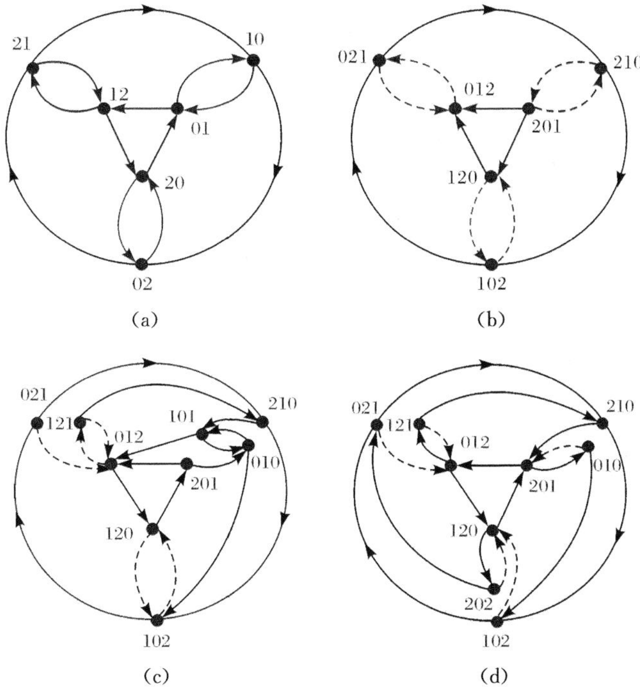


图 3.1　正则 Kautz 图 $K(2,2)$ 以及非正则 Kautz 图 IK(2,6) 和 IK(2,9)

由定义 3.1 可知，下述步骤能够确保构造出非正则 Kautz 有向图 IK$(d,n)$：

(1) 发现满足 $d^k+d^{k+1}<n$ 的最大正则 Kautz 有向图 $K(d,k)$。

(2) 构建 $E(K(d,k))$的一个势为 $n$ 的子集 $E'$，保证 $K(d,k)$的每个顶点都至少是 $E'$中一条弧的源点。

(3) 首先，将 $E'$中的每条弧表示为 IK$(d,n)$中的对应顶点，进而得到 IK$(d,n)$的所有顶点。然后，根据式(3.4)所示的约束条件建立顶点之间的连接。

注意，上述步骤会产生满足约束条件的多个不同形态的非正则 Kautz 有向图。例如，图 3.1 所示的这些非正则 Kautz 图运用了势相等而构成元素不同的弧集 $E'$，仅仅能够确保每个顶点的最小入度不小于 1，而不能保证继承了正则 Kautz 图的拓扑优势。产生此类问题的根本原因在于第(2)个步骤。为此，将在 3.3.2 节提出一种合理可行的弧集 $E'$的选择方法，进而确保产生的非正则 Kautz 图能够更好地继承正则 Kautz 图的拓扑优势。

### 3.3.2 非正则 Kautz 有向图的构建方法

令 $G=(V,E)$是一个强连通的有向图。若弧$(u,v)$以顶点 $u$ 为源点，则称其覆盖了顶点 $u$。

**定义 3.3**(有向图的分解)　对于图 $G$ 弧集的一个子集 $E'$，若下述两个条件同时满足，则 $E'$被称作图 $G$ 的一个 1-factor。若图 $G$ 的全部弧能够被划分成一些 1-factor，且任何两个 1-factor 的交集为空，则称该图可以被分解[21]。

(1) 图 $G$ 的每个顶点被 $E'$中的一条弧所覆盖且$|E'|=|V|$，即存在从图 $G$ 的顶点集合 $V$ 到 $E'$的一一映射。

(2) 图 $G'=(V,E')$每个顶点的出度和入度都等于 1。

不难发现，任何正则 Kautz 有向图都可分解。如图 3.2 所示，一个正则 Kautz 有向图 $K(2,2)$的弧集被划分为两个不相交的 1-factor。

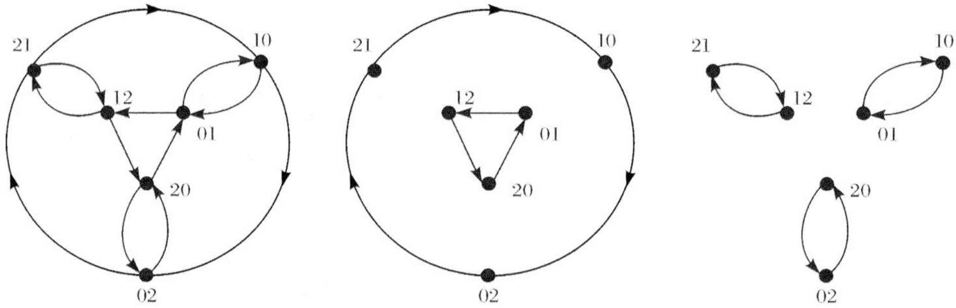


(a) $K(2,2)$　　(b) 1-factor($F^1$)　　(c) 1-factor($F^0$)

图 3.2　正则 Kautz 图 $K(2,2)$及其分解结果

**定义 3.4**　令 Lshift 表示满足 $\mathrm{Lshift}(x_1\cdots x_{k-1}x_k,i)=x_1\cdots x_{k-1}x'_k$ 的一个二元运算，其中 $x'_k$ 被定义为如下形式：

(1) 当 $x_{k-1}+i-d-1<x_{k-1}<x_k$ 或 $x_{k-1}>x_k$ 且 $x_{k-1}>x_k+i$ 时，$x'_k=(x_k+i)\mathrm{mod}(d+1)$。

(2) 否则，$x'_k=(x_k+i+1)\mathrm{mod}(d+1)$。

**定义 3.5**　令 Rshift 表示满足 $\mathrm{Rshift}(x_1\cdots x_{k-1}x_k,i)=x'_1\cdots x_{k-1}x_k$ 的一个二元运算，其中 $x'_1$ 被定义为如下形式：

(1) 当 $x_2+i-d-1<x_1<x_2$ 或 $x_1>x_2$ 且 $x_1-i>x_2$ 时，$x'_1=(x_1-i)\mathrm{mod}(d+1)$。

(2) 否则，$x'_1=(x_1-i-1)\mathrm{mod}(d+1)$。

**定义 3.6**　设 $x=x_1x_2\cdots x_k$ 是正则 Kautz 图 $K(d,k)$ 中的任意顶点，且 $i$ 是处于区间 $0\leqslant i\leqslant d-1$ 中的任意整数。令 $\sigma_k^i(x)$ 和 $\sigma_k^{-i}(x)$ 分别表示关于顶点 $x=x_1x_2\cdots x_k$ 标识符的左移和右移操作，且被定义为

$$\sigma_1^i(x)=\begin{cases}\mathrm{Lshift}(x_2\cdots x_kx_1,i), & x_1\neq x_k\\ \mathrm{Lshift}(x_2\cdots x_kx_2,i), & x_1=x_k\end{cases}\tag{3.5}$$

$$\sigma_k^i(x)=\sigma_1^i(x)\circ\sigma_{k-1}^i(x)\tag{3.6}$$

$$\sigma_1^{-i}(x)=\begin{cases}\mathrm{Rshift}(x_kx_1\cdots x_{k-1},i), & x_1\neq x_k\\ \mathrm{Rshift}(x_{k-1}x_1\cdots x_{k-1},i), & x_1=x_k\end{cases}\tag{3.7}$$

$$\sigma_k^{-i}(x)=\sigma_1^{-i}(x)\circ\sigma_{k-1}^{-i}(x)\tag{3.8}$$

**定义 3.7**　对任意顶点 $x=x_1x_2\cdots x_k$ 而言，顶点 $\sigma_1^i(x)$ 和 $\sigma_1^{-i}(x)$ 是其第 $i+1$ 个后序和前序节点，而 $\langle x,\sigma_1^i(x)\rangle$ 和 $\langle\sigma_1^{-i}(x),x\rangle$ 分别表示其第 $i+1$ 条出边和入边。通过 $\sigma_1^i$ 和 $\sigma_1^{-i}$ 操作可以唯一确定每个顶点的第 $i+1$ 条出边和入边，其中 $0\leqslant i\leqslant d-1$。

**定理 3.1**　正则 Kautz 图 $K(d,k)$ 的弧集 $E(K(d,k))$ 在左移操作 $\sigma_1^i$ 支持下，能被分解为 $d$ 个互不相交的 1-factor（记为 $F^i$）。其中，$i$ 被定义为对应 1-factor 的标识符，而且 $0\leqslant i\leqslant d-1$。

**证明**　任取一顶点为起点，在 $K(d,k)$ 中按照如下路径行走。对于任意给定的 $i$，路径中的每个顶点 $x$ 总是沿着左移操作 $\sigma_1^i$ 得到的第 $i+1$ 条出边 $\langle x,\sigma_1^i(x)\rangle$ 前进。整个行走过程不会遇到除起点之外的其他已经遍历的顶点（记为路径的内部顶点），因为每个内部顶点的第 $i+1$ 条入边是唯一的，且已被其前序顶点在行走过程中占用。因此，行走过程最多在经历 $d^k+d^{k+1}$ 步后沿着起点的第 $i+1$ 条入边回到起点，最终形成一个环路。

根据上述讨论，$K(d,k)$ 中每个节点都被左移操作 $\sigma_1^i$ 产生的至少一个环路所覆盖。假定存在一个公共顶点 $y$，其被左移操作 $\sigma_1^i$（相同的 $i$ 取值）产生的两个环路所覆盖。因此不难推断，这两个环路同时覆盖如下一些其他顶点，其第 $i+1$ 条出

边的终点正是顶点 $y$。依此类推,不难推出这两个环路是同一个环路。

因此,每个顶点在左移操作 $\sigma_1^i$ 下仅被唯一一个环路所覆盖,并且不同环路之间没有共用的顶点。$K(d,k)$中每个顶点的左移操作 $\sigma_1^i$ 产生的一个或多个环路形成一个出度和入度均为 1 的生成子图,并产生 $K(d,k)$的一个 1-factor,记为 $F^i$。此外,对于 $K(d,k)$的任意顶点 $x$ 而言,虽然被 $d$ 个不同的弧所覆盖,但是这些弧分属于不同的 1-factor。因此,这些 1-factor 之间不共用弧。

由此,定理 3.1 得证。

**推论 3.1** 对于非正则 Kautz 图 IK$(d,n)$中的任意顶点 $x=x_1x_2\cdots x_k$ 而言,在正则 Kautz 图中对应的弧被唯一确定的 1-factor 包含。

**证明** 顶点 $x=x_1x_2\cdots x_k$ 在 $K(d,k)$中对应的弧的标识符也是 $x_1x_2\cdots x_k$。由定理 3.1 可知,包含这个弧的 1-factor 的标识符可以通过 $F(x)=\text{Distance}(\sigma_1^0(x_1x_2\cdots x_{k-1}),x_2x_3\cdots x_k)$计算得到。Distance 算法由算法 3-1 给出。

算法 3-1 两个顶点之间的 Kautz 距离 Distance(y,z)算法

```
要求:y 和 z 是长度为 k+1 的 d-ary Kautz 标识符
1:if k =0
      j←(z_{k+1} − y_{k+1})mod(d+1)−1;
2:else
3:    if min(y_{k+1}, z_{k+1})<y_k<max(y_{k+1}, z_{k+1})
4:        if z_{k+1}>y_{k+1}
              j←z_{k+1} − y_{k+1} −1;
5:        else
              j←z_{k+1} − y_{k+1} +d+1;
6:    else
7:        if z_{k+1}>y_{k+1}
              j←z_{k+1} − y_{k+1};
8:        else
              j←z_{k+1} − y_{k+1} +d;
9:return j;
```

**定理 3.2** 由正则 Kautz 图 $K(d,k)$中任意 $i$ 个 1-factor 生成的非正则 Kautz 图 IK$(d,n)$中每个顶点的出度和入度均为 $d$,其中 $1\leqslant i\leqslant d$ 且 $n=i(d^k+d^{k-1})$。

**证明** 已知 $K(d,k)$的任意顶点 $x$ 都被 1-factor$(F^i)$中的一条弧$\langle x,\sigma_1^i(x)\rangle$覆盖,且根据 $F^i$ 能推导出一个非正则 Kautz 图 IK$(d,d^k+d^{k-1})$。由定义 3.2 可知,弧$\langle x,\sigma_1^i(x)\rangle$在该非正则 Kautz 图中的对应顶点仍然有 $d$ 条出边。这证明该非正则 Kautz 图中每个顶点的出度均为 $d$。

此外,IK$(d,d^k+d^{k-1})$中的顶点$\langle x,\sigma_1^i(x)\rangle$拥有一条源自顶点$\langle\sigma_1^{-i},x\rangle$的入

度，因为在 $F^i$ 的环路中弧 $\langle x, \sigma_1^i(x)\rangle$ 是弧 $\langle \sigma_1^{-i}, x\rangle$ 的后序。此外，$K(d,k)$ 的顶点 $\sigma_1^i(x)$ 有 $d-1$ 条源自顶点 $\sigma_1^{-j}(\sigma_1^i(x))$ 的入边，这些顶点被 $F^i$ 中对应的弧 $\langle \sigma_1^{-i}(\sigma_1^{-j}(\sigma_1^i(x))), \sigma_1^{-j}(\sigma_1^i(x))\rangle$ 所覆盖。从而证明了由 $F^i$ 推导出的非正则 Kautz 图中每个顶点的入度均为 $d$。

同理，任意 $i$ 个 1-factor 的并集也会产生一个出度和入度均为 $d$ 的非正则 Kautz 有向图 $\mathrm{IK}(d, i(d^k+d^{k-1}))$，但是在每个节点的 $d$ 个出边和 $d$ 个入边中，α 类型和 β 类型边的数目分别是 $i$ 和 $d-i$。因此，定理 3.2 得证。

前面提出的 $\mathrm{IK}(d,n)$ 构造方法中并没有讨论如何选择弧集 $E'$。随机选择方法并不能保证获得的非正则 Kautz 图的连通性接近其前序正则 Kautz 图的连通性。运用定理 3.1 和定理 3.2 的结果来构造弧集 $E'$，以使产生的非正则 Kautz 图能获得更好的连通性。下面提出的构造过程能够获得最理想的弧集 $E'$ 及其对应的非正则 Kautz 图 $\mathrm{IK}(d,n)$。基本思想是：基于正则 Kautz 图的1-factor划分结果来构造弧集 $E'$。

(1) 为了构造一个 $\mathrm{IK}(d,n)$，其中，$i(d^k+d^{k-1})\leqslant n\leqslant (i+1)(d^k+d^{k-1})$，首先，根据正则 Kautz 图 $K(d,k)$ 的第一个 1-factor，记为 $F^0$，构造出每个顶点的出度和入度均为 $d$ 的非正则 Kautz 图 $\mathrm{IK}(d, d^k+d^{k-1})$。其次，$K(d,k)$ 可以在系统初始已知的小规模正则 Kautz 图的基础上通过循环调用这个构造过程而得。

(2) 将 $K(d,k)$ 中紧随 $F^0$ 之后的其他 $i-1$ 个 1-factor 记为 $F^1, F^2, \cdots, F^{i-1}$，对应的顶点加到第(1)步得到的非正则 Kautz 图中，并通过递归调用算法 3-4 得到一个新的出度和入度均为 $d$ 的非正则 Kautz 图 $\mathrm{IK}(d, i(d^k+d^{k-1}))$。

(3) 将所选的第 $i+1$ 个 1-factor 记为 $F^i$，其中，$n-i(d^k-d^{k-1})$ 条弧记为 $F^{i'}$，对应的顶点通过递归调用算法 3-4 加入前两步所得的非正则 Kautz 有向图中。

上述构造过程的最后一步基于 3.4.3 节中提出的弧选择策略来实施。为了使获得的非正则 Kautz 图具有更好的连通性，弧集 $E'$ 的构造策略必须使产生的有向图的入度分布尽可能平坦。定理 3.3 给出了上述构造过程输入的 $\mathrm{IK}(d,n)$ 的最小入度的上下界。

**定理 3.3**　对于变量 $i$ 的任意取值以及满足 $i(d^k+d^{k-1})\leqslant n\leqslant (i+1)(d^k+d^{k-1})$ 的变量 $n$，其中，$1\leqslant i<d$，非正则 Kautz 图 $\mathrm{IK}(d,n)$ 均满足 $i\leqslant \delta^-(\mathrm{IK}(d,n))\leqslant d$。

**证明**　根据前面的内容可知，$\mathrm{IK}(d,n)$ 的前序正则 Kautz 图 $K(d,k)$ 运用了 $d$ 个中的 $i+1$ 个 1-factor 去构造 $\mathrm{IK}(d,n)$。选取 $K(d,k)$ 的前 $i+1$ 个 1-factor，记为 $F^0, F^1, \cdots, F^i$。这种选择次序并不影响最终的结果，换句话说即便随机选择其中的 $i+1$ 个 1-factor 也会获得同样的效果。上述构造过程能够产生该定理中要讨论的非正则 Kautz 图。定理 3.2 能够保证由 $K(d,k)$ 的任何 $i$ 个 1-factor 推导出的非正则 Kautz 有向图的所有顶点的出度和入度均为 $d$。

在此基础上，$F^{i'}$ 对应的 $n-i(d^k+d^{k-1})$ 个顶点中的任意顶点 $x$ 的加入会对至

多 $d$ 个已有顶点的一条出边产生影响。新加顶点 $x$ 需要通知它的第$j+1$个前序顶点用一个以顶点 $x$ 为终点的 α 类型的出边来更新原有的第 $j+1$ 条出边（一条 β 类型的弧），其中 $0\leqslant j\leqslant i-1$。这个过程同时导致顶点 $x$ 的第$j+1$个前序顶点的原有第$j+1$条出边的终端顶点的入度随之减少 1。如果顶点 $x$ 的第$i+1$个前序顶点对应的弧之前已经被加进来，那么顶点 $x$ 也会通知这个前序节点用一条指向顶点 $x$ 的 α 类型的弧替换其原有的第$i+1$条出边。

对于 $i+1\leqslant j\leqslant d-1$ 的情况，顶点 $x$ 的第$j+1$个前序顶点对应 1-factor（$F^j$）的一条弧。但是这条弧所在的 1-factor 在构造弧集 $E'$ 时没有被选用，因此这条弧对应的顶点不会在 IK($d$,$n$)中出现。但是，顶点 $x$ 的剩余 $d-i-1$ 个入度邻居可以用 $F^{i'}$ 中弧$\langle\sigma_1^{-i}(\sigma_1^{-j}(x_2\cdots x_{k+1})),\sigma_1^{-j}(x_2\cdots x_{k+1})\rangle$对应的顶点来替代，且其剩余 $d-i-1$ 条入边都属于 β 类型。

综上所述，$F^{i'}$ 中的弧对应的顶点的入度至少是 $i$，并且小于 $d$（除非 $k=d-1$）。之前的 $i$ 个 1-factor 推导出的顶点的入度不应该小于 $d-1$，并且在某些情况下可以达到 $d$。如图 3.1(d)所示，$F^1$ 首先被选用构造出顶点 021、210、102、012、120 和 201，而后 $F^0$ 被选用构造出顶点 121、010 和 202。$F^1$ 对应的顶点的 λ 度全部达到或者超过 $d=2$。因此，定理 3.3 得证。

## 3.4 MOORE 方法设计

### 3.4.1 概述

为了有序组织各个节点进而形成一个高效的结构化 P2P 网络，本节致力于研究一种易于理解且便于实现的结构化 P2P 网络设计方法——MOORE。如前所述，在特定构造方法的辅助下，非正则 Kautz 有向图能够继承正则 Kautz 有向图的诸多拓扑优势，而且比正则 Kautz 有向图更适合网络规模动态变化的应用场景。因此，MOORE 选择非正则 Kautz 有向图而不是正则 Kautz 有向图作为它的目标拓扑结构。

两个 Kautz 标识符空间 $Z_d^l=\{x_1\cdots x_{l-1},x_l\mid x_i\in\{0,1,\cdots,d-1\}\}$和 $Z_d^m$ 分别被 MOORE 用作资源标识符空间和节点标识符空间。资源标识符的长度要比节点标识符的长度大。如果能够根据具体应用需求预先确定 MOORE 中各个节点的出度，那么可以推算出 $m=\lceil\log_d^{n_n}-\log_d^{1+\frac{1}{d}}\rceil$且 $l=\lceil\log_d^{n_r}-\log_d^{1+\frac{1}{d}}\rceil$，其中，$n_{\mathrm{n}}$ 和 $n_{\mathrm{r}}$ 分别表示 MOORE 中节点和资源的最大数目。

在此基础上进一步考虑资源在所有节点之间的分配策略。在正则 Kautz 有向图中，当且仅当 $y_1y_2\cdots y_m$ 是 $x_1x_2\cdots x_l$ 的前缀时，以 $y_1y_2\cdots y_m$ 为标识符的节点负责存储和维护以 $x_1x_2\cdots x_l$ 为标识符的资源。在非正则 Kautz 图中，若以 $y_1y_2$

$\cdots y_m$ 为标识符的节点已经存在，则应用相同的资源分配策略。否则，这些资源将被正则 Kautz 图 $K(d,m-1)$ 中的弧 $\langle y_1y_2\cdots y_{m-1},\sigma_1^i(y_1y_2\cdots y_{m-1})\rangle$ 对应的另一个节点存储和维护。由定义 3.6 和定理 3.1 可知，$i$ 表示推导出与 $K(d,m-1)$ 具有相同阶的非正则 Kautz 图的 1-factor 的标识符，通常，$i$ 的默认值为 0。

换句话说，每个资源 $x_1x_2\cdots x_l$ 都有两个潜在的存储节点，分别是 $x_1x_2\cdots x_m$ 和 $x_1x_2\cdots x_{m-1}x_1$（当 $x_{m-1}\neq x_1$ 时）或 $x_1x_2\cdots x_{m-1}x_1'$，其中，$x_1'=x_1+1$（当 $x_{m-1}=x_1$ 时）。发布和查询资源 $x_1x_2\cdots x_l$ 时都首先访问其第一个存储节点，若失败则访问其第二个存储节点。以图 3.3 为例，节点 210 还没有加入网络，因而节点 212 将接替节点 210 来存储和维护标识符为 210120212 的资源。

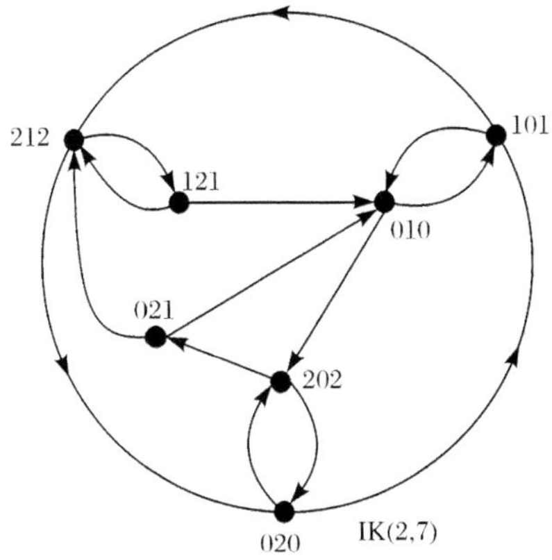


图 3.3　资源分布策略示意图

### 3.4.2　资源的命名

任何要存储到 MOORE 中的资源都首先会从 $Z_d^l$ 中获得一个标识符，不同的资源允许得到相同的标识符。有多种方式可以实现资源到 $Z_d^l$ 的映射。文献[18]提出了一种确定式算法为每个资源生成以 2 为基底的标识符。实际应用中，为了尽可能地减小网络直径和提高网络的连通性，MOORE 运用的非正则 Kautz 图的基底通常大于 2。因此，本章设计另一种算法（记为 Kautz_hash）来为每个资源生成以任意整数为基底的标识符。Kautz_hash 有 3 个参数：key 表示资源的内在标识符，如名称或关键字；$d$ 和 $l$ 分别表示输出的 Kautz 标识符的基底和长度。Kautz_hash 算法的细节如下。

首先，根据选定的哈希算法，如 SHA-1 或 MD5，以 key 为输入参数，获得一个更长的二进制字符串。然后，将所得的二进制字符串转换为一个以 $d$ 为基底的新字符串 $S_0$，之后合并 $S_0$ 中相同的相邻位。若 $S_0$ 的长度小于 $l$，则将 $i=1$ 追加给字符串 key 进而获得另一个以 $d$ 为基底的 Kautz 字符串 $S_i$，然后将 $S_i$ 追加

到 $S_0$。若 $S_0$ 的长度仍然小于 $l$,则将 $i+1$ 的值追加到 key 并重复这个过程直到 $S_0$ 的长度大于或等于 $l$。最后,取 $S_0$ 的低 $l$ 位即可产生目标资源的 Kautz 标识符。

### 3.4.3 节点的命名

最初,MOORE 仅拥有 $d^{m_0}+d^{m_0-1}$ 个节点,并形成以正则 Kautz 图 $K(d,m_0)$ 为拓扑结构的结构化 P2P 网络。然后在运行期间通过节点的一系列操作动态扩展或缩小其网络规模。与资源的静态标识符空间相比,节点的标识符空间难以在系统初始化阶段确定。实际应用中,MOORE 通常根据初始的网络规模设定一个适当大小的标识符空间,然后随着网络规模的动态扩展(或缩小)而扩大(或缩小)。节点的初始标识符空间记为 $Z_d^{m_0}$,其中,$m_0<m$,给该空间中的每个标识分配唯一的一个初始节点。若 $Z_d^{m_0}$ 的所有标识符已经被分配完,但是不断有新节点申请加入初始的 MOORE,则初始的节点标识符空间应该拓展为 $Z_d^{m_0+1}$,进而能够将空闲的标识符分配给新加入的节点。不难发现,新标识符空间的势是原有标识符空间的势的 $d$ 倍,而且新标识符空间可以根据定义 3.1 在原有标识符空间的基础上扩展而得。

为了配合节点标识符空间的动态扩展需求,扩展前存在的 $d^{m_0}+d^{m_0-1}$ 个节点的标识符需要按照 $K(d,m_0)$ 中 $F^0$ 推导出的 $d^{m_0}+d^{m_0-1}$ 个节点的新标识符一一更新。根据算法 3-3 可知,原有的 $d^{m_0}+d^{m_0-1}$ 个节点形成了一个出度和入度均为 $d$ 的非正则 Kautz 有向图 IK$(d,d^{m_0}+d^{m_0-1})$。为了在动态环境中维护更好的拓扑属性,必须更新节点的标识符分配策略,该策略等价于 3.3.2 节中讨论的非正则 Kautz 有向图的构造过程中第(3)步所用的弧选择策略。任何弧选择策略首先取第二个 1-factor($F^1$)中的弧,然后取第三个 1-factor($F^2$)中的弧,依此类推。但是,各种策略对单个 1-factor 内弧的选择顺序存在差异。

文献[21]提出的弧选择策略建议首先选取每个 1-factor 中第一个环路中的弧,然后取第二个环路中的弧,依此类推。而被记为 factorRandom 的随机选择策略从给定的 1-factor 中按任意次序选择弧。前者与后者相比,前者能够使更多新节点的入度达到如定理 3.3 中所论述的 $i+1$。本章提出一种记为 cycleSequence 的增强型弧选择策略,其基本思想是:首先选取其中的一个环路,从环路中的任意弧开始依环路的闭合方向选取弧,当该环路中的所有弧被分配之后,以同样的方式处理第二个环路,依此类推。同文献[18]提出的策略相比,本章提出的策略能够使更多节点的入度达到 $i+1$。原因在于,新增节点的第 $i+1$ 个前序节点先前已经被加入,除非该新增节点对应于一个环路中第一条被选择的弧。$i$ 的取值必须满足约束条件 $i(d^{m_0}+d^{m_0-1})\leqslant n\leqslant(i+1)(d^{m_0}+d^{m_0-1})$,其中,$n$ 表示 MOORE 已有节点的数目。

每个新增节点 $x$ 都会导致最多 $i$ 个已有节点的入度减少 1。这些已有节点在 $K(d,m_0)$ 中的对应弧分属于前 $i$ 个 1-factor，并且是节点 $x$ 的前序节点 $\sigma_1^{-j}(x)$ 的原有第$i+1$条出边的终点，其中，$0\leqslant j\leqslant i-1$，且 $i$ 是使 $i(d^{m_0}+d^{m_0-1})\leqslant n$ 成立的最大值。举例来说，将新节点 121 加入 $K(2,2)$中的 1-factor($F^1$)而得的 IK(2,6)中，从节点 012 到节点 021 的原有 β 类型的出边被替换为从节点 012 到节点 121 的 α 类型的出边，从而使节点 021 的入度减少 1。现有的弧选择策略都没有注意到这个问题。为此，本章提出了一种记为 inDegreePreserved 的策略来解决这个问题。其基本的思想是：一旦某个已有节点的第$i+1$条入边因新增节点的加入而被取消，就将该节点的第$i+1$个前序节点对应的标识符分配给随后加入的节点，并用一条源自其第$i+1$个前序节点的 α 弧替代其原有的第$i+1$条 β 类型的入边。这种分配策略的基本目标是保持先前 $i$ 个 1-factor 中弧对应的节点的入度为 $d$，尤其是当 $i=d-1$ 或 $d=2$ 时，这种分配策略更加有效。因此，将 inDegreePreserved 和 cycleSequence 策略结合起来使用，MOORE 能够获得最佳的拓扑性质。

此外，若一个节点失效或从网络中主动退出，并且在给定的时间间隔内没有恢复，则分配给该节点的标识符被闲置。任何弧选择策略在为一个新节点分配标识符时，都应该优先分配那些曾经被分配但变为闲置状态的标识符。若这种类型的某些标识符由先前的 $F^j$ 而得，其中，$0\leqslant j\leqslant i-1$，则该操作有助于使先前的 $i$ 个 1-factor 产生的主干子网保持最优的拓扑结构。若这些类型的某些标识符由当前的 $F^i$ 得到，则在 cycleSequence 下，这个操作使更多节点的入度达到 $i+1$。

### 3.4.4　消息路由

MOORE 的每个节点 $x$ 都根据定义 3.2 选择一组正确的节点作为邻居，并通过算法 3-1 建立邻居之间的连接，进而构造正确的本地路由表。此外，当其他节点加入、退出或者失效时，节点 $x$ 要按需更新其邻居链路连接和路由表。每个节点的路由表由 $d$ 个表项组成，每个表项包含一个邻居节点的 Kautz 标识符和地址（如 IP 和端口号）。每个节点 $x$ 都有可能产生一个 lookup 类型的消息来查找符合 Kautz 标识符为 $y$ 的资源或节点，也有可能发起一个 insert 类型的消息来向整个网络发布一个 Kautz 标识符为 $y$ 的资源。这里提出算法 3-2 将以上两种基本类型的各种消息依最短路径发送到目标节点。

Fiol 等[24]提出了一种从节点 $x$ 到节点 $y$ 或负责存储 Kautz 标识符为 $y$ 的节点的最短路径路由方法。首先确定标识符 $x$ 的最长后缀 $u$，而且 $u$ 是标识符 $y$ 的前缀，然后将消息转发给一个满足如下约束的邻居节点 $z$。标识符 $z$ 的最长后缀 $v$ 比 $u$ 长，其中，$v$ 必须是标识符 $z$ 的前缀。值得注意的是，由于存在 β 类型出边，因此这种方法产生的路径不一定是最短路径。以图 3.1(c)为例，若节点 021 需要将一个消息传送到目的节点 012，则依上述路由方法只能沿路径 021→210→101→

012 传递，但是事实上的最短路径应该是从节点 021 沿其一条指向节点 012 的 β 类型的出边直接抵达目的节点。为了处理这种问题，算法 3-2 在转发每个消息之前首先要检测是否有一个邻居节点正是该消息的目的地。值得注意的是，后面的仿真结果显示算法 3-2 能够实现文献[9]和文献[18]中长路径路由模式获得的类似路由延迟分布。

算法 3-2 使用了 3 个参数：目标资源或节点的 Kautz 标识符；message 表示实际要发送的消息；scheme 表示消息的类型，可以是资源相关的消息(用于查找或者发布的资源)或者是节点相关的消息(用于查询节点的地址)。如前所述，非正则 Kautz 有向图和正则 Kautz 有向图的资源分配策略存在差异，非正则 Kautz 有向图下任何资源都有两个可能的目标节点。因此，对于资源相关的消息，若算法 3-2 中的 forward_orientation 方法没有找到标识符是资源标识符前缀的节点，则会将消息发送给资源分配策略定义的另一个目的节点。

算法 3-2 路由算法 Route(y, message, scheme)

要求：标识符 y 应不小于 x

1: z←y ;

2: if y 的长度大于 k

  $y \leftarrow y_1 y_2 \cdots y_k$;

3: if $x = y$ 或者 $x_1 x_2 \cdots x_{k-1} = y_1 y_2 \cdots y_{k-1}$

  局部处理该消息，然后返回 success;

4: x′←forward_orientation(y);

5: if x′≠null

  返回 x′.Route(z, message, scheme);

6: else

  向源节点返回 failure;

forward_orientation(y)

7: 令 u 是使 $x_{k-u+i} = y_i$ 的最大整数，其中，$1 \leqslant i \leqslant u$，令 result←null;

8: for i=0 to d do

9:  w←routingtable[i].identifier

10:  if u=0 and w=y

11:   return w;

12:  else if $w_{k-u-1+i} = y_i$, $1 \leqslant i \leqslant u+1$

13:   result←w;

14: if result=null and scheme=resource

15:  return $\sigma_1^0(x)$;

16: else

17:  return result ;

## 3.5　拓扑构造和动态维护机制

MOORE 选择非正则 Kautz 有向图作为其底层拓扑，而且其拓扑可以在一个初始的正则 Kautz 拓扑的基础上根据定义 3.2 依分布式方式不断演化而来。初始的正则 Kautz 拓扑可以通过集中式方法来构造，本章不关注这方面的相关研究内容。在实际应用中，MOORE 还需要有条不紊地处理节点加入、节点退出、拓扑扩展，以及拓扑收缩等操作。正是节点和拓扑的这些动态操作促使 MOORE 的拓扑结构不断演化。本节将提出处理这些动态操作所需的算法。

### 3.5.1　拓扑扩展

由前述可知，MOORE 运用非正则 Kautz 图 IK$(d,n)$作为其底层拓扑，其中，$n$ 是区间$[d^k+d^{k-1},d^{k+1}+d^k)$中的任意整数。如果 $n$ 达到这个区间的上界，那么这个拓扑将变成一个正则 Kautz 有向图。在这种情形下，若其他节点继续申请加入 MOORE，则需要将其拓扑扩展成一个新的非正则 Kautz 有向图，其中，$n$ 达到一个新区间$[d^{k+1}+d^k,d^{k+2}+d^{k+1})$的下界。这个拓扑拓展操作将通过如下两个步骤实施：①以 $K(d,k+1)$的 1-factor$(F^0)$来构造弧集 $E'$，并根据定义 3.2 逐一更新已有节点的原有标识符；②已有节点根据新的非正则 Kautz 图 IK$(d,n)$构造一个新的结构化 P2P 网络。这两步操作的具体过程在算法 3-3 中有详细的讨论。算法 3-3 的参数 $s$ 表示 $K(d,k+1)$中被选择用于产生非正则 Kautz 有向图 IK$(d,d^{k+1}+d^k)$的 1-factor 的标识符，其默认值是 0。

**算法 3-3　拓扑拓展算法 Extend(K(d,k),s)**

要求：K(d,k)是直径为 k 的正则完全 Kautz 有向图，$0\leqslant s\leqslant d$

for K(d,k)中每一个标识符为 $x_1x_2\cdots x_k$ 的节点 x do
　　x.label ← $\langle x,\sigma_1^s(x)\rangle$;
　　节点 x 构造一个临时的路由表;
　　$y=y_1y_2\cdots y_{k+1}\leftarrow\langle\sigma_1^s(x),\sigma_2^s(x)\rangle$;
　　for i=0 to d−1 do
　　　　if s=i
　　　　　　$z=z_1z_2\cdots z_{k+1}\leftarrow\langle\sigma_1^s(x),\sigma_2^s(x)\rangle$;
　　　　　　address ← x.routing[s].address;
　　　　else
　　　　　　$z=z_1z_2\cdots z_{k+1}\leftarrow\langle\sigma_1^{-s}(\sigma_1^i(\sigma_1^s(x))),\sigma_1^i(\sigma_1^s(x))\rangle$;
　　　　　　address ← Route($\sigma_1^{-s}(\sigma_1^i(\sigma_1^s(x)))$,node);
　　　　j=Distance(y,z);
　　　　节点 x 增加<z,address>作为临时路由表的第 i+1 个条目;

```
13:for K(d,k)中每一个节点 x do
14:    根据临时路由表来更新节点 x 的路由表,再根据路由表来更新具体链路
```

举例来说,如图 3.4(a)所示,正则 Kautz 图在经历拓扑扩展操作之后变为图 3.4(b)所示的非正则 Kautz 图,其中,Kautz 图中 $F^0$ 的所有弧被用于推导该非正则 Kautz 图。不难看出,每个节点的标识符依规则增长一位,但是其实际物理标识(IP 地址等)被完好保留,而且同时保留了其负责存储和维护的资源。不难发现,变化前后每个节点的最多 $d-1$ 个邻居关系发生了变化,虽然新邻居节点可以通过上述路由算法在较短延迟内被发现,但是仍然产生了最多$(d-1)\log_d N$ 个消息。全部节点找到所有新邻居节点将最多产生$(d-1)N\log_d N$ 个消息,此外,启动拓扑扩展操作会产生 $N$ 个消息。综上所述,拓扑扩展操作最多产生$(d-1)N\log_d N+N$ 个消息。

关于拓扑扩展操作造成的额外成本问题,有如下两方面的考虑。

(1) 拓扑扩展并不是一个频繁发生的操作,网络规模越大该操作越难以发生。原因是网络直径每增加 1,对应正则 Kautz 图的节点规模随之扩展得更快(依指数规模增加),进而对应非正则 Kautz 图的节点规模的浮动区间扩展得更大,以至于节点规模达到浮动区间的上界或下界的可能性越来越小。

(2) 第 4 章将提出一种新的拓扑构造方法,进而避免这种问题的发生。

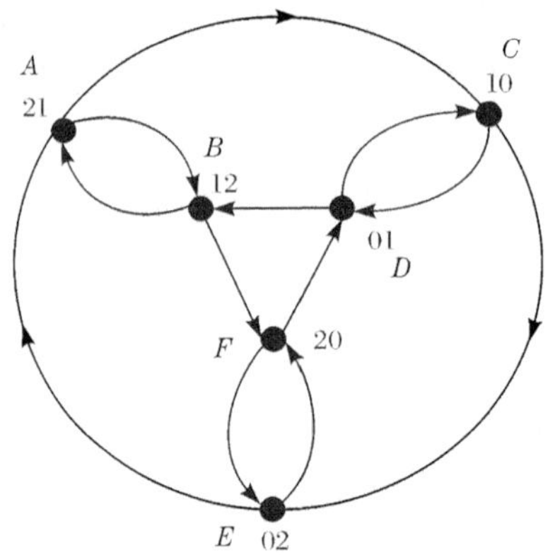


(a) $K(2,2)$

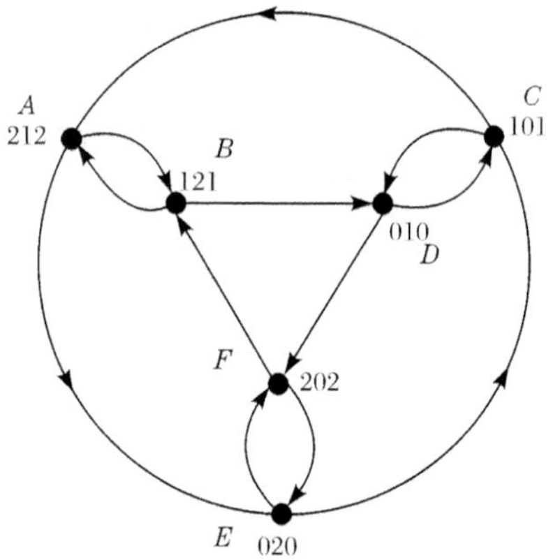


(b) IK(2,6)

图 3.4 拓扑扩展示意图

### 3.5.2 节点加入

与大多数 P2P 网络一样,假设 MOORE 中存在至少一个节点充当整个系统访问入口的角色,这些节点能够接收并处理节点加入消息。新节点加入过程包含如

下三个步骤：为新节点获取一个 Kautz 标识符；在相关节点之间重新分配资源；更新相关节点的路由表。这三个步骤通过算法 3-4 来实现。

首先，新节点 $x$ 找到它的所有后序节点，随后建立对应的连接和路由表。其次，通知至多 $d$ 个前序节点更新它们的出边和路由表，并且从一个现有节点接管由其负责存储和维护的资源。算法 3-4 详细讨论了具体细节。对于 $0\leqslant i\leqslant s-1$ 的情况，节点 $x$ 的第 $i+1$ 个前序节点和后序节点已经存在于网络中。节点 $x$ 的第 $s$ 个后序节点并不存在，除非它是当前环路的最后一条弧。节点 $x$ 的第 $s$ 个前序节点存在，除非它是当前环路中被选取的第一条弧。节点 $x$ 的其他后序节点并没有在网络中出现，因此需要从当前 1-factor（$F^s$）甚至是先前 1-factor 产生的节点中一一找出替代节点，进而保持节点 $x$ 的常数出度。节点 $x$ 的其他前序节点也没有在网络中出现，但是它们并不需要从先前 1-factor 产生的节点中寻找替代节点进而保持它们的连通性。

算法 3-4　新节点加入算法 Nodejoins(x, y, s)

$k\leftarrow F(x)$;
for i=0 to d do
　　if $i\leqslant s$
　　　　节点 y 找到标识符为 z 的节点的 address，节点 x 增加 $\langle z, address, \alpha\rangle$ 作为它的第 $i+1$ 个路由条目，并且建立一条到该节点的链路，其中 $z=\langle x_2x_3\cdots x_{k+1}, \sigma_1^i(x_2x_3\cdots x_{k+1})\rangle$;
　　else
　　　　节点 x 询问节点 y 获得标识符 $\langle\sigma_1^{-k}(\sigma_1^i(x_2x_3\cdots x_{k+1})), \sigma_1^i(x_2x_3\cdots x_{k+1})\rangle$ 的节点 z 的 address;
　　　　if 节点 z 不存在
　　　　　　节点 x 询问节点 y 获得标识符为 $\langle\sigma_1^{-j}(\sigma_1^i(x_2x_3\cdots x_{k+1})), \sigma_1^i(x_2x_3\cdots x_{k+1})\rangle$ 的节点 z 的 address，随机整数 j 的选取满足 $0\leqslant j\leqslant s$ 以及节点 z 存在;
　　　　节点 x 增加 $\langle z, address, \beta\rangle$ 作为它的第 $i+1$ 个路由条目，并且建立一条到节点 z 的链路;
for i=0 to d do
　　if $i\leqslant s$
　　　　$w\leftarrow\langle\sigma_1^{-i}(x_2x_3\cdots x_k), x_2x_3\cdots x_k\rangle$;
　　else
　　　　$w\leftarrow\langle\sigma_1^{-k}(\sigma_1^{-i}(x_2x_3\cdots x_{k+1})), \sigma_1^{-i}(x_2x_3\cdots x_{k+1})\rangle$;
　　节点 w 将最初的 $\beta$ 链路更新为一条连接到节点 x 的 $\alpha$ 或 $\beta$ 链路，然后更新节点 w 的路由表;
节点 x 从节点 $\langle x_1x_2\cdots x_k, \sigma_1^0(x_1x_2\cdots x_k)\rangle$ 获得标识符前缀为 x 的资源

举例来说，在正则 Kautz 图 $K(2,2)$ 的 $F^0$ 推导出的非正则 Kautz 图 IK(2,6) 中新增一个节点 021，将得到如图 3.5(b)所示的非正则 Kautz 图 IK(2,7)。

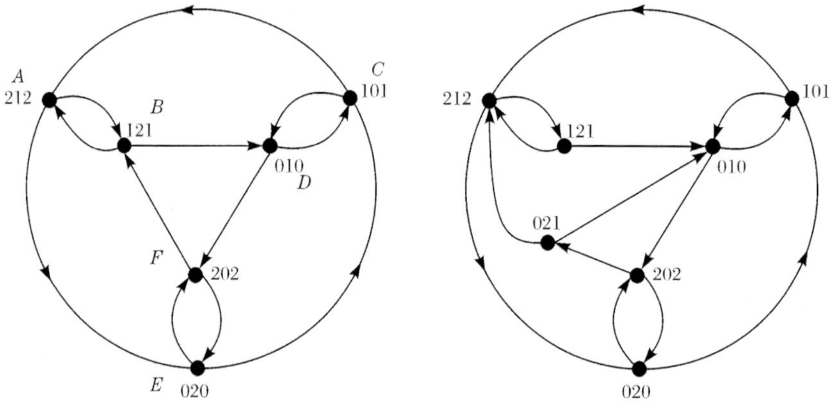


(a) IK(2,6)　　(b) IK(2,7)

图 3.5　节点加入示意图

### 3.5.3　节点退出

假设 $x=x_1x_2\cdots x_{k+1}$ 表示一个准备退出 MOORE 的已有节点，$s$ 表示正被用于向新节点分配标识符的 1-factor 的标识符。在实际应用中，退出网络的节点至少存在如下两种情况：①$F(x)=s$ 表示节点 $x$ 隶属于当前的 1-factor；②$F(x)<s$ 表示新节点隶属于先前的某个 1-factor。节点退出行为会对网络拓扑结构产生不良影响，甚至使部分消息无法成功传递到目的节点。为此，本节提出算法 3-5 对局部网络拓扑和资源分布进行动态调整，进而避免节点退出行为的诸多不良影响。

在第一种情况下，节点 $x$ 需要通知其入度邻居节点更新已经连接到节点 $x$ 的链路，然后将存储在节点 $x$ 上的所有资源转移到由资源分配策略决定的另一个存储节点。在第二种情况下，节点 $x$ 首先要从已有节点中选择一个节点 $y$ 来替换自己，随后通知节点 $y$ 的入度邻居节点更新相关的连接和路由表项。节点 $y$ 接管节点 $x$ 的标识符、存储的资源、路由表；之后，其原有标识符变为空闲状态；最后，节点 $y$ 根据其新标识符和路由表更新它的邻居链路，并通知其入度邻居节点更新原来指向节点 $x$ 的链路。值得注意的是，节点 $x$ 的替代节点应该首先从隶属于 $F^s$ 的节点中选择，然后从隶属于 $F^{s-1}$ 的节点中选择，依此类推。该选择策略能够确保由先前 1-factor 产生的节点组成的主干子网获得最佳的拓扑性质。

算法 3-5　节点退出算法 Nodedeparts(x,s)

1: if F(x) $<$ s

2:　　y←findSubstitute(x);

3:　　update(y,s,F(x));

4:　　节点 x 将其资源和路由表信息传到节点 y,然后从 P2P 网络中离开.节点 y 用节点 x 的信息来更新其标识符、路由表和链路,并且将它的变更情况通知其入度邻居;

5: else

6:　　节点 x 在离开之前将其资源信息传递到标识符为 $\langle y_1 y_2 \cdots y_{m-1}, \sigma_1^0(y_1 y_2 \cdots y_{m-1}) \rangle$ 的节点;

7:　　update(x,s,F(x));

update(z,s,1);

1: for i=0 to d do

2:　　if i $<$ s

3:　　　　$w \leftarrow \langle \sigma_1^{-i}(z_1 z_2 \cdots z_k), z_1 z_2 \cdots z_k \rangle$;

4:　　　　通知节点 w 用一条到节点 $\langle \sigma_1^i(z_2 z_3 \cdots z_{k+1}), z_2 z_3 \cdots z_{k+1} \rangle$ 的 β 链路来替换原来到节点 x 的链路.

5:　　else

6:　　　　$w \leftarrow \langle \sigma_1^{-1}(\sigma_1^{-i}(z_2 z_3 \cdots z_{k+1})), \sigma_1^{-i}(z_2 z_3 \cdots z_{k+1}) \rangle$;

7:　　　　通知节点 w 用一条到节点 $\langle \sigma_1^j(z_2 z_3 \cdots z_{k+1}), z_2 z_3 \cdots z_{k+1} \rangle$ 的 β 链路来替换原来到节点 x 的链路,随机整数 j 的选取满足 $0 \leqslant j < s$ 并确保新的目的节点存在

举例来说,如图 3.5(b)所示,若非正则 Kautz 图 IK(2,7)中的节点 021 退出,则产生如图 3.5(a)所示的非正则 Kautz 图 IK(2,6)。

### 3.5.4　拓扑收缩

当网络规模降低至当前非正则 Kautz 图的前序 Kautz 图的节点规模时,若仍然有节点持续退出网络,则在特定情况下需要收缩现有拓扑。拓扑收缩操作可以通过在每个节点上实施简单的本地操作来实现。假设 $x = x_1 x_2 \cdots x_k$ 表示任意一个现有节点,节点 $x$ 原有标识符的高 $k-1$ 位将作为其新的标识符 $x_2 x_3 \cdots x_k$。此外,节点 $x$ 以相同方式更新路由表项中存储的各个邻居的标识符。此操作易于实现且仅产生最小的维护负载。

举例来说,如图 3.4(b)所示的非正则图 IK(2,6)在经过拓扑收缩操作之后转变为如图 3.4(a)所示的正则 Kautz 图 $K(2,2)$。由于类似的原因,拓扑收缩操作面临与拓扑扩展操作相同的问题,即产生额外的控制成本。这里同样从两个方面来解决这个问题:①随着网络规模的增加,该项操作越来越难以发生,进而其引发的成本在系统的整个生命周期内可以承受;②第 4 章提出的拓扑构造新方法将避

免这个问题的发生。

## 3.6 性能指标的理论分析和仿真评估

用 PeerSim 在 Java 编程环境下实现了本章提出的 MOORE P2P 网络结构。PeerSim 是一个广泛使用的 P2P 网络仿真框架，其支持各种 P2P 网络协议的设计、测试及比较工作。在初始状态下，MOORE 的拓扑是网络直径为 1、节点出度和入度均为 $d$ 的 Kautz 有向图 $K(d,1)$。在节点动态行为的直接影响下，MOORE 的拓扑在 $K(d,1)$ 的基础上能够演变为各种形态的非正则 Kautz 有向图或其他规模的正则 Kautz 有向图。这里设计了多种不同配置下的仿真实验，并收集和评估 MOORE 的如下几种基本性能指标：节点出度和入度的分布、平均路由延迟，以及路由延迟的分布。

### 3.6.1 节点的出度和入度分布

**推论 3.2** 假设 MOORE 的网络规模等于 $s\times n_0$，其中，$1<s\leqslant d$，$n_0$ 表示当前非正则 Kautz 图的前序正则 Kautz 图的节点规模。若 MOORE 的网络规模是其他取值，则各个节点的出度是 $d$ 而入度是在 $d$ 附近浮动的整数。

**证明** 证明步骤在定理 3.2 和定理 3.3 的证明中已经论述，此处不再赘述。

如前所述，定理 3.3 已经给出了关于 MOORE 中各个节点入度的一个下界。本节考虑如下配置下节点的入度分布：网络规模分别是 7680 和 18000，而节点标识符的选择策略分别是 cycleSequence 和 factorRandom。

图 3.6 显示绝大多数节点的入度非常接近 $d$，少数节点的入度偏离 $d$ 较大。若 MOORE 采用 cycleSequence 而不是 factorRandom 作为节点标识符的选择策略，则更多节点的入度远离入度分布的两侧尾部而更接近 $d$。因此，cycleSequence 更有助于 MOORE 提高其连通性和鲁棒性，特别是当 MOORE 的节点规模接近其前序 Kautz 有向图的节点规模时。

IK(4,7680)和 IK(4,18000)的节点规模分别落在区间$(n_0,2n_0]$和区间$[3n_0,4n_0]$中，其中，$n_0$ 表示 $K(4,6)$的节点规模，$4n_0$ 等于 $K(4,7)$的节点规模。因此，根据定理 3.3 可知 IK(4,7680)和 IK(4,18000)的最小入度分别是 1 和 3。图 3.6 所示的仿真结果与理论分析结果相符。从图 3.6 中还可以发现，若 MOORE 的节点规模接近 $n_0$ 的倍数，则大多数节点的入度都在 $d$ 附近浮动。

### 3.6.2 平均路由延迟及路由延迟分布

**推论 3.3** 考虑一个 MOORE，其节点规模 $N$ 和节点出度 $d$ 是任意的正整数，它的网络直径 $D_l=\lceil \log_d N-\log_d(1+1/d)\rceil$。

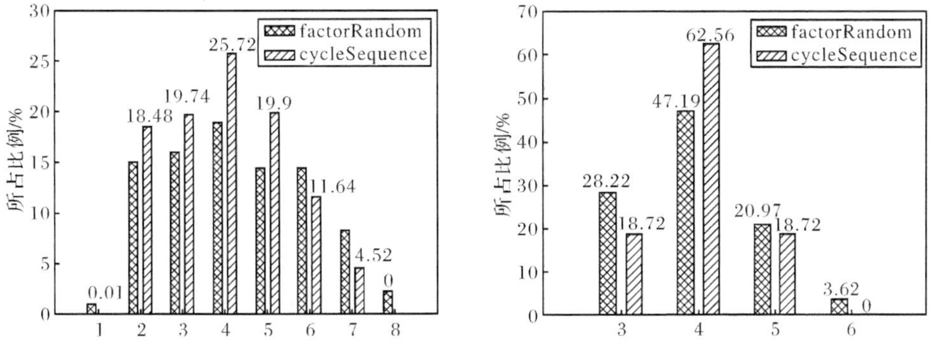


(a) 入度分布(网络规模是 7680 个节点)　(b) 入度分布(网络规模是 18000 个节点)

图 3.6　IK(4,7680)和 IK(4,18000)的入度分布

**证明**　首先,计算一个正整数 $D$,使 $d^{D-2}(d+1)<N<d^{D-1}(d+1)$成立。节点标识符的长度是 $D$,并且在 MOORE 中总是能找到一对距离为 $D$ 的节点对。因此,有网络直径 $D_l=\lceil \log_d N-\log_d(1+1/d)\rceil$,并且非常接近前面讨论的摩尔下界。由此,推论 3.3 得证。

由不等式(3.2)可知,推论 3.3 证明的网络直径是在具有相同节点规模和节点出度的所有网络中的最小值。任意查询消息一定能够在最多 $O(\log_d N)$步内抵达目的地,而资源发布操作的延迟也具有相同的上界 $O(\log_d N)$。

此外,通过仿真实验评估不同规模(从 256 个节点到 32K 个节点)下 MOORE 的平均路由延迟,并就这个指标与每个节点出度为 4 的其他几种典型拓扑结构进行比较,它们是 $d=2$ 的 CAN、4 维的 Butterfly、正则 de Bruijn 有向图,以及正则 Kautz 有向图。在每个实验中,都至少随机采样 $N'=\lceil N/2\rceil$个节点,并且令每个样本节点发起以其他 $N-1$ 个节点为目的地的消息,然后分析总计 $N'(N-1)$条路由的平均延迟。

MOORE 的平均路由延迟和最大路由延迟(即网络直径)分别由符号 MOORE(avg)和 MOORE(max)表示。实验结果显示,仅在部分网络规模下,性能指标 MOORE(avg)和 MOORE(max)的取值比 $\log_4 N$ 稍大,但是任意网络规模下都小于 $1.2\log_4 N$、Butterfly 的平均路由延迟和 CAN 的平均路由延迟。这里并没有将 MOORE 与 $k$ 维 CCC 拓扑结构进行性能比较。众所周知,CCC 拓扑结构的节点出度和入度在 $k$ 取任何值时都是 3。事实上,节点出度为 3 的 MOORE 的平均路由长度和网络直径要比 CCC 拓扑结构小。此外发现,当 MOORE 的节点规模在其前序和后序正则 Kautz 图的节点规模之间变化时,MOORE 的平均路由延迟长度会发生变化,但是变化并不大。

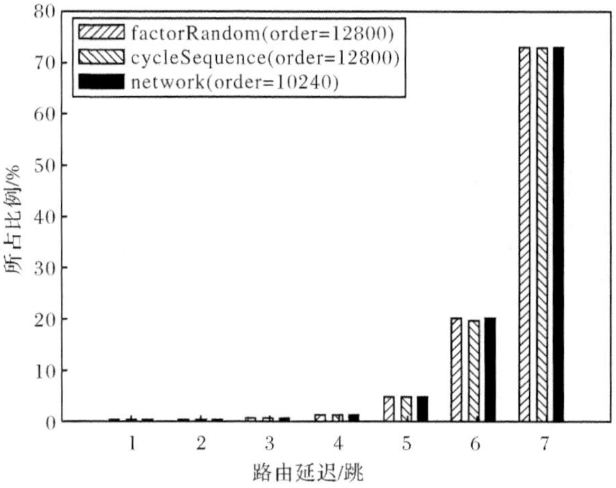


图 3.7 IK(4,12800)和 IK(4,10240)的路由延迟分布

图 3.7 所示为 IK(4,12800)和 IK(4,10240)的路由延迟分布。由图可见,超过 90%的路由延迟接近 MOORE 的网络直径。同时发现,任意规模的 MOORE 存在相似的结论。这与正则 Kautz 图的路由模式、文献[9]和文献[18]使用的长路径路由模式取得非常接近的结果,尽管本章算法采用改进后的最短路径路由模式。

**推论 3.4** 新节点的加入和已有节点的退出操作将分别发起至多 $2.5d\log_d N$ 和 $(2.5d+1)\log_d N$ 个消息,而且仅有 $d$ 和 $2d$ 个节点需要更新本地路由表。

**证明** 每个新节点通过调用算法 3-4 寻找 $d$ 个出度邻居节点来构造其本地路由表,并且要通知其 $d$ 个入度邻居节点更新它们路由表中的一条路由表项。因此,算法 3-4 总共发起 $2d$ 个消息。算法 3-5 与算法 3-4 的不同之处在于,其需要为即将退出的节点找好替代节点,因此算法 3-5 需要发起 $2d+1$ 个消息。考虑到消息的平均路由延迟小于 $1.2\log_d N$,不难推算出推论 3.4 关于新节点加入和已有节点退出时消息成本的论述在 $d\geqslant 2$ 时成立。类似地,由算法 3-4 和算法 3-5 可知推论 3.4 关于新节点加入和已有节点退出时对路由表的影响结果同样成立。

# 3.7 本章小结

本章首先提出了非正则 Kautz 有向图的概念及相关理论,其兼容现有的正则 Kautz 有向图;然后设计了第一个基于非正则 Kautz 有向图的有效且实用的结构化 P2P 网络——MOORE。其节点出度是常量 $d$,而节点入度在常量 $d$ 附近的小区间内浮动,且网络直径是 $O(\log_d N)$。对于节点规模 $N$ 和常量度 $d$ 的任意取值,

MOORE 均能够获得最优的网络直径、很高的查询性能，以及高连通性。第 4 章将改进 MOORE，避免网络拓扑扩展和收缩操作产生额外的消息成本。

MOORE 虽然能够以高效且健壮的方式支持基于精确匹配的查询模式，但是仍然未能很好地解决其他复杂类型的查询模式。根本原因在于结构化 P2P 网络仅仅实现了哈希表的功能，而未能实现复杂索引结构。未来工作将在 MOORE 的基础上集成其他复杂索引结构，进而支持复杂查询模式。

## 参考文献

[1] Rowstron A, Druschel P. Pastry: Scalable, decentralized object location, and routing for large-scale peer-to-peer systems[J]. Lecture Notes in Computer Science, 2001, 2218: 329-350.

[2] Stoica I, Morris R, Karger D R, et al. Chord: A scalable peer-to-peer lookup service for internet applications[J]. IEEE/ACM Transactions on Networking, 2003, 11(1): 17-32.

[3] Maymounkov P, Mazieres D. Kademlia: A peer-to-peer information system based on the xor metric[C]//Proceedings of the 1st IPTPS, Cambridge, 2002.

[4] Malkhi D, Naor M, Ratajczak D. Viceroy: A scalable and dynamic emulation of the Butterfly [C]//Proceedings of the ACM 21st PODC, Monterey, 2002.

[5] Kaashoek F, Karger D. Koorde: A simple degree optimal distributed Hash table[C]//Proceedings of the 2nd IPTPS, Berkeley, 2003.

[6] Ratnasamy S, Francis P, Handley M, et al. A scalable content addressable network[C]//Proceedings of the ACM SIGCOMM, San Diego, 2001.

[7] Banerjee S, Sarkar D. Hypercube connected rings: A scalable and fault-tolerant logical topology for optical networks[J]. Computer Communications, 2001, 24: 1060-1079.

[8] Sivarajan K N, Ramaswami R. Lightwave networks based on de Bruijn graphs[J]. IEEE/ACM Transactions on Networking, 1994, 2(1): 70-79.

[9] Panchapakesan G, Sengupta A. On a lightwave networks topology using Kautz digraphs[J]. IEEE Transactions on Computer, 1999, 48(10): 1131-1138.

[10] Xu J, Kumar A, Yu X X. On the fundamental tradeoffs between routing table size and network diameter in peer-to-peer networks[J]. IEEE Journal on Selected Areas in Communications, 2004, 22(1): 151-163.

[11] Shen H, Xu C, Chen G. Cycloid: A constant-degree and lookup-efficient P2P overlay network[J]. Performance Evaluation, 2010, 63(3): 195-216.

[12] Naor M, Wieder U. Novel architecture for P2P applications: The continuous-discrete approach[C]//Proceedings of the ACM 15th SPAA, San Diego, 2003.

[13] Manku G S. Routing networks for distributed hash tables[C]//Proceedings of the 22nd ACM PODC, San Diego, 2003.

[14] Fraigniaud P, Gauron P. D2B: A de Bruijn based content-addressable network[J]. Theoretical Computer Science, 2006, 355(1): 65-79.

[15] Fraigniaud P, Gauron P. An overview of the content-addressable network D2B[C]//Proceedings of the ACM 22st PODC, Boston, 2003.

[16] Loguinov D, Casas J, Wang X. Graph-theoretic analysis of structured peer-to-peer systems: Routing distances and fault resilience[J]. IEEE/ACM Transactions on Networking, 2005, 13(5): 1107-1120.

[17] Gai A T, Viennot L. Broose: A practical distributed Hash table based on the de Bruijn topology[C]//Proceedings of the 4th P2P, Switzerland, 2004.

[18] Li D, Lu X, Wu J. Fissione: A scalable constant degree and low congestion DHT scheme based on Kautz graphs[C]//Proceedings of the IEEE 24th INFOCOM, Miami, 2005.

[19] Miller M, Siran J. Moore graphs and beyond: A survey of the degree/diameter problem[J]. Electronic Journal of Combinatorics, 2013, 14: 1-61.

[20] Damerell R M. On Moore graphs[J]. Mathematical Proceedings of the Cambridge Philosophical Society, 1973, 74(2): 227-236.

[21] Tvrdik P. Partial Kautz line digraphs with maximal connectivity [R]. Lyon: LIP ENSL, 1994.

[22] Imase M, Itoh M. A design for directed graphs with minimize diameter[J]. IEEE Transactions on Computers, 1983, 32(8): 782-784.

[23] Imase M, Itoh M. Design to minimize diameter on building-block network[J]. IEEE Transactions on Computers, 1981, 30(6): 439-442.

[24] Fiol M A, Llado A S. The partial line digraph technique in the design of large interconnection networks[J]. IEEE Transactions on Computers, 1992, 41(7): 848-857.

# 第 4 章　基于平衡 Kautz 树的常量度数结构化 P2P 网络

为了提高结构化 P2P 系统的扩展性并降低维护成本,研究人员提出了具有常量节点度数和对数网络直径(网络直径与系统规模存在对数依赖关系)的最优拓扑结构。然而,很多结构化 P2P 系统的最优拓扑只有在系统规模处于由节点度数和网络直径决定的一些离散数值时才能实现,而在具有一般意义的任意系统规模下无法实现。现有的基于多机互联网络的结构化 P2P 系统设计方法大多无法解决上述难题,因为 P2P 系统的动态性决定了其规模不可能总是正好保持在少数几个离散数值上。

为了解决这个难题,本章提出支持任意节点规模的平衡 Kautz 树结构,并在此基础上设计一种新的结构化 P2P 网络,记为 BAKE,其具有对数网络直径和常量节点度数。本章根据节点标识符设计一种全序关系对全部节点进行整体排序,并提出一种具有保序性质的资源放置策略。这两项独特的设计能确保那些在单维或多维属性空间中相似或相近的资源被存储到相同或相邻的节点。通过分析和仿真发现,BAKE 像几乎达到摩尔上界的正则 Kautz 图一样获得了最优网络直径和良好的连通性,并能够有效支持精确查询和范围查询模式。此外,本章提出的平衡 Kautz 树结构、Kautz 环结构和结构化 P2P 网络的设计方法能够被扩展并应用于其他常量度数多机互联网络领域,如 de Bruijn 图。

## 4.1　引　　言

结构化 P2P 网络为构建大规模网络应用提供了一种新的可选模型[1~3]。其核心思想是:对拓扑结构施以某种特定的构造规则,并依据相关规则控制全部资源在整个网络中的放置,进而任何搜索都能够在确定的延迟内被路由到正确的目标节点,而且路由过程以确定方式仅访问有限数目个中间节点,产生很低的搜索成本。而一般意义上的非结构化 P2P 网络并不具备这些类似的良好特性,并且不可能同时获得较低的搜索延迟和搜索成本。其或者以泛洪方式传播搜索消息,进而在产生巨大搜索成本的基础上获得低的搜索延迟;或者以类似随机搜索的方式传播搜索消息,进而在高搜索延迟的基础上产生较低的搜索成本(仍然大于结构化 P2P 网络的搜索成本)。尤其需要关注的是,在搜索网络中的稀缺资源时,几乎需要遍历网络中的所有节点才能获得搜索结果。

在设计结构化 P2P 网络时，通常最关注的两个拓扑性能指标是节点出度和网络直径。节点出度表示每个节点要维护的路由表大小和邻居链路数目；网络直径表示在特定路由机制下一次搜索需要经历的最大逻辑跳步数。在早期的结构化 P2P 网络中，节点出度和网络直径都随网络规模 $N$ 的增加而依对数规则增加，如基于 Hypercube 的 Chord[2]、Hypercup[4] 和 Kademlia[5]，基于 Plaxton 的 Pastry[1] 和 Tapestry[6]，基于 Skip-list 结构的 Skipnet[7]。这些类型的设计模式均能在 $O(\log N)$ 跳内将加入网络中的资源发布到正确的节点，并将任何搜索路由到正确的待查节点。但是，随着网络规模的增加，这些设计模式要求每个节点维护日益增多的邻居链路和路由表，进而造成巨大的维护成本。此外，每个节点所能提供的邻居链路在实际应用中往往是受限资源。随着网络规模的增加，系统要求每个节点保持的邻居链路数目常常会大于其所能提供的实际数目。上述两个因素共同决定了早期的结构化 P2P 网络设计方法具有较差的系统可扩展性。

为了解决这个问题，研究人员提出了几种基于常量度数的多机互联网络的结构化 P2P 网络。例如，Viceroy[8] 和 Ulysses[9] 基于 Butterfly 拓扑[8]；Cycloid[10] 基于 CCC 拓扑[11]；CAN[3] 基于 d-torus 拓扑；Koorde[12]、Distance Halving[13]、D2B[14,15]、ODRI[16] 和 Broose[17] 基于 de Bruijn 拓扑；FissionE[18,19] 基于以 2 为基底的 Kautz 拓扑。在以上的设计中，网络直径随着系统规模的增加而成对数增加，但是每个节点的出度是一个常量，因此在路由表大小和路由延迟之间取一个比较好的折中。然而，这些设计大多有如下苛刻要求：节点规模必须恰好是由节点出度和网络直径决定的少数离散数值。因此，在现实应用中，这些方法并不能获得理想的拓扑结构，常常采取一些变通的方式去处理。

为了解决这个难题，本章着力设计一种新颖的结构化 P2P 网络，即便节点规模是任意值，其仍然能够获得最优的网络直径和常量的节点出度，因此更符合实际应用的需求。通过调查多机互联网络和图论领域的研究进展发现，在目前所有非平凡图中，Kautz 图最接近第 3 章讨论的摩尔上界[20,21]，因此本章选择 Kautz 图作为基本研究对象。但是，本章提出的相关基本概念和设计方法同样适用于其他一些相关的图结构，尤其是具有常量节点出度的多机互联网络。

本章首先提出平衡 Kautz 树和对应的 Kautz 环两种新型结构，然后设计 BAKE，一种基于平衡 Kautz 树结构的健壮而高效的结构化 P2P 网络[22]。若 BAKE 的节点规模为 $n$，则其网络直径为 $k_l=\lceil \log_d n-\log_d(1+1/d)\rceil$，而每个节点的出度为 $d+2$。其平均路由延迟小于 CAN、Butterfly、de Bruijn 的对应指标以及 $\log_d n$，且接近正则 Kautz 图的平均路由延迟。另外，在三种不同的网络环境下分析 BAKE 的各种基本操作的处理延迟和消息成本，包括资源发布和搜索操作、新节点加入操作、节点主动退出操作，以及节点失效处理操作。这里考虑的三种网络环境分别是：①稳定的网络环境，表示节点不会失效；②中度动态的网络环境，表示每个节点的失效概率适中；③高度动态的网络环境，表示每个节点的失效概率较大。令 $\alpha=\lceil n/(d^{k_l-1}+d^{k_l-2})\rceil$，BAKE 的各种基本操作的处理延迟和消息成本如表 4.1 所示。

**表 4.1　BAKE 中各种基本操作的处理延迟和产生的消息数目**

| 基本操作 | 网络环境 | 处理延迟/跳 | 产生的消息数目 |
|---|---|---|---|
| 资源发布或搜索 | 稳定 | $k_l$ | $k_l$ |
| | 中度动态 | $k_l+\alpha-1$ | $k_l+\alpha-1$ |
| | 高度动态 | $2k_l+\alpha-1$ | $2k_l+\alpha-1$ |
| 新节点加入 | 稳定或中度动态 | $k_l+\alpha$ | $2k_l+\alpha+1$ |
| | 高度动态 | $k_l+\alpha$ | $3k_l+\alpha+d$ |
| 节点失效 | 稳定或中度动态 | $k_l+\alpha-1$ | $2k_l+\alpha$ |
| | 高度动态 | $\alpha k_l$ | $(\alpha+1)k_l+\alpha$ |
| 节点退出 | 任何网络环境 | $3k_l+\alpha-1$ | $3k_l+\alpha+1$ |
| 网络扩展或收缩 | 任何网络环境 | $k_l$ | $n=d^k+d^{k-1}$ |

本章的主要内容概括如下：

(1) 首先提出平衡 Kautz 树，并引入与之对应的 Kautz 环来产生和维护所有节点的一个全序。此外，为 Kautz 环设计顺时针和逆时针方向上任意两个节点之间的距离函数。

(2) 在平衡 Kautz 树结构的基础上设计 BAKE：一种高效且鲁棒的结构化 P2P 网络，其继承了正则 Kautz 图的拓扑优势，如最佳的网络直径和常量节点出度。此外设计一个保序的资源放置策略、高效而健壮的路由模式，以及支持精确查询和范围查询的查询处理模式。

(3) 提出处理节点基本动态行为和网络规模调整所必需的算法，包括新节点加入、现有节点退出、现有节点失效、拓扑结构扩展，以及拓扑结构收缩。这些基本算法使结构化 P2P 网络能真正符合实际应用的需求。

(4) 本章首先通过分析和仿真评估 BAKE 的拓扑属性、路由算法的鲁棒性，以及处理各种动态活动的延迟和消息成本，然后与基于其他几种典型的常量度数结构化 P2P 网络进行必要的比较。

## 4.2　Kautz 树结构

### 4.2.1　相关研究工作

第 3 章简要介绍了有向图的摩尔上界问题及相关结论。本章的研究内容同样以这些基本知识和结论为基础，在此不再重复介绍这方面的内容。

第 3 章也着力解决本章关注的相同问题，并在非正则 Kautz 图的基础上设计了一种常量节点度数和对数网络直径的结构化 P2P 网络——MOORE。非正则 Kautz 图继承了正则 Kautz 图的拓扑优势，并使 MOORE 的网络直径达到第 3 章中提到的网络规模/节点度数问题的最好上界，即便网络规模取任意正整数。

在大规模和高度动态的环境中，MOORE 将产生很高的成本去维护拓扑结构和资源配置策略的正确性和全局一致性。MOORE 的拓扑扩展和拓扑收缩操作分别产生$(d-1)N\log_d N+N$个消息。为了在消息源节点和目标节点连通的基础上尽可能将每个消息路由到正确的节点，MOORE 的路由算法还需要进一步改进和提高。综上所述，MOORE 适合在相对静态或中度动态的环境中工作。本章着力设计适用于高度动态环境的结构化 P2P 网络，并解决将 MOORE 运用于高度动态环境中时遇到的各种难题。此外，本章综合考虑拓扑构造机制与资源放置机制，在制定拓扑规则的同时为资源的保序分布策略提供必需的技术支持，从而使 BAKE 能够同时支持高效的精确查询和范围查询模式。此外，本章提出的平衡 Kautz 树和 Kautz 环结构比非正则 Kautz 图更易于推广到其他多机互联网络领域。

### 4.2.2 Kautz 树的基本定义

**定义 4.1** 只有满足如下两个条件时，具有常量节点出度 $d$ 和网络直径 $k$ 的有向图才能称为 Kautz 有向图，记为 $K(d,k)$[23~27]。

(1) 图中有 $d^k+d^{k-1}$ 个标识符为 $x_1x_2\cdots x_k$ 的节点，其中，对于任意 $1\leqslant i\leqslant k$ 均有 $x_i\in\{0,1,\cdots,d\}$，而且相邻位的赋值不可相同；

(2) 对于任意 $\alpha\in\{0,1,\cdots,d\}-\{x_k\}$，存在一条从节点 $x_1x_2\cdots x_k$ 到另一个节点 $x_2\cdots x_k\alpha$ 的弧。这条弧的标识符为$(x_1x_2\cdots x_k, x_2\cdots x_k\alpha)$或 $x_1x_2\cdots x_k\alpha$。

不难发现，只有当 $d^k+d^{k-1}$ 个节点同时存在时，才能构造出一个正则 Kautz 图。因此，虽然正则 Kautz 图在所有非平凡图中具有最优的拓扑性质，但是在动态环境中难以构造出正则 Kautz 图。为此，人们提出平衡 Kautz 树的结构来组织等于或不等于 $d^k+d^{k-1}$ 个数目的节点，并为随后的结构化 P2P 网络的设计奠定基础。本章还提出 Kautz 环来形成全部节点的一个全序，进而使 4.3 节要讨论的资源保序放置策略成为可能。

**定义 4.2** 一个深度为 $k$ 的 $d$ 维 Kautz 树拥有唯一的根节点。根节点有 $d+1$ 个子节点，而每个内节点最多有 $d$ 个子节点。同层的每条边被赋予一个唯一的标识符。除根节点外的每个节点也被赋予一个唯一的标识符。每条边的标识符由如下规则决定，而每个节点的标识符是其根路径经过的边的标识符的串联结果。

(1) 从根节点到其第 $i$ 个子节点的边被标识为 $x_1^i=i-1$，其中，$1\leqslant i\leqslant d+1$。

根节点的第 $i$ 个子节点的标识符为 $x_1^i$，并且各个子节点从左向右依次排列。

(2) 从节点 $x_1$ 到其第 $i$ 个子节点的边被标识为 $x_2^i=(x_1-i)\bmod(d+1)$，其中，$1\leqslant i\leqslant d$。节点 $x_1$ 的第 $i$ 个子节点的标识符为 $x_2^i x_1$，而且各个子节点从左向右依次排列。

(3) 从节点 $x_{k-1}\cdots x_2 x_1$ 到其第一个子节点的边被标识为 $x_k^1$。若 $x_1\neq x_{k-1}$，则有 $x_k^1=x_1$，否则 $x_k^1=(x_1-1)\bmod(d+1)$。该节点的第一个子节点被标识为 $x_k^1 x_{k-1}\cdots x_2 x_1$，并被排列在最左边的位置。

(4) 将 $0,1,\cdots,d$ 以递增的次序排列成一个环。在这个环中，若从节点 $x_k^1$ 到节点 $x_k^i=(x_k^1-i+1)\bmod(d+1)$ 沿逆时针方向的路径未经过节点 $x_{k-1}$，则从节点 $x_{k-1}\cdots x_2 x_1$ 到其第 $i$ 个子节点的边被标识为 $x_k^i=(x_k^1-i+1)\bmod(d+1)$，否则这条边被标识为 $x_k^i=(x_k^1-i)\bmod(d+1)$。节点 $x_{k-1}\cdots x_2 x_1$ 的第 $i$ 个子节点被标识为 $x_k^i x_{k-1}\cdots x_2 x_1$，其中，$2\leqslant i\leqslant d$，而且这些子节点从左向右依次排列。

注意，Kautz 树中每个节点的标识符的相邻位取值不相同。为 Kautz 树中的每个节点赋予其所在层的标识符。根节点所处的层被标识为 0，而其子节点都位于第 1 层，以此类推，每个节点将获知其所处层数。事实上，每个节点标识符的长度等于其在树中的所在层数。定义 4.2 给出了为每条边和每个节点分配标识符的机制，但没有规定每个内节点的哪些子节点应该在树中出现。因此，仅仅约束树中节点的数目不足以构造出唯一的 Kautz 树，总是存在满足定义 4.2 且节点数目相同的不同形态的 Kautz 树。

**定义 4.3**　当且仅当全部叶节点处于第 $k+1$ 层时，一个深度为 $k$ 的 $d$ 维 Kautz 树称为平衡树，反之该 Kautz 树称为非平衡树。当每个叶节点的父节点拥有 $d$ 个子节点时，平衡 Kautz 树是一个正则 Kautz 树 KTree$(d,k)$，否则是一个有 $n$ 个叶节点的非正则 Kautz 树 IKTree$(d,k,n)$。

在一个深度为 $k$ 的 $d$ 维平衡 Kautz 树中，根节点有 $d+1$ 个子节点；每个处于第 $k-1$ 层的内节点有至少一个子节点至多 $d$ 个子节点；处于其他层的每个内节点有 $d$ 个子节点；当 $1\leqslant i\leqslant k-1$ 时，处于第 $i$ 层的内节点的数量是 $d^i+d^{i-1}$。一个非正则 Kautz 树中的叶节点数目至少是 $d^{k-1}+d^{k-2}$（$d^{k-1}+d^{k-2}$ 也代表一个正则 Kautz 树 KTree$(d,k-1)$ 中叶节点的数目）。一旦该非正则 Kautz 树转变为一个正则 Kautz 树 KTree$(d,k)$，其中的叶节点数目就变为 $d^k+d^{k-1}$。

图 4.1 给出了 Kautz 图和 Kautz 环的示意图，图 4.1(a) 描绘了一个非平衡 Kautz 树，而图 4.1(b) 和图 4.1(c) 分别描绘了非正则 Kautz 树 IKTree(2,3,8) 和正则 Kautz 树 KTree(2,3)。不难发现，空心的叶节点 201、021、012 和 102 在图 4.1(b) 中没有出现。一旦这些叶节点出现，图 4.1(b) 显示的非正则 Kautz 树就转变为图 4.1(c) 中显示的正则 Kautz 树。

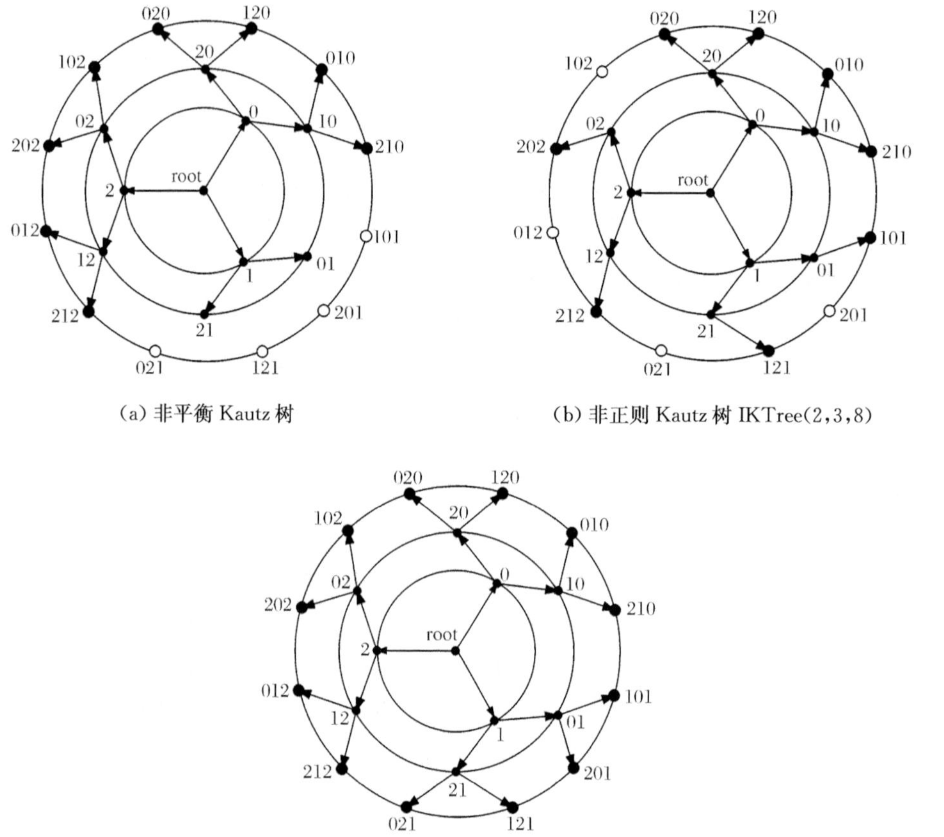


(a) 非平衡 Kautz 树

(b) 非正则 Kautz 树 IKTree(2,3,8)

(c) 正则 Kautz 树 KTree(2,3)

图 4.1　Kautz 图和 Kautz 环

虽然定义 4.2 中提出的递归方法能够为任意节点 $x$ 的每个子节点分配唯一的标识符，但是仍然需要探索更加高效而实际的方法。为此提出基于节点标识符的如下基本操作 $\sigma_1(x)$。

**定义 4.4**　对于任意一个节点 $x=x_k\cdots x_2x_1$，运算 $\sigma_1^i(x)$ 为节点 $x$ 的第 $i$ 个子节点产生的一个标识符 $\sigma_1^i(x)=x_{k+1}^i x_k\cdots x_2x_1$，其中，$1\leqslant i\leqslant d$。若下述两个条件中的任意一个成立，则 $x_{k+1}^i=(x_1-i+1)\bmod(d+1)$，否则 $x_{k+1}^i=(x_1-i)\bmod(d+1)$。

(1) $x_k<x_1-i+1\leqslant x_1$；

(2) $x_1<x_k$ 且 $x_k-d-1<x_1-i+1$。

$$\sigma_m^1(x)=\sigma_1^1(\sigma_{m-1}^1(x)) \tag{4.1}$$

$$\sigma_m^d(x)=\sigma_1^d(\sigma_{m-1}^d(x)) \tag{4.2}$$

无论 $i$ 的取值为多少，操作 $\sigma_0^i(x)$ 的运算结果一直等于节点 $x$ 的标识符本身。

操作 $\sigma_m^1(x)$和 $\sigma_m^d(x)$分别表示从节点 $x$ 开始向下遍历 $m$ 步时遇到的最左端和最右端的节点。对于 $\sigma_m^1(x)$，遍历过程的每个步骤中当前节点都选择其第一个子节点以便最终抵达最左端节点。对于 $\sigma_m^d(x)$，遍历过程的每个步骤中当前节点都选择其最后一个子节点以便最终抵达最右端节点。举例来讲，$\sigma_2^1(0)$、$\sigma_2^1(1)$和 $\sigma_2^1(2)$分别表示图 4.1(c)中的节点 020、101 和 212；而 $\sigma_2^2(0)$、$\sigma_2^2(1)$和 $\sigma_2^2(2)$分别表示图 4.1(c)中的节点 210、021 和 102。

操作 $\sigma_1(x)$能为节点 $x$ 的每个子节点分配唯一的标识符，同时能以递增顺序为所有子节点排序。由此可见，基本操作 $\sigma_1(x)$解决了构建 Kautz 树的第一个难题，但是不能确定 $\sigma_1(x)$在 $x$ 的所有子节点排序之后的位置。节点 $\sigma_1(x)$的位置信息对为其寻找同层中左右相邻的节点至关重要，对计算从节点 $\sigma_1(x)$到同层中其他任意节点的距离同样至关重要。本节提出算法 4-1 来解决这个问题。

算法 4-1　节点定位算法 position(x)

```
要求：x=x_k x_{k-1} … x_2 x_1 是 Kautz 平衡树内的节点标识符，并且它的长度大于 1
number←0;
if x_1 = x_{k_1} then
    number←(x_1 − x_k)mod(d+1);
else
    if x_1 < x_{k-1} then
        if x_1 < x_k ≤ x_{k-1} then
            number←x_1 − x_k + d + 1;
        else
            number←(x_1 − x_k + 1)mod(d+1);
    else
        if x_{k-1} < x_k ≤ x_1 then
            number←x_1 − x_k + 1;
        else
            number←(x_1 − x_k)mod(d+1);
返回 number;
```

### 4.2.3　正则 Kautz 树中节点的 Kautz 排序

众所周知，在正则 Kautz 树的第 $i$ 层共有 $d^i+d^{i-1}$个节点，其中，$1\leqslant i\leqslant k$。若这些节点的标识符存在线性全序关系，则这些节点可以形成一个环。直观来看，若能从左至右遍历正则 Kautz 树中任意一层的全部节点，则能够形成这些节点的一个全序排列，记为 Kautz 排序。实现这一设想的基本思路如下：首先对根节点的所有子节点根据其标识符以递增顺序排列，然后对第一层中各个节点的子节点进行排序，进而对第二层中各个节点的子节点进行排序等。需要注意的是，下层节点的排序继承了其父节点在上一层中的顺序。如图 4.1(c)所示，第一层中全部节点的 Kuatz 排序是 0、1、2。因此，在第二层全部节点的 Kautz 排序中，节点 20 和 10 的次序必然大于节点 01 和 21 的次序，而节点 01 和 21 的次序也必然大于节点 12 和 02 的次序。以递归的方式对第一层到第 $k$ 层中的全部节点进行排序，就能够为每层的节点形成一个 Kautz 排序。在本章后序部分，将节点的 Kautz 排序结果称为如算法 4-1 所示的 Kautz 环结构。对于任意的 $1\leqslant i\leqslant k$，第 $i$ 层节点的 Kautz 环结构以节点 $\sigma_i^1$(root)为起始。

上述方法的前提条件是每个节点已经获知整个 Kautz 树结构的全局知识。但是，在分布式应用中这一前提条件难以满足。换句话说，上述方法很适合集中式应用的需求，但是不适用本章关注的分布式应用。本章通过为每个节点建立前序节点和后序节点的方式来解决这个问题。

**定义 4.5** 对于任何节点 $x$，在同层中已经存在的节点构成的 Kautz 环中，从其开始，沿逆时针方向遇到的第一个已有节点是其前序节点；从其开始，沿顺时针方向遇到的第一个已有节点是其后序节点。左邻节点与其前序节点的定义相似，但是 Kautz 环中包含该层中的所有可能节点，而不仅仅是已经出现的节点。右邻节点与其后序节点的定义相似，但是 Kautz 环中包含该层中的所有可能节点。

举例来说，在图 4.1(b)中由第三层中所有实心节点构成的 Kautz 环中，节点 212 的前序节点和后序节点分别是节点 121 和 202。而节点 212 的左邻节点和右邻节点分别是节点 021 和 012，此处考虑的 Kautz 环由第三层中所有实心节点和空心节点共同构成。

通过如下方法从左至右逐步遍历节点，这个新方法能获得同最初提出的集中式方法一样的效果。对于根节点最左边的子节点 $x$，寻找其后序节点 $y$，然后寻找节点 $y$ 的后序节点。以此类推，当再次遇到节点 $x$ 时，就获得了第一层节点的 Kautz 环。同理，能够据此方法获得其他层节点的 Kautz 环。在正则 Kautz 树中，每个节点的前序节点和左邻节点是同一个节点，而其后序节点和右邻节点也是同一个节点。基于标识符来发现节点 $x$ 的左邻节点和右邻节点是一个急需解决的难题，为此本章提出算法 4-2。

算法 4-2 节点的左邻节点和右邻节点的定位算法 Adjacent($x_k\cdots x_2x_1$)

```
Radjacent(x_k … x_2 x_1)
1:for i=k-1 down 1 do
2:     y=x_i … x_2 x_1, z=x_{i+1} x_i … x_2 x_1, j←position(z);
3:     if j<d then
4:          返回 σ^1_{k-i-1}(σ^{j+1}_1(y));
```

right←$(x_1+1)\bmod(d+1)$;

返回 $\sigma_{k-1}^{1}$(right);

Ladjacent($x_k \cdots x_2 x_1$).

for i=k−1 down 1 do

　　$y=x_i \cdots x_2 x_1$, $z=x_{i+1} x_i \cdots x_2 x_1$, j←position(z);

　　if j>1 then

　　　　返回 $\sigma_{k-i-1}^{d}(\sigma_1^{j-1}(y))$;

left←$(x_1-1)\bmod(d+1)$;

返回 $\sigma_{k-1}^{d}$(left);

若第 $k$ 层中的一个节点 $x=x_k x_{k-1}\cdots x_2 x_1$ 不是其父节点的最后一个子节点，则其右邻节点能够在算法 4-2 执行一轮之后被发现。否则，问题就转变为首先在第 $k-1$ 层中寻找节点 $x_{k-1}\cdots x_2 x_1$ 的右邻节点 $y_{k-1}\cdots y_2 y_1$，然后寻找节点 $y_{k-1}\cdots y_2 y_1$ 的第一个子节点。若节点 $x_{k-1}\cdots x_2 x_1$ 不是其父节点的最后一个子节点，则算法 4-2 在执行一轮之后能够发现其右邻节点，并在执行两轮之后返回节点 $x_k x_{k-1}\cdots x_2 x_1$ 的右邻节点。否则，问题就进一步转变为首先在第 $k-2$ 层发现节点 $x_{k-2}\cdots x_2 x_1$ 的右邻节点 $y_{k-2}\cdots y_2 y_1$，然后寻找从节点 $y_{k-2}\cdots y_2 y_1$ 开始向下遍历两步之后遇到的最左端节点。至此，按照处理节点 $x_{k-1}\cdots x_2 x_1$ 的方法继续处理节点 $x_{k-2}\cdots x_2 x_1$，直到算法 4-2 返回节点 $x_k x_{k-1}\cdots x_2 x_1$ 的右邻节点。

若关于节点 $x$ 有 $x_k x_{k-1}\cdots x_2 x_1=\sigma_{k-1}^{d}(x_1)$，即节点 $x$ 是节点 $x_1$ 向下遍历 $k-1$ 步后遇到的最右端节点，则算法 4-2 将从节点 $(x_1+1)\bmod(d+1)$ 向下遍历 $k-1$ 步后遇到的最左端节点输出为节点 $x$ 的右邻节点。举例来说，图 4.1(c)中节点 102 正是这一类节点，其右邻节点 020 是从节点 0 向下遍历 2 步之后遇到的最左端节点，相同类型的节点还有 021 和 210。对于这一类节点，算法 4-2 被执行 $k-1$ 步之后能够发现它们的右邻节点。

算法 4-2 中的 Ladjacent 函数负责为每个节点查找其左邻节点，且基本思想和过程与算法 4-2 中的 Radjacent 函数类似。若关于节点 $x$ 有 $x_k x_{k-1}\cdots x_2 x_1=\sigma_{k-1}(x_1)$，即节点 $x$ 是节点 $x_1$ 向下遍历 $k-1$ 步后遇到的最左端节点，则 Ladjacent 函数将从节点 $(x_1-1)\bmod(d+1)$ 向下遍历 $k-1$ 步后遇到的最右端节点输出为节点 $x$ 的左邻节点。举例来说，图 4.1(c)中节点 020 正是这一类节点，其左邻节点 102 是从节点 2 向下遍历 2 步之后遇到的最右端节点，相同类型的节点还有 101 和 212。对于这一类节点，Ladjacent 函数被执行 $k-1$ 步之后能够发现它们的左邻节点。

在为 Kautz 树中的每层节点构造出一个对应的 Kautz 环之后，研究如何只根据节点的标识符来计算任意两个同层节点之间的距离。首先设计算法 4-3 来计算任意两个同层节点之间的顺时针方向距离。而逆时针方向距离可以通过 $d^k+$

$d^{k-1}$减去顺时针方向距离计算得到。这两个算法的基本目标是提前估计一对节点之间沿顺时针方向和逆时针方向的最短路径长度，进而为设计路由算法提供必要的依据。

算法 4-3 任意两个同层节点之间的顺时针方向距离 ClockwiseDistance(x, y)算法

```
要求:x=x_k…x_2x_1 和 y=y_k…y_2y_1 都是正则 Kautz 树的两个节点标识符
distance←0;
u←null,v←null;
令 m 表示 x 和 y 的公共后缀的长度;
if m=0 then
    distance←|x_1−y_1−1|×d^(k−1);
else
    if position(x_(m+1)…x_1)<position(y_(m+1)…y_1) then
        u←x,v←y;
    else
        u←y,v←x;
    l←min{position(x_(m+1)…x_1),position(y_(m+1)…y_1)};
    r←max{position(x_(m+1)…x_1),position(y_(m+1)…y_1)};
    distance←(r−l−1)×d^(k−m−1);
for i=m+1 to k−1 do
    distance+←(d−position(u_(i+1)…u_2u_1))×d^(k−i);
    distance+←(position(v_(i+1)…v_2v_1)−1)×d^(k−i);
if u=x then
    返回 distance+1;
else
    返回(d+1)×d^(k−1)−distance−1;
```

考虑一个高为 $k+1$ 的正则 Kautz 树，以第 $i$ 层中任意节点为根节点的子树都有 $d^{k-i}$个叶节点。例如，以第一层中任意节点为根节点的子树都拥有 $d^{k-1}$个叶节点。任意节点对 $x=x_k\cdots x_2x_1$ 和 $y=y_k\cdots y_2y_1$ 之间的顺时针方向距离都能够通过如算法 4-3 所示的递归过程来计算。令 $m$ 表示这两个节点标识符的最长公共后缀长度，在第 $m+1$ 层，算法 4-3 首先通过调用算法 4-1 来计算节点 $x_{m+1}\cdots x_2x_1$ 和 $y_{m+1}\cdots y_2y_1$ 在其父节点 $x_m\cdots x_2x_1$ 的 $d$ 个子节点中的相对位置，然后计算以处于 $x_{m+1}\cdots x_2x_1$ 和 $y_{m+1}\cdots y_2y_1$ 之间的其他节点为根节点的子树的叶节点数目。算法 4-3 将依次在其他第 $j$ 层考虑在第 $m+1$ 层遇到的技术问题，其中，$m+2\leqslant j\leqslant k-1$。通过上述过程将所有处于节点 $x$ 和节点 $y$ 之间的节点一一确定之后，即可很容易地计算出两个节点之间的顺时针方向距离和逆时针方向距离。

### 4.2.4 非正则 Kautz 树中节点的 Kautz 顺序

如图 4.1 所示，非正则 Kautz 树中任何叶节点的前序节点很可能并不等同于其左邻节点，而且其后序节点也不一定和其右邻节点是同一个节点。4.2.3 节提出的方法能够为树中各层的内节点构造出对应的 Kautz 环，但是并不能为处于第 $k$ 层的叶节点构造出所需的 Kautz 环。此外，特定规模的正则 Kautz 树具有唯一的结构和表现形式，而给定规模下的非正则 Kautz 树却有很多不同的结构和表现形式。因此，非正则 Kautz 树中的叶节点不能像正则 Kautz 树中那样自动推导出其前序节点和后序节点。若非正则 Kautz 树中存在一个叶节点，其拥有关于整个树的全局信息，则它可以帮助其他叶节点寻找它们的前序和后序节点。否则，每个叶节点需要与其他一些叶节点相互协作进而发现其前序节点和后序节点，而且具体的协作过程只能以 4.2.3 节提出的分布式方式实现。同理，当估量非正则 Kautz 树的叶节点之间的距离时，算法 4-3 无法确保为任何一对叶节点计算出正确结果。

在 4.2.3 节中，拓扑构造规则对最终非正则 Kautz 树 IKTree$(d,k,n)$的结构和表现形式施加了很强的约束。首先将处于第 $k-1$ 层的每个内节点的前 $\alpha$ 个子节点分配出去，然后依第 $k-1$ 层中全部内节点的 Kautz 排序或随机排序结果分配其中的 $n-\alpha(d^{k-1}+d^{k-2})$ 个内节点的第 $\alpha+1$ 个子节点，其中，$\alpha=\lfloor n/(d^{k-1}+d^{k-2})\rfloor$。对于一对具有相同父节点的叶节点，算法 4-3 计算出两者之间的顺时针方向距离等于或非常接近真实值。对于其他叶节点对，算法 4-3 的运算结果通常大于真实值，例如，图 4.1(b) 中从叶节点 210 到 202 的顺时针方向距离的真实值是 4，而算法 4-3 的运算结果是 7。

为了尽量精确地测量叶节点间顺时针方向距离和逆时针方向距离，在算法 4-3 的基础上提出了一种改进的算法（算法 4-4）来支持非正则 Kautz 树，同时兼容正则 Kautz 树的对应算法 4-3。测量的结果将被用于优化路由策略以便将每个消息沿尽量短的路径传递到其目的地。对于静态的或者中度动态的非正则 Kautz 树，算法 4-4 的输出结果接近或等于其真实值。

---

算法 4-4 近似距离算法 ApproximateDistance(x, y, a)

---

要求：$x=x_k\cdots x_2x_1$ 和 $y=y_k\cdots y_2y_1$ 是非正则 Kautz 树的两个节点的标识符

u ← $x_{k-1}\cdots x_2x_1$;

v ← $y_{k-1}\cdots y_2y_1$;

if u=v then

　　返回 ClockwiseDistance(x, y);

distance ← ClockwiseDistance(x, $\sigma_1^{a+1}$(u));

distance + ← ClockwiseDistance($\sigma_1^1$(v), y);

distance + ← (a+1) × (ClockwiseDistance((u, v) − 1));

返回 distance;

---

## 4.3　基于平衡 Kautz 树的结构化 P2P 网络 BAKE

本节的研究目标是提出一系列策略，进而将全部节点组织成一个高效的结构化 P2P 网络，使其具有常量节点出度和对数网络直径。各项策略都以 4.2 节提出的平衡 Kautz 树为基础。首先，每个要加入网络的节点被映射到平衡 Kautz 树中的一个叶节点，并将该叶节点的标识符和该节点的 IP 地址分别作为其逻辑和物理标识符。其次，每个节点根据拓扑构造规则来维护 $d+2$ 个出度邻居。最后，要加入网络的每个资源将从一个标识符空间中获得一个标识符(其长度大于节点标识符的长度)。网络中负责存储和维护各个资源的节点由资源的标识符和节点标识符的最长后缀匹配规则确定。本节在这三种策略的基础上提出一种高效而健壮的路由模式来处理如下一些基本操作产生的消息，包括资源发布、资源搜索和拓扑维护等。

### 4.3.1　拓扑构建规则

如 4.2 节所述，一个平衡 Kautz 树通常是非正则 Kautz 树，只有在少数特殊条件下才是正则 Kautz 树。对于一个正则 Kautz 树 KTree$(d,k)$，$d^k+d^{k-1}$ 个节点通过下述规则能够构造出一个理想拓扑。考虑每个以 $x=x_k\cdots x_2x_1$ 为逻辑标识符的节点，其前序节点和后序节点的逻辑标识符分别是 Radjacent$(x)$和 Ladjacent$(x)$，其第 $i$ 个出度邻居和入度邻居的逻辑标识符分别是 $\zeta_1^i(x)$和 $\tau_1^i(x)$，其中，$1\leqslant i\leqslant d$。节点 $x$ 与其前序节点、后序节点和 $d$ 个出度邻居之间共维护 $d+2$ 条邻居链路。此外，节点 $x$ 与其前序节点、后序节点和 $d$ 个入度邻居维护 $d+2$ 条邻居链路。依据上述规则构造出的网络直径是 $k$。$\zeta_1^i(x)$和 $\tau_1^i(x)$的具体定义如下。

**定义 4.6**　符号 $\zeta_1^i(x)$表示操作 $\zeta_1^i(x)=x_{k-1}\cdots x_1x_0^i$，其中，$1\leqslant i\leqslant d$。若满足下述条件之一，则 $x_0^i=(x_k+i-1)\mathrm{mod}(d+1)$，否则 $x_0^i=(x_k+i)\mathrm{mod}(d+1)$。

(1) $x_k<x_k+i-1\leqslant x_1$；

(2) $x_k+i-1<x_1+d+1$ 且 $x_1<x_k$。

**定义 4.7**　给定 $\sigma_1^i(x)=x_{k+1}^i\cdots x_2x_1$，符号 $\tau_1^i(x)$表示操作 $\tau_1^i(x)=x_{k+1}^i\cdots x_3x_2$，其中，$1\leqslant i\leqslant d$。

如上所述，基于正则 Kautz 树的结构化 P2P 网络能够获得最理想的拓扑，但网络规模只能处于很少的一些离散数值，如 $d+1$，$d(d+1)$，$d^2(d+1)$，…，$d^k(d+1)$。当网络规模 $n$ 大于正则 Kautz 树 KTree$(d,k)$的叶节点数目而小于相邻正则 Kautz 树 KTree$(d,k+1)$的叶节点数目时，其中，$1\leqslant k$，网络中每个节点都有可能因为部分出度和入度邻居的缺失而无法根据上述拓扑规则建立全部的链路。对于这种广泛存在的应用场景，根据上述拓扑规则产生的结构化 P2P 网络将丧失网络直径和路由模式方面的优势，并且面临部分节点之间无法成功路由消息的困境。

为了解决这些难题，本节基于非正则 Kautz 树 IKTree$(d,k,n)$来设计结构化 P2P 网络。具体的构造规则如下，每个节点 $x=x_k\cdots x_2x_1$ 与其前序节点、后序节点和 $d$ 个出度邻居之间维护总共 $d+2$ 条邻居链路。其前序节点和后序节点的分布式定位方法将在后面介绍。对于任意的 $1\leqslant i\leqslant d$，其 $d$ 个出度邻居由下述规则确定。

(1) 若节点 $\zeta_1^i(x)$已经出现在 P2P 网络中，则它是 $x$ 的第 $i$ 个出度邻居；

(2) 若第一条不成立，则考虑 $\zeta_1^i(x)$和其前序节点 $y$ 的标识符之间是否存在长度为 $k-1$ 的公共后缀。若存在，则 $y$ 是 $x$ 的第 $i$ 个出度邻居。

(3) 若前两条都不成立，则考虑$\zeta_1^i(x)$和其后序节点 $z$ 的标识符之间是否存在长度为 $k-1$ 的公共后缀。若存在，则 $z$ 是 $x$ 的第 $i$ 个出度邻居。

**定理 4.1**　上述拓扑构造规则能确保基于 IKTree$(d,k,n)$树的结构化 P2P 网络中的任意节点 $x=x_k\cdots x_2x_1$ 有一个前序节点、一个后序节点和 $d$ 个出度邻居。

**证明**　在一个正则 Kautz 树 KTree$(d,k)$中，节点 $\zeta_1^i(x)$是任意节点 $x$ 的出度邻居，其中，$1\leqslant i\leqslant d$。在一个非正则 Kautz 树中，若节点 $x$ 的某个出度邻居节点 $\zeta_1^i(x)=x_{k-1}\cdots x_2x_1x_0^i$ 还没有在树中出现，则定义 4.3 能够确保节点 $\zeta_1^i(x)$的父节点 $x_{k-2}\cdots x_2x_1x_0^i$ 在树中至少存在一个子节点。由上述构造规则中的第二条和第三条可知，节点 $x_{k-2}\cdots x_2x_1x_0^i$ 的一个子节点将替代节点 $\zeta_1^i(x)$作为节点 $x$ 的一个出度邻居。因而，上述构造规则能够确保任意节点 $x$ 都有 $d$ 个出度邻居。

此外，若节点 $x$ 的右邻节点 $y=\text{Radjacent}(x)$在树中没有出现，则寻找节点 $y$ 的右邻节点 $z=\text{Radjacent}(y)$。若节点 $z$ 仍然没有在树中出现，则继续寻找其右邻节点等。非正则 Kautz 树的定义能够确保，在对应的 Kautz 环上，每个节点的后序节点距离该节点本身最多 $d$ 个逻辑跳步数。因而，右邻节点的定位方法至多运行 $d$ 轮就能够为节点 $x$ 发现一个后序节点。同理，节点 $x$ 也能够很快找到其前序节点。

由此，定理 4.1 得证。

定理 4.1 能够确保在稳定环境中每个节点有 $d$ 个出度邻居、一个前序节点和一个后序节点。在动态环境中，4.4 节介绍的拓扑调整、节点加入、节点退出策略在不考虑节点失效的情况下能够维护每个节点的 $d$ 个出度邻居。在实际应用中，若节点 $\sigma_1^j(x_{k-2}\cdots x_1x_0^i)$都没有加入网络或者在加入网络之后同时失效，其中，$1\leqslant j\leqslant d$，则节点 $x$ 的第 $i$ 个出度邻居不存在。为了应对随机或并发失效的诸多节点对拓扑结构造成的负面影响，将在 4.4 节中设计两个专门的机制来维护拓扑结构。首先，引入一个拓扑稳定策略来有效发现网络中已经失效的节点；其次，引入一种柔性的节点加入策略为每个缺少出度邻居的节点尽快补充出度邻居。

总体来讲，在静态或中度动态的环境中，每个网络节点的出度邻居通常是 $d$ 个，但是在高度动态的环境中，节点的出度邻居有时会小于 $d$ 个，但是在等待一个恢复周期后会很快变为 $d$ 个。无论在哪种环境中，每个节点的前序节点和后序节点总是一直存在。

### 4.3.2 最长后缀匹配的资源放置策略

考虑一个要加入 BAKE 中的任何资源，BAKE 将根据其单个或多个属性值来计算出一个资源标识符 $x=x_l\cdots x_k\cdots x_2x_1$。若网络中存在标识符是 $x_k\cdots x_2x_1$ 的节点，则该节点是该项资源的首选宿主节点。否则，一个后缀是 $x_{k-1}\cdots x_2x_1$ 的节点将被选为该节点的第二宿主节点。若在网络运行过程中没有节点失效，则拓扑调整、节点加入和节点退出策略至少能够确保节点 $\sigma_1^1(x_{k-1}\cdots x_2x_1)$ 总是存在于网络中，因此资源 $x=x_l\cdots x_k\cdots x_2x_1$ 的首选宿主节点或第二宿主节点总是存在。否则，那些以 $x_{k-1}\cdots x_2x_1$ 为后缀的节点有时会失效，导致该资源的首选宿主节点和第二宿主节点可能同时不存在，进而该项资源不能正确发布到网络中。

为了解决这个问题，定义节点 $x_k\cdots x_2x_1$ 的前序节点为资源 $x_l\cdots x_k\cdots x_2x_1$ 的第三宿主节点。举例来说，若一个节点的确在网络中存在，则一个以 012021 为标识符的资源将被其首选宿主节点 021 存储，否则，如图 4.1(b)所示，该项资源最后被其第二宿主节点 121 存储。若在系统运行过程中节点 121 失效，则以 021 为后缀的资源在加入网络之后会被其第三宿主节点 101 接管，注意到节点 101 是节点 121 的前序节点。若节点 121 从失效中恢复或者被新节点替代，则所有存储到节点 101 的资源将被转移到它们的首选宿主节点或者第二宿主节点。

此处提出的资源放置方法有两项优势。①它能够确保任何资源都能够成功找到一个确定的宿主节点来存储，即便其首选宿主节点和第二宿主节点都没有出现在网络中。②它能够确保将资源存储在对应 Kautz 环上距离其首选宿主节点尽可能近的节点上，并为支持资源的精确查询和范围查询提供有价值的线索。算法 4-5 给出了资源放置策略的正式描述，算法的相关实现细节将在算法 4-6 中讨论。

算法 4-5 资源在网络中的放置算法 Placement(x)

要求：$x_k\cdots x_2x_1$ 是资源 x 的标识符的前缀.

```
1:if 节点 xk…x2x1 已经在 P2P 网络中出现 then
2:     节点 xk…x2x1 负责储存资源 x;
3:else
4:     if 节点 xk…x2x1 以及其前序节点 y 都在相关的 Kautz 树中有共同的父节点 then
5:          节点 y 是资源 x 的宿主节点;
6:     else
7:          if 节点 xk…x2x1 和其后序节点 z 在相关的 Kautz 树中有共同的父节点 then
8:               节点 z 是资源 x 的宿主节点;
9:          else
10:              节点 y 是资源 x 的宿主节点;
```

### 4.3.3　高效且容错的路由策略

BAKE 要处理的消息主要有如下两种类型:①用于发布和查询资源的消息;②用于维护拓扑结构的消息。为了将这些消息高效地路由到正确的节点,每个节点必须根据上述拓扑构造规则同 $d+2$ 个其他节点建立连接,并维护好相应的路由表。每个节点的路由表通常包含 $d+2$ 个路由表项,其中每个路由表项由一个邻居的一对逻辑标识符和物理标识符构成。Fiol 等[28]为一个相似的路由问题提出了一个最短路径路由模式,第 3 章中也曾经提出过一种改进的路由模式。这两种路由模式的共同点是将每个消息从节点 $x$ 沿尽可能短的路径传递到目的地 $y$。首先找出与节点 $y$ 的前缀相同的节点 $x$ 的最长后缀 $u$,然后将消息转发给节点 $x$ 的一个邻居节点 $z$,且与节点 $y$ 的前缀相同的节点 $z$ 的最长后缀 $v$ 比 $u$ 长。

这两种类型的路由模式在稳定环境中能够按照设定的模式正常工作,但是在动态环境中的鲁棒性不高,而且实际效果远不如预想的好。例如,图 4.1(b)所对应的 BAKE 结构中节点 202 沿最短路径 202→121→210→101 将消息传递到节点 101,这条路径中任意一个节点的失效都会导致整条路径的失效,进而无法完成路由使命。究其原因在于,每个消息仅向距离目的地最近的邻居节点转发。为了解决这个难题,我们为 BAKE 设计了一个高效而容错的路由模式。基本思路是当一个消息无法按照最短路径传递时,允许将其传递给另一个邻居节点。算法 4-6 就此给出了详细的论述。

当一个节点 $x=x_k x_{k-1}\cdots x_2 x_1$ 发布或查询一个标识符为 $y_l\cdots y_k\cdots y_2 y_1$ 的资源时,消息的首选目的节点应该是资源的首选宿主节点 $y=y_k\cdots y_2 y_1$。若节点 $y$ 不存在,则消息会被传递到资源的第二或第三宿主节点。例如,在图 4.1(b)中,节点 010 试图沿路径 010→202→021 将一个标识符为 012021 的资源传递到节点 021,但是节点 202 会发现该项资源的首选宿主节点 021 在网络中并不存在。因此,节点 021 会将消息传递给该项资源的第二宿主节点 121。假如节点 202 发现节点 121 在网络中也不存在,则其会沿着路径 202→020→201 把消息传递给节点 201。但是节点 020 会发现节点 201 并不存在,进而将该资源最终传递到资源的第三宿主节点 101。前面已经证明过,网络中总是存在任何资源的第三宿主节点。因此资源放置策略能够确保关于任何资源的消息都能被路由到正确的目的地,即使相应的第一和第二宿主节点并不存在。值得注意的是,在路由过程中,关于调整消息目的地的决策仅仅依赖每个节点的局部知识就能完成,因此不会产生任何其他成本。

算法 4-6 就本节提出的路由模式给出了详尽的介绍,并运用了如下 3 个参数。参数 $y$ 表示一项资源或一个节点的标识符;参数 message 表示需要被传递的消息的真实内容;参数 model 表示消息类型,可以是 peer 或 resource。若一个节点发起了一条消息去探测一个节点 $y$ 的当前状态,则这条消息的类型被标记为

peer。若一条消息被用于发布或者查找一项资源，则它的类型被标记为 resource，并且在动态环境下其目的地可能会在中途被动态调整到一个更加准确的节点。

算法 4-6　消息路由算法 Route(y, message, model)

```
if x=y then
    if model=peer then
        返回 available;
    else
        在当前节点对消息进行本地处理，返回 success;
else if Comsuffix(x,y)=k−1 then
    if Comsuffix(x,x.successor)=k−1 并且 x.successor 在 Kautz 环中比 y 小 then
        转发消息给节点 x.successor;
    else
        对消息进行本地处理，并返回 success;
    if Comsuffix(x,x.predecessor)=k−1 并且 x.predecessor 在 Kautz 环中比
    y 小 then
        转发消息给节点 x.predecessor;
    else
        对消息进行本地处理，并返回 success;
else
    if 存在节点 x 的至少一个邻居节点 z 并且 Common(z,y)比 Common(x,y)大 then
        将消息转发给令 Common(z,y)存在最大值的节点;
    else
        if Common(z,y)=k−1 then
            if model=peer then
                返回 unavailable;
            else if 存在节点 x 的一个邻居节点 z 并且 Comsuffix(z,y)=k−1 then
                转发消息给节点 z;
            else
                Route(Ladjacent(σ_1^1(y_{k-1}…y_2 y_1)),message,model);
        else
            将消息转发给其中一个存在的邻居，因为通向目标节点的邻居节点当
            前并不在网络中;
Comsuffix(x,y)
返回 x 和 y 的最长共同前缀的长度;
Common(x,y)
令 u 是 x 的最长前缀，其同时是 y 的一个后缀;
返回 u 的长度;
```

若每个节点在转发消息时仅启用它的 $d$ 个出度邻居,则算法 4-6 能找到一条较短的路由路径,但不一定是最短路径。换句话说,路由算法会将绝大多数节点之间的消息沿着最短路径传递,而且任意节点对之间的消息会在最多 $k$ 个逻辑跳步数后被传递到目的地。如上所述,消息的源节点和目标节点之间的顺时针方向距离和逆时针方向距离能够通过算法 4-3 提前估算出来。若每个节点在转发消息时也运用其前序节点和后序节点,则节点可以在如下三种路径中选择一条最短路径来传递消息,分别是原有的最短路径、一条沿前序节点转发的路径,以及一条沿后序节点转发的路径。例如,从节点 020 到节点 121 的传统最短路径是 020→101→212→121,而 020→101→121 是沿节点 101 的后序节点转发而得的事实上的最短路径。当 $d\leqslant k$ 时,这种新路由策略的优势更加明显。简言之,本节提出了高效且鲁棒的路由模式,而且每个节点的前序节点和后序节点更加有助于增强 BAKE 的鲁棒性和高效性。

### 4.3.4　查询处理

显然,BAKE 和其他结构化 P2P 网络一样,能够以高效且健壮的方式支持基于精确匹配的查询模式。为了管理复杂类型的资源并支持更广泛的应用,BAKE 除了支持精确查询模式,还应该尽可能地支持其他一些复杂的查询模式,如数值属性的范围查询。在结构化 P2P 网络中,范围查询的先决条件是将在单个或多个属性空间中存在次序关系的资源以保序方式分布到网络中。简言之,单个属性或多个属性的取值彼此接近的资源应该被存储在同一个节点或者临近的节点中。为了实现这个目的,BAKE 必须解决三个关键问题:所有节点的全序排列、具有保序特性的资源放置策略,以及具有保序特性的资源命名策略。

拓扑构造规则能够确保每个节点 $u$ 有一个后序链路指向其后序节点 $v$,使从节点 $u$ 到节点 $v$ 的顺时针方向距离小于到其他节点的距离,进而通过每个节点的后序链路的所有节点形成一个 Kautz 环。此外,每个资源被放置到标识符与资源标识符具有最长公共后缀的节点上。由非正则 Kautz 树的结构不难发现,实际中常常存在多个节点的标识符与一个资源的标识符具有相同的最长公共后缀的情况,为此,BAKE 总是选择沿 Kautz 环的顺时针方向满足此约束的第一个节点。至此,BAKE 已经解决了前两个难题。为解决第三个难题,以构建正则 Kautz 树的方式,将资源的属性空间分割为细粒度的子空间,然后采用 Kautz 树中为各个节点命名的方式为每个子空间赋予唯一的 Kautz 标识符。事实上,资源的属性空间划分过程最终也产生了一个正则 Kautz 树,其深度一般大于节点标识符空间对应的正则 Kautz 树。每个资源在发布到网络之前,都能成功找到包含其属性值的最小属性子空间,并使用该子空间的标识符作为自己的标识符。因此,属性值相近的资源能够获得相应 Kautz 环上相邻甚至相同的标识符,进而被存储到相邻节点甚至同一个节点。

从任何节点 $x_k\cdots x_2x_1$ 发起的范围查询请求，都能找到包含整个查询区域的最小属性子空间的标识符 $y$。若标识符 $y$ 的长度大于 $k$，则以 $y$ 中前 $k$ 位为标识符的节点将负责处理这个查询。否则，这一查询覆盖多个最小属性子空间，因此需要被传递到多个相应节点上。在 BAKE 中，这类消息先被路由到这样一个节点 $z$：其负责的最小属性子空间首先达到查询区间的下界。节点 $z$ 一旦接收到这样的范围查询请求，就会将其转发给后序节点。若该后序节点仍然未能完全处理该查询请求，则会继续转发给自己的后序节点，直至该查询请求被送达到其查询区间覆盖的最小属性子空间对应的全部节点。该方法能降低由于将一项查询请求路由到与之交叉的所有节点所造成的消息成本，但是查询延迟将会比同时向所有交叉节点传递查询请求长一些。因而，实际应用中要折中考虑查询延迟和消息成本。

需要注意的是，本节的查询处理模式与其他相关工作一样，要求对资源的整个属性空间进行预先划分。为了解决这个问题，可以预先对资源的整个属性空间进行粗粒度的划分，然后在运行过程中根据实际需要对部分或全部粗粒度的子空间进行更细致的动态划分。

## 4.4　拓扑管理

### 4.4.1　拓扑调整

在一个初始的正则 Kautz 树 KTree$(d,k)$的基础上，能够提前构建出一个初始规模的 BAKE。KTree$(d,k)$的所有叶节点被分配给 $d^k+d^{k-1}$ 个节点。在有更多新节点要加入 BAKE，但在 KTree$(d,k)$中已经没有可分配的叶节点的情况下，要扩展初始的正则 Kautz 树 KTree$(d,k)$来获得一个非正则 Kautz 树 IKTree$(d,k+1,d^k+d^{k-1})$。若 BAKE 的节点数目达到$(d+1)(d^k+d^{k-1})$，则非正则 Kautz 树转变为一个新的正则 Kautz 树，并且在相同情况下被再度扩展。

一个正则 Kautz 树 KTree$(d,k)$的扩展工作可以通过如下一个简单方法实现。在 KTree$(d,k)$的每个叶节点上追加其第一个子节点，从而得到一个非正则 Kautz 树 IKTree$(d,k+1,d^k+d^{k-1})$。为了在系统层面实现 BAKE 的拓扑结构从一个正则 Kautz 树到一个非正则 Kautz 树的转变，这里设计了一些简单操作。在每个现有节点上执行这些操作就能够实现对 BAKE 拓扑结构的高效扩展。具体而言，对每个现有节点 $x=x_kx_{k-1}\cdots x_2x_1$ 执行下述 3 个简单的本地操作：

(1) 将自己的逻辑标识符更新为 $\sigma_1^1(x)$；

(2) 将节点 $x$ 的后序节点 $y$ 的逻辑标识符更新为$\sigma_1^1(y)$，并将其前序节点 $z$ 的

逻辑标识符更新为 $\sigma_1^1(z)$；

(3) 将节点 $x$ 的每个出度邻居节点 $\zeta_1^i(x)$ 的逻辑标识符更新为 $\sigma_1^1(\zeta_1^i(x))$，其中，$1\leqslant i\leqslant d$。

**定理 4.2**　BAKE 的拓扑扩展操作除了产生 $n=d^k+d^{k-1}$ 个消息用于通知各个节点启动这个过程外，不会引起其他成本。

**证明**　标识符后缀为 $x_k\cdots x_2x_1$ 的资源被存储在节点 $x=x_k\cdots x_2x_1$。在 BAKE 的拓扑结构扩展之后，节点 $x$ 更新其逻辑标识符为 $\sigma_1^1(x)=x_{k+1}^i x_k\cdots x_2x_1$。节点 $x$ 仍然是标识符后缀为 $\sigma_1^1(x)$ 的资源的首选宿主节点，并且转变为此前存储的其他资源的第二宿主节点。因为各个资源在 BAKE 拓展其拓扑结构之后仍然被保留在原来的节点上，所以 BAKE 的拓扑扩展操作并不会导致资源在网络中的重新分布。

在 BAKE 的拓扑进行扩展之前，每个节点 $x$ 保持了与其出度邻居节点 $x_{k-1}\cdots x_1\alpha$ 之间的连接，其中，$\alpha\in\{0,1,2,\cdots,d\}-\{x_1\}$。在拓扑扩展之后，节点 $x$ 拥有一个新的逻辑标识符 $\sigma_1^1(x)=x_{k+1}^1x_k\cdots x_2x_1$，并和出度邻居节点 $x'_k\cdots x_2x_1\beta$ 保持连接，其中，$\beta\in\{0,1,2,\cdots,d\}-\{x_1\}$，并且 $x'_k$ 的取值遵循如前所述的基于非正则 Kautz 树的拓扑构造规则。值得注意的是，节点 $\sigma_1^1(x)$ 的出度邻居节点的父节点是 $x_{k-1}\cdots x_1\beta$，其中，$\beta\in\{0,1,2,\cdots,d\}-\{x_1\}$，而节点 $x_{k-1}\cdots x_1\beta$ 在 BAKE 执行拓扑扩展之前正是节点 $x_k\cdots x_2x_1$ 的出度邻居节点，尽管它们的逻辑标识符分别被更新为第一个子节点的标识符。此外，即使逻辑标识符发生了改变，节点 $\sigma_1^1(x)$ 的前序节点和后序节点的物理标识符也不会发生变化。简言之，每个节点保持的连接在拓扑扩展前后不发生变化，因而也不会增加任何其他成本。

综上所述，定理 4.2 得证。

和拓扑扩展过程相反，当 BAKE 中节点的数量减少到一个正则 Kautz 树的叶节点的数目时，若还有节点不断退出 BAKE，则需要收缩 BAKE 的现有拓扑结构，从一个非正则 Kautz 树 IKTree$(d,k+1,d^k+d^{k-1})$ 转变为一个正则 Kautz 树 KTree$(d,k)$。对于任意一个节点 $x=x_{k+1}\cdots x_2x_1$，其逻辑标识符将被替换为原有标识符的高 $k$ 位，即 $x_k\cdots x_2x_1$。然后用同样的方法更新其前序节点、后序节点和 $d$ 个出度邻居节点的逻辑标识符。显然，除了发起 $d^k+d^{k-1}$ 个消息以启动拓扑收缩过程外，这项操作没有引起其他额外成本。

### 4.4.2　节点加入

为了确保提出的路由模式在一个新节点加入 BAKE 之后仍然能够正确执行，每个节点的全部路由表项必须尽可能保持最新状态。BAKE 通过在新节点上执行一系列本地操作来满足这一要求。

在深度为 $k$ 的 $d$ 维非正则 Kautz 树中，被映射到树中最左边叶节点 $\sigma_{k-1}^1(0)$ 的节点被选作 BAKE 的首选访问入口节点，同时，该节点 $(\sigma_{k-1}^1(0))$ 的前序节点被选作备选的同步访问入口点。这些访问入口点首先作为一般节点存在于整个网络中，然后在非正则 Kautz 树中还负责管理所有叶节点的标识符。BAKE 的首选访问入口点按照如下规则为每个加入 BAKE 的节点映射一个叶节点，进而为每个网络节点分配唯一的标识符。首先，假设一个节点失效但及时得以恢复，若该网络节点原来映射的那个叶节点还没有被收回并分配出去，则该网络节点仍然被访问入口点映射到先前的叶节点。其次，首选分配 position($x$)为 1 的叶节点 $x$，即父节点的第一个子节点。然后，分配 position($x$)为 2 的叶节点 $x$，即父节点的第二个子节点，以此类推。最后，对于位置信息相同的多个叶节点，依它们父节点所在的 Kautz 环的顺时针方向分配，这个策略记为 Korder，或者依它们前序节点的负载(存储负载和访问负载)按照递减的次序分配。若树中所有叶节点都已被分配，则 BAKE 的首选访问入口点负责发起拓扑的扩展操作，同样的，当特定条件满足时其负责发起拓扑的收缩操作。

在正式加入 BAKE 前，每个新节点应该咨询 BAKE 的首选访问入口并从中获知其逻辑标识符 $x=x_k\cdots x_2x_1$ 以及其前序节点 $y$ 和后序节点 $z$。值得注意的是，以 $x_{k-1}\cdots x_2x_1$ 为公共后缀的节点拥有相同的出度邻居节点。若在网络中已经存在至少一个具有公共后缀 $x_{k-1}\cdots x_2x_1$ 的节点，则新节点 $x$ 能够从其前序节点或者后序节点中获知其出度邻居的所有相关信息。否则，在最糟糕的情况下，新节点 $x$ 必须调用算法 4-7 来根据拓扑构造规则主动发现其出度邻居节点。

算法 4-7　新节点加入算法 NodeJoins(x,y,z)

```
1:节点 x 添加节点 y、z 作为其前序节点和后序节点;
2:if Comsuffix(x,y)<k−1 then
3:    if Comsuffix(x,z)=k−1 then
4:        节点 x 通知节点 z 来更新其前序节点为 x,然后将满足条件 Comsuffix(x,u)
          =k 的资源以及节点 z 的路由表传递至节点 x.节点 x 和节点 z 拥有相同的
          出度邻居,节点 z 也会通知节点 y 将其后序节点更新为节点 x;
5:    else
6:        节点 x 通知节点 y 将其后序节点更新为 x,并将符合条件 Comsuffix(x,u)=k
          的本地资源 u 转移至节点 x,节点 y 通知节点 z 将其前序节点更新为 x,节点
          x 也必须通过调用算法 4-8 找到其全体出度邻居;
7:else
8:    节点 x 通知节点 y 将其后序节点更新为 x,将符合条件 Comsuffix(x,u)=k 的本
      地资源 u 转移至节点 x,并将节点 y 的路由表反馈给节点 x,节点 x 和节点 y 拥有
      相同的出度邻居,节点 y 也通知节点 z 将其前序节点更新为 x;
```

算法 4-8　新节点的出度邻居节点定位算法 Findneighbor(x)

1: u←$\zeta_1^1$(x);

2: 创建一个包含$\zeta_1^i$(x)的消息，其中，1≤i≤d，并根据路由模式向节点 u 路由；

3: 该消息抵达满足条件 Common(u,v)=k−1 的节点 v. 节点 v 将消息转发给节点$\zeta_1^j$(v)，其中，1≤j≤d;

4: 一旦节点$\zeta_1^j$(v)接收到该消息，它会从$\zeta_1^i$(x)中选择一个 w，其中，1≤i≤d，以至于 Com-suffix(v,w)=k−1，然后会沿着其前序链路或后序链路将该消息向节点 w 转发；

5: 节点$\zeta_1^j$(v)根据拓扑规则，从节点 w 自身及其前序节点和后序节点三者中选择其一，并将选择结果返回为节点 x 的一个出度邻居；

在节点 $x$ 为其构建好路由表并建立邻居链路之后，其也要采取必要的行动来处理由于它的加入对一些已有节点造成的影响。具体来讲，节点 $x$ 需要向它的每个入度邻居节点 $\tau_1^i(x)$发消息告知其更新邻居关系并以节点 $x$ 为一个出度邻居，其中，$1\leqslant i\leqslant d$。节点 $x$ 发出的公告消息首先被路由到节点 $u=\tau_1^1(x)$，然后沿着后序链路被逐步传递到其他相关节点。

**定理 4.3**　考虑基于非正则 Kautz 树 IKTree($d,k,n$)的 BAKE，加入一个新节点 $x$ 将对至多$\lceil 2+n/(d^{k-1}+d^{k-2})\rceil$个现有节点的一条邻居链路产生影响。

**证明**　如前所述，BAKE 的访问入口节点只有把第 $k-1$ 层全部内节点的前 $i$ 个子节点的标识符分配完之后，才开始分配这些内节点的第 $i+1$ 个子节点。另外，处于第 $k-1$ 层的内节点的第 $i$ 个子节点的总体数目是 $d^{k-1}+d^{k-2}$，其中，$1\leqslant i\leqslant d$。由上述拓扑构造规则可知，至多$\lceil n/(d^{k-1}+d^{k-2})\rceil$个现有节点将选择新节点 $x$ 作为一个新的出度邻居，因而新节点 $x$ 的加入直接导致$\lceil n/(d^{k-1}+d^{k-2})\rceil$个已有节点各更新一条邻居链路。此外，显然，新节点 $x$ 要求其前序节点和后序节点分别更新它们的原有后序链路和前序链路。

综上所述，一个新节点加入之后至多$\lceil n/(d^{k-1}+d^{k-2})\rceil$个现有节点必须更新它们的一条邻居链路。由此，定理 4.3 得证。

### 4.4.3　节点失效

在动态环境中，BAKE 的正确性和有效性依赖每个节点的前序节点、后序节点和出度邻居节点的正确性。拓扑结构的整体调整、节点的动态加入，以及节点的主动退出会破坏部分已有节点的邻居关系，但是通过本章提出的上述方法和策略，被破坏的邻居关系会在这些操作结束之前被主动更新和修复。同样，节点的失效行为也必然会破坏少数节点的邻居关系，而且被破坏的邻居关系无法在该行为发生时被主动更新和修复。在动态环境中，BAKE 无法避免节点失效行为的发生，因而 BAKE 的正确性和有效性面临新的挑战。例如，在图 4.1(b)中，假如节点 120 失效，节点 020 不会知悉节点 010 应该是其新的后序节点，同样，节点 212 不会知悉节点 120 不再是它的出度邻居节点。不正确的邻居关系和路由表将增加传递消息的延迟，在一些情况下甚至无法将消息传递到目的地。

为了增强拓扑结构的鲁棒性，并保持拓扑管理基本操作的有效性，网络中的每个节点有必要在特定策略指导下主动探测部分或全部邻居节点的状态，识别那些失效的节点并通知 BAKE 的首选访问入口。事实上，若一个节点失效后其邻居节点需要向其发送日常消息，则在发送探测消息之前就能够发现其已经失效。每个节点只有在一定周期内没有日常报文发送时才需要主动探测，而其主动探测周期需要根据每个节点失效的概率水平给出一个恰当的取值。若探测周期过短，则探测成本比较大。若探测周期过长，则失效节点的识别率会下降。考虑到邻居节点向未被及时探测到的失效节点发送日常消息时也能够识别节点的失效行为，因此没有必要通过缩短探测周期来提高失效节点的识别率。

每个节点 $x$ 被最多 $d+2$ 个左右的邻居节点主动探测。只有当这些邻居节点同时失效时整个网络才无法及时获知节点 $x$ 的运行状态，在节点出度 $d$ 不是非常小的情况下，这种情形发生的可能性很小。因此，上述方法在一个探测周期末尾能够以很大的概率发现最近失效的节点。一个失效节点 $x=x_k\cdots x_2x_1$ 最多影响 $d+2$个现有节点。一旦发现节点 $x$ 的失效行为，那些以节点 $x$ 为出度邻居、前序节点、后序节点的节点将根据拓扑构造规则更新本地拓扑结构。

假如节点 $x$ 的前序节点 $u$ 首先发现节点 $x$ 失效，它将在相应的 Kautz 环上沿顺时针方向探寻其他节点，直至找到第一个处于工作状态的节点 $v$ 作为其新的后序节点。不难发现，若失效节点 $x$ 的后序节点没有和节点 $x$ 同时失效，则节点 $u$ 的新后序节点应该是失效节点 $x$ 的后序节点。至此，节点 $u$ 可以考虑是否向节点 $x$ 的入度节点通告自己的观测结果。若决定主动通告，则仅向其中之一发送一条消息，如节点 $\tau_1^{-1}(x)$。即便节点 $\tau_1^{-1}(x)$和节点 $x$ 同时失效，本章的路由算法也能确保将该消息发送到其中一个未失效的接收节点。考虑到每个节点的入度邻居大多处于对应 Kautz 环上的连续位置，因此节点 $x$ 的一个入度节点在收到通告消息后沿着其前序节点和后序节点转发该消息，进而将其快速传递到全部相关节点。考虑到节点 $x$ 的入度邻居在其前序节点 $u$ 之后也能发现失效的节点 $x$，通常不是特别需要节点 $u$ 主动通知其他相关节点，尽管主动通知能够在最短时间内更新节点 $x$ 周围的拓扑结构。若节点 $x$ 的后序节点发现了失效的节点 $x$，则其首先更新自己的本地拓扑结构，然后考虑是否要通告节点 $x$ 的其他入度节点。

大多数情况下，每个节点检查其前序节点和后序节点足以发现网络中失效的节点。但是若多个通过前序链路和后序链路连续串起来的节点同时失效，则上述方法无法发现全部的失效节点。为了解决这个问题，每个节点也有必要主动检测它的外部相邻节点。如果多个节点的标识符拥有长度为 $k-1$ 的公共后缀，那么这些节点会有相同的出度邻居节点，因此这些节点中只需要有很少一部分节点主动探测。无论采取哪种探测策略，一旦某个节点探测出失效节点 $x=x_k\cdots x_2x_1$，该节点将通知 BAKE 的首选访问入口，并继续探测标识符以 $x_{k-1}\cdots x_2x_1$ 为后缀的现有节点以期为节点 $x$ 找到一个替代节点。若将找到的替代节点向其他相关节点通告，则原来连接到节点 $x$ 的链路转而连接到该替代节点，进而失效节点 $x$ 对拓扑结构造成的负面影响能够被及时修复。若在此探测过程中没有为节点 $x$ 找到替代节点，则在下一轮中继续查找。为失效节点 $x$ 查找替代节点的详细过程如算法 4-9 所示。

算法 4-9　Findcandidata(x)

```
if Comsuffix(x,Ladjacent(x))=k−1 then
    检测节点 x 的左邻节点;
    if 没有找到节点 x 的替代节点 then
        检测节点 x 的右邻节点以及依 Kautz 排序的其他后序节点,直至为节点 x 发现一
        个替代节点或者已经探测到节点 σ_1^α(x_{k-1}…x_2x_1),其中,α=⌈n/(d^{k-1}+d^{k-2})⌉;
else
    检测节点 x 的右邻节点以及依 Kautz 排序的其他后序节点,直至发现替代节点或
    已探测到节点 σ_1^α(x_{k-1}…x_2x_1),而 α=⌈n/(d^{k-1}+d^{k-2})⌉;
```

为了尽量减少拓扑调整带来的额外成本和处理延迟，每个节点可以在构造邻居表时依 Kautz 顺序保存多个后序节点的物理标识符，但只与最近的后序节点建立邻居关系。当其后序节点失效时，可以直接用紧接着的后序节点替换。若每个节点的备份后序节点数目适中，则在高度动态的环境中 BAKE 能够以很高的概率保持 Kautz 环的连通性，进而保证在最坏情况下全部已有节点仍然能够保持连通。

### 4.4.4　节点退出

前面讨论了如何探测失效节点并为其寻找替代节点，进而修复失效节点对拓扑结构造成的破坏。对于一个主动退出 BAKE 的节点，其完全可以在正式退出 BAKE 之前主动更新受其影响的局部拓扑结构，因此不需要相关节点在事件发生后再采取特殊措施更新拓扑结构。

考虑一个即将离开 BAKE 的节点 $x=x_k\cdots x_2x_1$，若其前序节点 $y$ 或者后序节点 $z$ 的标识符以 $x_{k-1}\cdots x_2x_1$ 为后缀，则其要通知节点 $y$、节点 $z$、BAKE 的首选访问入口节点。节点 $y$ 将以节点 $z$ 为后序节点，同时节点 $z$ 也将其前序节点更新为节点 $y$。如果节点 $y$ 的标识符以 $x_{k-1}\cdots x_2x_1$ 为后缀，则节点 $x$ 在其离开前将其存储的资源传输给节点 $y$，并且通知它的入度邻居节点 $\tau_1^i(x)$ 用一条与节点 $y$ 的连接替换原来与自己的连接，其中，$1\leqslant i\leqslant d$。如果 $x_{k-1}\cdots x_2x_1$ 不是节点 $y$ 标识符的后

缀而是节点 $z$ 标识符的后缀，则节点 $x$ 在离开前将其存储的资源传递给节点 $z$，并且通知它的入度邻居节点 $\tau_1^i(x)$ 用一条与节点 $z$ 的连接替换原来与自己的连接，其中，$1 \leqslant i \leqslant d$。

若节点 $y$ 和节点 $z$ 的标识符都不以 $x_{k-1} \cdots x_2 x_1$ 为后缀，则表示节点 $x$ 退出 BAKE 之后网络拓扑变为一个非平衡 Kautz 树。因此，节点 $x$ 必须从 BAKE 的其他现有节点中挑选一个节点作为其替代节点。具体而言，节点 $x$ 首先检查节点标识符以 $x_{k-1} \cdots x_2 x_1$ 为后缀的节点。若 BAKE 中已经存在至少一个这样的节点，则选择其中 position( * )值最大的节点；否则，节点 $x$ 需要请求 BAKE 的首选访问入口节点从现有节点中为其挑选一个替代节点 $w$。节点 $w$ 必须满足如下两个约束条件：①在 BAKE 中存在其他节点，它们的标识符与节点 $w$ 的标识符具有长度为 $k-1$ 的公共后缀；②节点 $w$ 的 position($w$)值应当尽可能大。第一个约束条件的作用是避免用节点 $w$ 替代节点 $x$ 之后，BAKE 的拓扑结构从节点 $w$ 处变为一个非平衡 Kautz 树。第二个约束条件源自前面讨论的节点标识符分配策略。

节点 $w$ 会首先执行一个节点退出操作，然后接管节点 $x$ 的资源、逻辑标识符和路由表，最后通知节点 $x$ 的邻居节点替换 $x$ 的物理标识符和链路。至此，节点 $x$ 可以从 BAKE 中离开。值得注意的是，节点 $w$ 的选择策略能够确保不需要为其再度寻找替代节点。

### 4.4.5 拓扑调整操作的优化

前面讨论了 BAKE 整个拓扑的动态扩展和收缩操作。这两项操作除了由于启动操作而产生的 $n$ 个消息外，没有产生其他任何成本，其中，$n$ 代表网络中节点的数目。不难发现，随着节点规模的不断扩大，BAKE 启用这两种操作的次数会越来越少。但是在极少数情况下，BAKE 的节点规模 $n$ 可能会在 $d^k + d^{k-1}$ 左右不断变化，其中，$k$ 可以是任意的正整数。若按照初始设计的拓扑调整规则来考虑这种特殊情况，则 BAKE 需要不断调用拓扑扩展和拓扑收缩操作，进而给网络的正常运行带来巨大的负面影响。

为了处理这种特殊情况，可以采取如下一种滞后的拓扑调整策略来降低这两项操作的调用频率。当 BAKE 对应的非正则 Kautz 树的所有叶节点被分配完时，BAKE 允许一些新节点与一些负载过重的节点共享相同的逻辑标识符，并分担一些资源。具体而言，每个已有节点 $x = x_k \cdots x_2 x_1$ 会将标识符以 $\sigma_1^2(x)$ 为后缀的资源转移到与自己共享标识符的新节点。换句话说，只有当 BAKE 的节点规模 $n$ 从小于 $d^k + d^{k-1}$ 变为大于 $d^k + d^{k-1}$ 且相对稳定时，BAKE 才调用拓扑扩展操作。在执行拓扑扩展操作的过程中，BAKE 将节点 $x = x_k \cdots x_2 x_1$ 的标识符更新为 $\sigma_1^1(x)$，而将和节点 $x$ 共享标识符的节点赋予标识符 $\sigma_1^2(x)$。这样，可以确保前面提出的资源放置策略得到正确实施。

出于同样的考虑，节点收缩操作也可以通过类似的延迟策略得到优化处理。此外，这种延迟策略对于第 3 章中提出的 MOORE 的拓扑调整操作同样有效。

## 4.5　性能指标的理论分析和仿真评估

首先通过理论分析和仿真结果进一步论述 BAKE 能够获得最优的网络直径和良好的连通性。随后将评估设计路由策略的鲁棒性，以及各种拓扑管理操作的延迟和消息成本。

### 4.5.1　拓扑属性

**定理 4.4**　在具有 $n$ 个节点的 BAKE 中，每个节点的出度是 $d+2$，网络直径是 $k_l=\lceil \log_d n-\log_d(1+1/d)\rceil$。

**证明**　首先计算出满足 $d^{k-1}+d^{k-2}<n<d^k+d^{k-1}$ 约束的正整数 $k$。每个节点标识符的长度是 $k$，而且总能找到一对沿最短路径距离为 $k$ 的节点对。因此，网络直径 $k_l=\lceil \log_d n-\log_d(1+1/d)\rceil$，并且非常接近第 3 章中的摩尔下界。

图 4.2 为基于 IKTree(4,7,12800)的 BAKE 的节点入度分布情况。最小入度是 3，意味着入度最小的节点除了有一个前序节点和一个后序节点外仅有 1 个入度邻居节点。最大入度达到 10，意味着入度最大的节点除了各有一个前序节点和后序节点外还有 8 个入度邻居节点。如图 4.2 所示，绝大多数节点的入度非常接近 $d+2=6$，少数节点的入度偏离 $d+2=6$ 较大。此外，本章提出的拓扑构造规则能够确保每个节点的出度是 $d+2=6$。

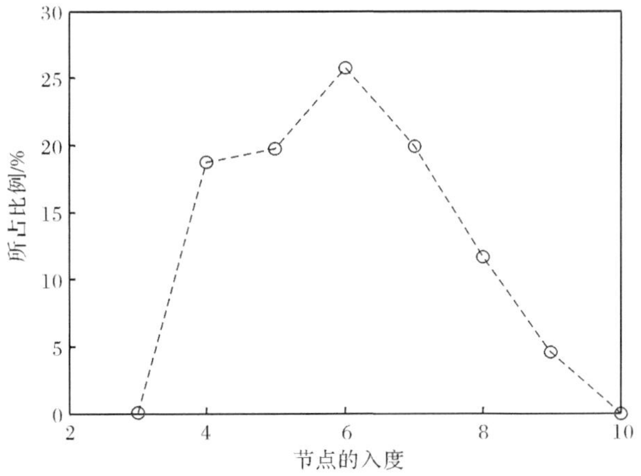


图 4.2　节点的入度分布

根据定理 4.4 得到的网络直径 $k_l$ 仅体现了在最坏情况下一对节点间的消息

路由延迟，但是不能刻画一项路由模式的全貌。为此，还应该研究平均路由延迟和路由延迟的分布情况。在仿真实验中，首先让每个节点发起以其他 $n-1$ 个节点为目的地的消息，然后分析总计 $n(n-1)$ 条路由的平均延迟和延迟的分布。

图 4.3 为基于 IKTree(4,7,12800)的 BAKE 的路由延迟分布情况，大概 60% 的路由延迟等于 BAKE 的网络直径 7。在同样的配置下比较 BAKE 和 MOORE，BAKE 中延迟等于网络直径的路由比例小于 MORRE，同时，BAKE 比 MOORE 有更多延迟小于网络直径的路由。

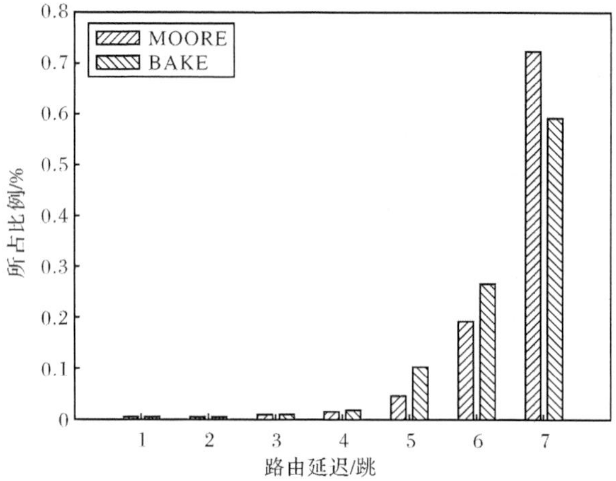


图 4.3 路由延迟分布

此外，通过仿真实验评估不同节点规模(320～23040)下 BAKE 的平均路由延迟，并就这个指标同正则 Kautz 图、正则 de Bruijn 图和第 3 章提出的 MOORE 的平均路由延迟进行分析和比较。第 3 章就这个指标对 MOORE 和其他几种典型的常量度数拓扑进行了比较，包括 $d=2$ 的 CAN、4 维的 Butterfly 和 CCC。由于 BAKE 和 MOORE 从本质上都是正则 Kautz 图的不同派生结果，并都继承了正则 Kautz 图的拓扑优势，因此本章不再将 BAKE 与 $d=2$ 的 CAN、4 维的 Butterfly 和 CCC 进行比较。

仿真结果如图 4.4 所示。正则 de Bruijn 图和正则 Kautz 图的平均路由延迟显示为离散点而不能是连续区间，因为其节点规模只能是一些离散点构成的序列。但 BAKE 和 MOORE 的平均路由延迟随着节点规模的增加各是一条连续曲线。由理论分析可知，MOORE 的平均路由延迟比 Butterfly、CAN、$\log_4 n$ 和 de Bruijn 的平均路由延迟要短。由图 4.4 可以发现，BAKE 比 MOORE 在绝大多数情况下具有更短的平均路由延迟，而且当 $n=d^i+d^{i-1}$ 时 BAKE 也比正则 Kautz 图的平均路由延迟短一些。究其原因在于，BAKE 除了和 MOORE 具有本质上相似的出度邻居和入度邻居规则外，还能够借助各个节点的前序节点和后序节点传递消息。总而言之,若路由消息不启用各个节点的前序节点和后序节点,则BAKE与MOORE具有相似的拓扑性质;在相反情况下,BAKE的拓扑性质比MOORE还要好一些。

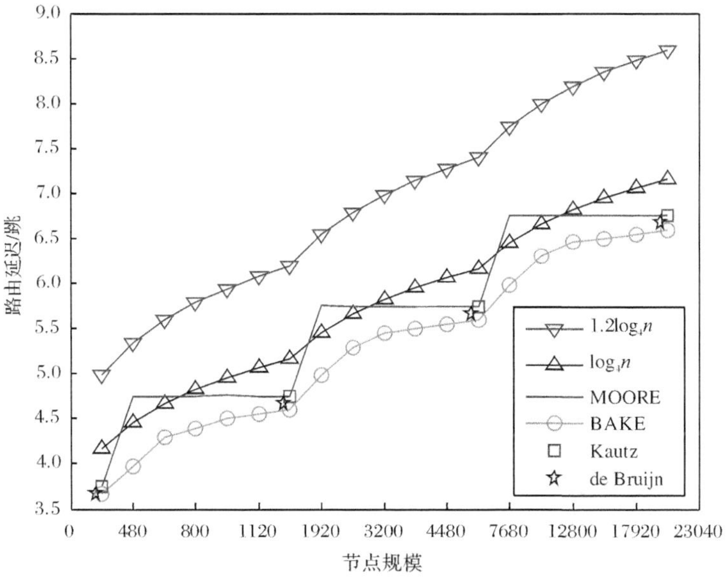


图4.4 平均路由延迟

### 4.5.2 路由模式的鲁棒性

在动态环境中,文献[27]和文献[28]提出的路由模式表现出不佳的鲁棒性。如前所述,若在消息源节点和目标节点的最短路径上的某个节点无法将消息向下一步节点成功传送,则将该消息发送到其前序节点或后序节点或一个其他出度邻居。在这种简单策略的作用下,每个消息在传递过程中遇到故障节点时能够主动规避,进而以增加路由延时为代价解决最短路径路由模式的容错问题。BAKE的节点连通性是$d+2$,意味着只要$d+2$个相邻节点和/或邻居链路不同时失效,消息就能被传送到另一个可用的节点。也即,若$d$是一个适度的值,即使网络中每个节点都依概率随机失效,则每个消息仍然能够以高概率成功到达目的节点。

图4.5展示了本书提出的路由模式在$d$个随机节点并发失效时消息路由的成功率。实验结果显示,BAKE能够确保节点之间大部分消息能够被成功路由到目的地,并且胜过文献[27]和文献[28]的路由模式。从图4.5中不难发现,当网络直径比较小进而网络规模较小时,$d$个随机节点的并发失效对路由成功率的负面影响非常显著,而随着网络直径的递增,这种负面影响越来越细微。不难理解,其原因是拓扑结构被破坏的节点占全部节点的比例随着网络规模的增加而递减,

因此固定数目个失效节点对所有可能的节点对之间的路由影响越来越微弱。

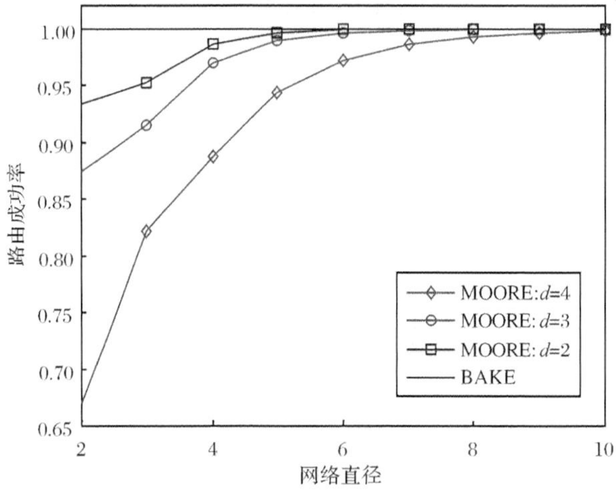


图 4.5　不同配置下,BAKE 中任意 $d$ 个节点并发失效对路由成功率的影响

虽然关于网络中只存在固定数目个并发失效节点的假设并不非常符合可能出现的现实情况,但已经能够展现本章提出的路由模式的容错能力。在将 BAKE 运用到具体应用中时,必须根据应用特性提前评估各个节点的失效概率,进而从整体上评估 BAKE 的鲁棒性是否足以支持应用需求。事实上,所有结构化 P2P 网络都不是以支持节点频繁失效的应用为设计目标,这也是其与非结构化 P2P 网络的一点重要差异。

### 4.5.3　基本操作的延迟和消息成本

为了便于后序的分析和介绍,这里首先定义 $\alpha=\lceil n/(d^{k_l-1}+d^{k_l-2})\rceil$。考虑这样一个消息,其在 BAKE 中搜索或发布一个以 $x_l\cdots x_k\cdots x_2x_1$ 为标识符的资源。根据资源放置策略可知,节点 $x=x_k\cdots x_2x_1$ 是要搜索或发布的资源的首选宿主节点。在一个静态系统中,这个消息的路由延迟最大为 $k_l$,因为其经过最多 $k_l$ 跳步后能够被传递到首选宿主节点 $x=x_k\cdots x_2x_1$。

在一个中等程度的动态系统中,这个消息能够在最多 $k_l-1$ 个跳步之后被传递到其首选宿主节点的一个入度邻居节点,若其首选宿主节点可用,则这个消息的整个处理延迟显然为 $k_l$。否则,该消息将在一个跳步之后被转发到一个与其宿主节点具有 $k-1$ 位公共标识符后缀的节点上。一般来讲,在网络中具有公共高 $k-1$ 位标识符的节点最多有 $\alpha$ 个,也意味着在对应的非正则 Katuz 树上具有共同父节点的叶节点数目为 $\alpha$。因此,这个消息还需要最多 $\alpha-1$ 个跳步才能被传递到其第二宿主节点 $\sigma_1^1(x_{k-1}\cdots x_2x_1)$。综上所述,在一个中等程度的动态系统中,消息

的路由延迟最大为 $k_l+\alpha-1$。

在一个高度动态的环境中，各个资源的第二宿主节点也可能变得不可用。这条消息在最多 $k_l-1$ 个跳步之后被传递到其首选宿主节点的一个入度邻居节点，该节点将这条消息向其第三宿主节点传递。消息在最多 $k_l$ 个跳步之后能够抵达与其第三宿主节点具有 $k-1$ 位公共标识符后缀的节点 $\sigma_1^1(\text{Ladjacent}(x_{k-1}\cdots x_2x_1))$，然后在最多 $\alpha-1$ 个跳步才能到其第三宿主节点。综上所述，在一个高度动态的系统中，消息的路由延迟最大为 $2k_l+\alpha-1$。

**定理 4.5**　在一个稳定或中度动态环境中，一个新节点 $x=x_k\cdots x_2x_1$ 的加入造成的消息成本至多是 $2k_l+\alpha+1$，而处理延迟最多是 $k_l+\alpha$ 个跳步。

**证明**　首先，节点 $x$ 直接询问 BAKE 的首选访问入口节点，伴随产生一个查询消息。然后，节点 $x$ 要同时通知它的一个入度节点 $\sigma_1^1(x_k\cdots x_3x_2)$ 和其前序节点，两个通告消息各沿一条路径在遍历最多 $k_l$ 个节点之后抵达目的地。最后，节点 $x$ 的前序节点通知节点 $x$ 的后序节点；而节点 $\sigma_1^1(x_k\cdots x_3x_2)$ 同时沿其后序链路通知节点 $x$ 的其他最多 $\alpha-1$ 个入度邻居，并在 $\alpha-1$ 步内完成。

综上所述，新节点加入产生的消息成本最多是 $2k_l+\alpha+1$，而对应的路由延迟最多为 $1+k_l+\alpha-1=k_l+\alpha$ 个跳步。由此，定理 4.5 得证。

需要注意的是，在一个高度动态的环境中，新节点 $x$ 可能需要调用算法 4-7 主动搜索其 $d$ 个出度邻居。而在稳定或中等程度的动态环境中，新节点可以从其前序节点获知所有的出度邻居信息。

**推论 4.1**　在一个高度动态的环境中，一个新节点 $x=x_k\cdots x_2x_1$ 的加入造成的消息成本至多是 $3k_l+\alpha+d$，而处理延迟最多是 $k_l+\alpha$ 个跳步。

**证明**　根据算法 4-7 可知，包括节点 $x$ 的 $d$ 个理想出度邻居标识符的查询消息将首先向其第一个出度邻居 $\zeta_1^1(x)$ 传递。这个消息在最多 $k_l-1$ 个跳步之后抵达一个距离目的地一个跳步的节点 $\nu$，该节点会将收到的消息向自己的 $d$ 个出度邻居同时转发。本章提出的拓扑构造规则能够确保节点 $\nu$ 的 $d$ 个出度邻居正是节点 $x$ 的出度邻居。此外，新节点加入的其他操作也同时进行，而产生的延迟和消息成本已经在定理 4.5 中证明。

综合考虑，新节点 $x$ 产生 $2k_l+\alpha+1+k_l-1+d=3k_l+\alpha+d$ 个消息，而处理延迟最多仍然是最大 $k_l+\alpha$ 个跳步。由此，推论 4.1 得证。

**定理 4.6**　在一个稳定或中度动态环境中，处理一个失效节点 $x=x_k\cdots x_2x_1$ 的最大延迟是 $k_l+\alpha-1$ 个跳步，其造成的消息成本最多是 $2k_l+\alpha$。

**证明**　当节点 $x$ 的前序节点(或后序节点)发现其失效行为之后，会向其后序节点(或前序节点)在一个跳步内发出通知。与此同时，主动并行地通知 BAKE 的首选访问入口节点和节点 $x$ 的一个入度节点且能在最多 $k_l$ 个跳步内完成。第一个接收到通知消息的入度节点将在 $\alpha-1$ 个跳步内通知到节点 $x$ 的其他最多 $\alpha-1$

个入度节点。

综上所述,处理一个失效节点的延迟是 $k_l+\alpha-1$ 个跳步,而产生的消息数目最多是 $2k_l+\alpha$。由此,定理 4.6 得证。

**推论 4.2** 在一个高度动态环境中,处理一个失效节点 $x=x_k\cdots x_2x_1$ 的最大延迟是 $\alpha\times k_l$ 个跳步,其产生的消息数目最多是 $(\alpha+1)k_l+\alpha$。而在大多数情况下,操作的最大延迟是 $2k_l$ 个跳步,消息成本最大是 $3k_l+\alpha$。

**证明** 在这种情况下,失效节点 $x$ 的一个入度节点 $u$ 需要通过主动探测其他节点而为节点 $x$ 找到一个替代节点。根据节点失效处理算法可知,在最坏情况下,节点 $u$ 以最大 $\alpha\times k_l$ 个跳步和造成 $\alpha\times k_l$ 个消息为代价逐一探查最多 $\alpha$ 个节点,这些节点与节点 $x$ 具有长度为 $k-1$ 的公共标识符后缀。而在大多数情况下,节点 $u$ 只需要以 $2k_l$ 个跳步和产生 $2k_l$ 个消息为代价来检查节点 $x$ 的左邻节点和右邻节点即可。此外,节点 $u$ 需要以最多 $k_l$ 个跳步和消息的代价通知 BAKE 的首选访问入口,同时以最多 $\alpha-1$ 个跳步和消息的代价沿其后序链路或前序链路通知节点 $x$ 的其他入度节点。

综上所述,考虑到这些处理操作之间的顺序关系,处理一个失效节点的最大延迟是 $\alpha\times k_l$ 个跳步,而产生的消息数目最多是 $(\alpha+1)k_l+\alpha$。此外,在大多数情况下,操作的最大延迟是 $2k_l$ 个跳步,而消息成本最多是 $3k_l+\alpha$。

由此,推论 4.2 得证。

**定理 4.7** 处理一个主动退出 BAKE 的节点 $x$ 的最大延迟是 $3k_l+\alpha-1$ 个跳步,而产生的消息数目最多是 $3k_l+\alpha+1$。

**证明** 首先,节点 $x$ 需要以最多 $k_l$ 个跳步和消息的代价通知 BAKE 的首选访问入口。然后,节点 $x$ 通过各一跳通知其前序节点和后序节点,并以最多 $k_l$ 个跳步和消息的代价通知其中之一的入度邻居。最后,该入度节点再以最多 $\alpha-1$ 个跳步和消息的代价沿其后序链路或前序链路通知节点 $x$ 的其他入度节点。需要注意的是,若节点 $x$ 是 BAKE 中具有标识符后缀 $x_{k-1}\cdots x_2x_1$ 的唯一现存节点,则其在通知 BAKE 的访问入口时同时从中获取一个替代节点的信息,因此产生 $k_l$ 个额外的消息和 $k_l$ 个跳步的延迟。

综上所述,处理一个即将退出 BAKE 的节点的最大延迟是 $3k_l+\alpha-1$,同时产生最多 $3k_l+\alpha+1$ 个消息。

由此,定理 4.7 得证。

## 4.6 本章小结

本章首先提出了平衡 Kautz 树和 Kautz 环的结构,并基于平衡 Kautz 树结构设计了一个高效且实用的结构化 P2P 网络——BAKE。在 BAKE 中,通过引入资源的保序命名策略和资源放置策略使其同时支持基于精确匹配的查询和单维或多维范围查询。提出的容错路由模式和一系列拓扑管理操作确保 BAKE 能够灵活且高效地组织和管理资源，同时能够快速响应资源的搜索请求。在稳定甚至动态的网络环境中，BAKE 都能够获得最优的网络直径、良好的连通性，以及很高的查询性能。BAKE 的不足之处在于其采用了严格的节点标识符分配策略，不允许随机获取节点标识符。为了赋予 P2P 网络更大的自主性，未来的工作中将研究基于非平衡 Kautz 树的结构化 P2P 网络。

## 参考文献


[1] Rowstron A, Druschel P. Pastry: Scalable, decentralized object location, and routing for large-scale peer-to-peer systems[C]//Proceedings of International Conference on Distributed Systems Platforms and Open Distributed Processing, Heidelberg, 2001.

[2] Stoica I, Morris R, Karger D, et al. Chord: A scalable peer-to-peer lookup service for internet applications[J]. ACM SIGCOMM Computer Communication Review, 2001, 31(4): 149-160.

[3] Ratnasamy S, Francis P, Handley M, et al. A scalable content-addressable network[J]. ACM SIGCOMM Communication Review, 2001, 31(4): 161-172.

[4] Schlosser M, Sintek M, Decker S, et al. Hypercup—hypercubes, ontologies, and efficient search on peer-to-peer networks[C]//Proceedings of the 1th AP2PC, Bologna, 2002.

[5] Maymounkov P, Mazieres D. Kademlia: A peer-to-peer information system based on the xor metric[C]//Proceedings of the 1st IPTPS, Cambridge, 2002.

[6] Zhao B Y, Kubiatowicz J D, Joseph A D. Tapestry: A fault-tolerant wide-area application infrastructure[J]. ACM SIGCOMM Computer Communication Review, 2002, 32(1): 81.

[7] Harvey N J A, Jones M B, Saroiu S, et al. Skipnet: A scalable overlay network with practical locality properties[C]//Proceedings of the USENIX 4th USITS, Seattle, 2003.

[8] Malkhi D, Naor M, Ratajczak D. Viceroy: A scalable and dynamic emulation of the butterfly [C]//Proceedings of the 21st PODC, Monterey, 2002.

[9] Xu J, Kumar A, Yu X. On the fundamental tradeoffs between routing table size and network diameter in peer-to-peer networks[J]. IEEE Journal on Selected Areas in Communications, 2004, 22(1): 151-163.

[10] Shen H, Xu C Z, Chen G. Cycloid: A constant-degree and lookup-efficient P2P overlay network[J]. Performance Evaluation, 2006, 63(3): 195-216.

[11] Banerjee S, Sarkar D. Hypercube connected rings: A scalable and fault-tolerant logical topology for optical networks[J]. Computer Communications, 2001, 24(11): 1060-1079.

[12] Kaashoek M F, Karger D R. Koorde: A simple degree-optimal distributed hash table[C]//Proceedings of the 2nd IPTPS, Berkeley, 2003.

[13] Naor M, Wieder U. Novel architectures for P2P applications: The continuous-discrete

approach[J]. ACM Transactions on Algorithms, 2007, 3(3): 34.

[14] Fraigniaud P, Gauron P. D2B: A de Bruijn based content-addressable network[J]. Theoretical Computer Science, 2006, 355(1): 65-79.

[15] Fraigniaud P, Gauron P. Brief announcement: An overview of the content-addressable network D2B[C]//Proceedings of the 22nd PODC, Boston, 2003.

[16] Loguinov D, Casas J, Wang X. Graph-theoretic analysis of structured peer-to-peer systems: Routing distances and fault resilience[J]. IEEE/ACM transactions on Networking, 2005, 13(5): 1107-1120.

[17] Gai A T, Viennot L. Broose: A practical distributed Hashtable based on the de-Bruijn topology[C]//Proceedings of the IEEE 4th P2P, Zurich, 2004.

[18] Li D, Lu X, Wu J. Fissione: A scalable constant degree and low congestion DHT scheme based on Kautz graphs[C]//Proceedings of the 24th INFOCOM, Miami, 2005.

[19] Li D, Lu X, Su J. Graph-theoretic analysis of Kautz topology and DHT schemes[C]//Proceedings of the 1st NPC 2004, Wuhan, 2004.

[20] Miller M, Širán J. Moore graphs and beyond: A survey of the degree/diameter problem[J]. Electronic Journal of Combinatorics, 2005, 61: 1-63.

[21] Alon N, Hoory S, Linial N. The Moore bound for irregular graphs[J]. Graphs and Combinatorics, 2002, 18(1): 53-57.

[22] Guo D, Liu Y, Li X. BAKE: A balanced Kautz tree structure for peer-to-peer networks[C]//Proceedings of the 27th INFOCOM, Phoenix, 2008.

[23] Imase M, Itoh M. A design for directed graphs with minimum diameter[J]. IEEE Transactions on Computers, 1983, 32(8): 782-784.

[24] Panchapakesan G, Sengupta A. On a lightwave network topology using Kautz digraphs[J]. IEEE Transactions on Computers, 1999, 48(10): 1131-1137.

[25] Tvrdik P. Partial Kautz line digraphs with maximal connectivity[R]. Lyon: LIP ENSL, 1994.

[26] Imase M, Itoh M. Design to minimize diameter on building-block network[J]. IEEE Transactions on Computers, 1981, 30(6): 439-442.

[27] Guo D, Wu J, Chen H, et al. Moore: An extendable peer-to-peer network based on incomplete Kautz digraph with constant degree[C]//Proceedings of the 26th INFOCOM, Atlanta, 2007.

[28] Fiol M A, Llado A S. The partial line digraph technique in the design of large interconnection networks[J]. IEEE Transactions on Computers, 1992, 41(7): 848-857.

# 第 5 章 基于复合图的常量度数结构化 P2P 网络 KCube

本章提出一种名为 KCube 的新型 P2P 网络拓扑结构。KCube 是由 Kautz 有向图和 Hypercube 构成的复合图。KCube 采用 Hypercube 结构作为单元簇，并按照 Kautz 有向图的结构实现多个单元簇之间的规则互联。KCube 拥有许多好的网络拓扑性质，如模块化、可扩展性和规则性。此外，KCube 还继承了 Hypercube 和 Kautz 有向图这两种经典互联结构的内在优势。发掘利用 Hypercube 层面的拓扑性质可易于在 KCube 中实现一些代表性的并行算法，而发掘利用 Kautz 层面网络直径小的拓扑优势可令 KCube 实现高效的多跳转发传输。

## 5.1 引 言

互联网络是一种由开关元件按照一定的拓扑结构和控制方式构成的网络，用来实现多个系统组件之间的灵活高效连接。并行计算、计算机网络等领域出现了大量可选的互联网络。Hypercube[1] 是最具代表性的互联结构之一，其表现出很多拓扑优势，如强连通性、规则性、对称性和可递归构造性。Hypercube 的拓扑缺点在于每个节点的度数会随着网络规模的增长呈对数增长。如前所述，结构化 P2P 网络与互联网络的发展一脉相承，Hypercube 的上述拓扑缺点使其难以直接应用于大规模结构化 P2P 网络。

层次化递归构造是设计大规模网络的一种自然方式，其中，特定数目的某一层基本网络在上一层级通过多种特定的互联方式实现连接。这些互联方式可以是叠加(overlay)、连接(join)、乘积(product)、组合图(composition graph)、复合图(compound graph)和完全二分图(complete bipartite graph)[2]。在这些互联方式中，复合图被证明具有很好的规则性和可扩展性。此外，在网络结构从层级 1 扩展为层级 2 的过程中，层级 1 网络结构中每个节点仅需要额外附加一条链路即可。这一特性有助于降低网络规模扩展时带来的互联成本。

由于复合图存在上述诸多优良特性，因此其被广泛应用于多类大规模网络的结构设计。本章在 Kautz 有向图和 Hypercube 的基础上，采用复合图的方法为结构化 P2P 网络设计了一种新型的两层互联网络 KCube。在现有的互联结构中，dBCube[3] 与 KCube 在拓扑结构层面相似。dBCube 是由 de Bruijn 图和 Hypercube 构成的复合图，其使用特定的 Hypercube 单元簇来替换 de Bruijn 图中的每个节点。与 dBCube 相比，KCube 给出了更加通用的复合图构造方法。此外，在相同的节点度和网络规模约束下，KCube 比 dBCube 具有更小的网络直径。在相同的节点度和网络直径下，KCube 的网络规模比 dBCube 的网络规模大。

## 5.2 KCube 网络

令 KCube 中每个节点配有多个网络端口，通过这些网络端口和链路与其他节点连接。本地链路用于连接相同单元簇内的两个节点，远程链路用于连接不同单元簇中的两个节点。每个单元簇内的拓扑结构是 Hypercube，而单元簇间的拓扑结构是 Kautz 有向图。

### 5.2.1 符号定义

采用图 $G(V,E)$ 对互联网络进行建模，其中顶点集合 $V$ 表示网络中的全体节点，而边集合 $E$ 表示网络中的全体链路。在本章后续部分，网络和图，节点和顶点，链路和边这三对术语可互换使用。

令 $H(m)$ 表示一个 $m$ 维的 Hypercube 图，其中，$m\geqslant 1$。$H(m)$ 的顶点集被记为 $\{x_m\cdots x_i\cdots x_1\}$，其中，$x_m\cdots x_i\cdots x_1$ 表示一个二进制序列的标识符。当且仅当这两个顶点的标识符只在一个位置上有差异时，两个顶点之间存在一条边。$H(m)$ 共有 $2^m$ 个顶点，而节点度和网络直径的大小都是 $m$。

令 $D(d,k)$ 表示一个 de Bruijn 有向图[4]。该图的节点出度为 $d$，网络直径为 $k$，其中，$d\geqslant 1$ 且 $k\geqslant 1$。它的顶点集为 $\{x_k\cdots x_i\cdots x_1 \mid x_i\in\{0,1,\cdots,d-1\},1\leqslant i\leqslant k\}$，其中，$x_k\cdots x_i\cdots x_1$ 表示一个顶点的标识符。对于任意的 $\alpha\in\{0,1,\cdots,d-1\}$，该图中都存在一条从顶点 $x_kx_{k-1}\cdots x_1$ 指向顶点 $x_{k-1}\cdots x_1\alpha$ 的边。

令 $K(d,k)$ 表示一个 Kautz 有向图[5]。该图的节点出度为 $d$，网络直径为 $k$，其中，$d\geqslant 1$ 且 $k\geqslant 1$。它的顶点集为 $\{x_k\cdots x_i\cdots x_1 \mid x_i\in\{0,1,\cdots,d\},1\leqslant i<k,x_i\neq x_{i+1}\}$，其中，$x_m\cdots x_i\cdots x_1$ 表示一个顶点的标识符。对于任意的 $\alpha\in\{0,1,\cdots,d\}-\{x_1\}$，在图中都存在一条从顶点 $x_kx_{k-1}\cdots x_1$ 指向顶点 $x_{k-1}\cdots x_1\alpha$ 的边。

根据上述定义可知，$D(d,k)$ 和 $K(d,k)$ 分别有 $d^k$ 和 $d^k+d^{k-1}$ 个顶点，并且任意节点的出度和入度都同为 $d$。显然，$K(d,k)$ 与 $D(d,k)$ 相比具有更多的节点，而且在参数 $d$、$k$ 的取值较大时尤为明显。此外，$K(d,k)$ 中共有 $d(d^k+d^{k-1})$ 条有向边。图 5.1(a)展示了一个 Kautz 有向图的实例 $K(2,2)$。

### 5.2.2 KCube 的构造方法

在给出 KCube 的定义之前，首先通过定义 5.1 回顾复合图的构造方法。

**定义 5.1** 给定任意两个正则图 $G_2$ 和 $G_1$，复合图 $G_2(G_1)$ 通过两个步骤实现：

①利用 $G_1$ 来替代 $G_2$ 中的每个节点；②用连通两个 $G_1$ 的边来替代 $G_2$ 中对应的一条边。

KCube 是由 Kautz 有向图 $G_2$ 以及 Hypercube $G_1$ 构成的复合图。Kautz 有向图以及 Hypercube 中全体节点的出度都相同，入度也相同，因此两者都是正则图。KCube 采用 Hypercube 拓扑作为单元簇，并按照 Kautz 有向图的结构进行多个单元簇间的连接。在最终产生的 KCube 中，Kautz 有向图的拓扑结构被保存了下来，并且两个 Hypercube 单元簇之间只需要接入一条额外链路即可连通。也就是说，每个 Hypercube 单元簇中的每一个节点都会被追加一条远程链路，进而确保整个 KCube 中每个节点的节点度仍然相同。

由定义 5.1 可知，Kautz 和 Hypercube 这两种互联结构要完好地形成复合图还必须满足一条重要约束，即 Kautz 图的节点度必须与单个 Hypercube 的节点总数相等。

令 KC($m$,$d$,$k$)表示一个 KCube 互联结构，其中，$m$ 是 Hypercube 图的维数，$d$ 和 $k$ 分别是 Kautz 有向图中节点的出度和网络直径。根据 KCube 的上述构造约束条件，不难推算出 Kautz 图的节点度应等于 $2^m$。由于 $K(d,k)$中每个节点的出度和入度都是 $d$，而每个点的度数应为 $2d$，因此，可以推算出 $d=2^{m-1}$，并将 KCube 的符号简化为 KC($m$,$k$)。

如图 5.1(b)所示，KC(2,2)中的每个单元簇是 $H(2)$互联结构，并且连接这些单元簇的 Kautz 图的节点度等于 $H(2)$中的节点总数。KC(2,2)包含单元簇 $H(2)$的数目是 $2^{k(m-1)}+2^{(k-1)(m-1)}=6$，而其节点总量为 $2^{km}+2^{k(m-1)+1}=24$。如上所述，只有一个远程的有向边与 $H(2)$中的每个节点相关联。

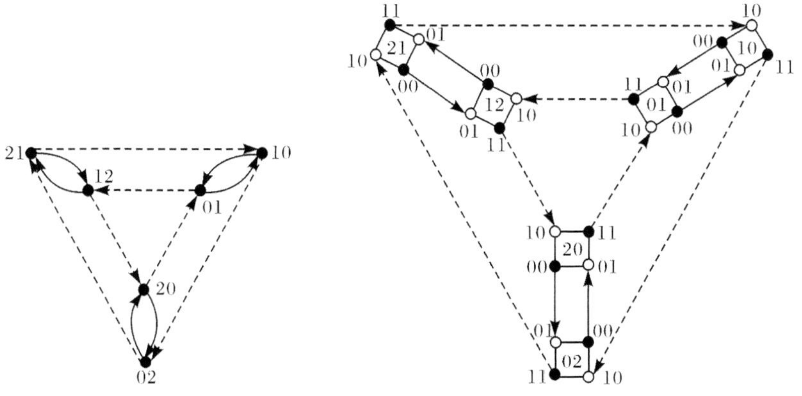

(a) $K(2,2)$　　(b) KC(2,2)

图 5.1　$K(2,2)$和 KC(2,2)

前面提到 KCube 要采用跨不同 $H(m)$的远程有向边来代替原来 $K(2^{m-1},k)$中的对应有向边。为了实现这一目标，必须满足以下两个前提条件：

(1) $K(2^{m-1},k)$中每个节点的入度和出度都是 $2^{m-1}$，而每个 Hypercube 单元簇都包含 $2^m$ 个节点。这样，从每个 $H(m)$中要选出 $2^{m-1}$个节点作为远程有向边的源头，每个远程有向边的终点都指向其他单元簇中的节点。这些被选出来的节点称为 $H(m)$中的输出节点。剩余的 $2^{m-1}$个节点作为该 $H(m)$的输入节点，其担任跨单元簇有向边的终点。

(2) $KC(m,k)$中共有 $d(d^k+d^{k-1})$条跨单元簇的有向边。每条这样的有向边都需要映射到 $KC(m,k)$中的一对节点，即一个单元簇中的输出节点以及另一个单元簇中的输入节点。

为了达成第一个前提条件，这里提出一种方法将 $H(m)$中的所有节点分成相等的两部分。先从 $H(m)$中任选一个节点 $x_m\cdots x_2x_1$ 作为参考节点，那么 $H(m)$的输出节点集合包含所有这样的节点 $y_m\cdots y_i\cdots y_2y_1$，其中：

(1) $y_2y_1=x_2x_1$ 或 $y_2y_1=\bar{x}_2\bar{x}_1$；

(2) $y_i=0$ 或 $1,\forall i\in[3,m]$。

此时 $H(m)$的输入节点集合包含所有这样的节点 $y_m\cdots y_2y_1$，其中：

(1) $y_2y_1=\bar{x}_2x_1$ 或 $y_2y_1=x_2\bar{x}_1$；

(2) $y_i=0$ 或 $1,\forall i\in[3,m]$。

单元簇内全体节点的上述划分方法旨在将那些标识符互补的节点划分到同一类型。因此，随机选择成对互补节点作为输入节点的划分方法也能保证引理5.1成立。对于将节点随机划分为两个相等部分的其他方法而言，引理 5.1 并不成立。例如，如果图 5.2 中的节点 000、100、110 和 011 被随机选为输入节点，其他节点作为输出节点，那么输入节点和输出节点之间最短路径长度变为 $m$，而不是在引理 5.1 中所证明的 $m-1$。相比随机划分算法，本章提出的上述划分方法能令 KCube 图中任意两个节点间的路径更短。

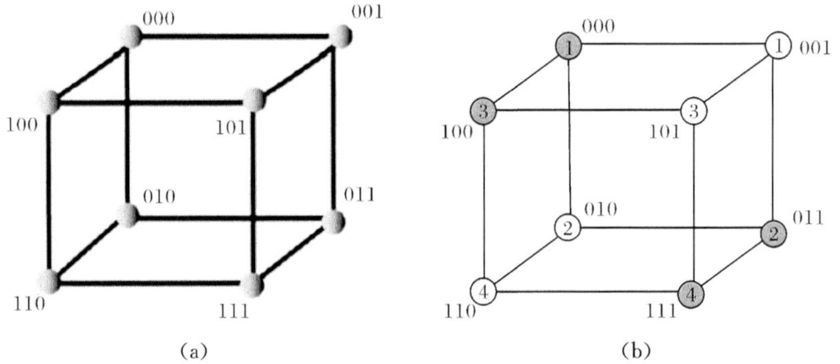


图 5.2　$H(3)$中所有节点的划分和排序

**引理 5.1**　在一个 Hypercube 互联结构 $H(m)$中，输出节点和输入节点之间最长的最短路径长度是 $m-1$。

**证明**　在 $H(m)$中，从任一节点 $x_m\cdots x_2x_1$ 到达节点$\bar{x}_m\cdots\bar{x}_2\ \bar{x}_1$ 的路径所要遍历的最大节点数目为 $m$。除节点$\bar{x}_m\cdots\bar{x}_2\ \bar{x}_1$ 外，节点 $x_m\cdots x_2x_1$ 与其他节点间的最短路径长度均小于 $m$。根据提出的节点划分方法，可以推出节点 $x_m\cdots x_2x_1$ 和$\bar{x}_m\cdots\bar{x}_2\ \bar{x}_1$ 同时属于输出节点集或输入节点集。因此，在同一个 Hypercube 内，输出节点和输入节点间最长的最短路径长度为 $m-1$。引理 5.1 得证。

为了便于表示，选择节点 $x_m\cdots x_2x_1$ 作为参考节点，其中，对于所有 $1\leqslant i\leqslant m$，都有 $x_i=0$。因此，标识符最后两位是 00 或 11 的节点构成 $H(m)$的全体输出节点集合，而标识符最后两位是 01 或 10 的节点构成 $H(m)$的全体输入节点集合。如图 5.2 所示，$H(3)$的所有节点被划分为两个相等的集合，其中黑色节点表示输出节点，而白色节点表示输入节点。为了满足前面提到的第二个前提条件，进一步将 $H(m)$中所有的输入节点和输出节点按照标识符升序的方式分别进行排序。例如，$H(m)$的输出节点按照 000、011、100、111 的顺序排序，而所有输入节点按照 001、010、101、110、111 的顺序排序。

此外，可以按照如下方法对 $K(2^{m-1},k)$中每个节点的入射边和出射边进行升序排序。从 Kautz 图的定义中可以推导得知，节点 $x_k\cdots x_2x_1$ 指向节点 $x_{k-1}\cdots x_1\alpha$ 的出射边被标记为其第 $i$ 条出射边，其中，$\alpha\in\{0,1,\cdots,d\}-\{x_1\}$。此处，$i$ 表示在一个由 $0,1,\cdots,d$ 按升序构成的环中，从 $x_k$ 到 $\alpha$ 的顺时针方向距离（当 $x_1\neq x_k$ 时）或从 $x_{k+1}$ 到 $\alpha$ 的顺时针方向距离（当 $x_1=x_k$ 时）。节点 $x_k\cdots x_2x_1$ 的第 $i$ 条出射边同时是节点 $x_{k-1}\cdots x_1\alpha$ 的第 $i$ 条入射边。通过上述方法，每个节点的 $2^{m-1}$ 条出射边以及 $2^{m-1}$ 条入射边都能够按照升序的方式进行排序。

至此，可以利用多个超立方体结构 $H(m)$以及 $K(2^{m-1},k)$来构建复合图 KC($m$, $k$)。首先，$K(2^{m-1},k)$中的任意节点 $x$ 都用 $H(m)$来代替。其次，将节点 $x$ 的第 $i$ 条出射边替换为一个 $H(m)$中第 $i$ 个输出节点与另一个 $H(m)$中第 $i$ 个输入节点间相连的远程有向边。此处提及的两个 $H(m)$分别对应节点 $x$ 第 $i$ 条出射边的源头和结尾。因此，KC($m$,$k$)中的每个节点都被标识为一个二元组$\langle x=x_k\cdots x_2x_1, y=y_m\cdots y_2y_1\rangle$，其中，$x_k\cdots x_2x_1$ 称为 Kautz 标签，而 $y_m\cdots y_2y_1$ 称为 Hypercube 标签。任意 $H(m)$中的每个节点会通过远程有向边同其他 $H(m)$有唯一的节点相连，该对应节点称为 Kautz 邻居节点。同时，每个节点在所处的单元簇内通过本地有向边相连的 $m$ 个节点称为 Hypercube 邻居节点。图 5.1 展示了生成的 KC(2,2)。图中的黑色节点和白色节点分别表示每个 Hypercube 单元簇中的输出节点和输入节点，实线和虚线的有向边分别表示每个 Hypercube 单元簇的第一出射边和第二出射边。从图中不难看出，每个 Hypercube 单元簇的第 $i$ 个出射边连通了对应两个单元簇间的第 $i$ 个输出节点以及第 $i$ 个输入节点。此外，每条无向边连通了一个 Hypercube 单元簇内的两个节点。

### 5.2.3 KCube 的新构造方法

如 5.2.2 节所述，构造 KCube 图需要满足两个前提条件。这给了一个通过定义不同的输入节点和输出节点来重新构造 KCube 的机会。本节介绍一种将 Hypercube 中全体节点划分为输入节点集和输出节点集的新方法[6]。这种新的构造方法证明了 KCube 互联网络的一个重要特性，即哈密顿性(Hamiltonicity)。此外，这种 KCube 的新构造方法增加了互联结构的路由灵活性。关于这一点，稍后将详细介绍。

Zhao[7]论述了 KCube 是二部图，其中全体节点被划分为前面定义的输入节点集和输出节点集。众所周知，Hypercube 结构是二部图，其全体节点可以被划分为两个互斥的集合 $V_1$ 和 $V_2$。另外，对于 Hypercube 中的任意一条边 $e=(u,v)$，都有 $u\in V_1, v\in V_2$。这意味着没有任何边的两个节点同属于一集合 $V_1$ 或 $V_2$。文献[7]提出，Hypercube 中互斥的节点集合 $V_1$ 和 $V_2$ 可以基于节点标识符的汉明权重(Hamming weight)划分而得，其中汉明权重记录节点标识符中 1 的数目。换句话说，汉明权重为奇数的节点构成集合 $V_1$，汉明权重为偶数的节点构成集合 $V_2$。该划分方法可以确保互斥的两个节点集的大小相同，即 $|V_1|=|V_2|$。通过 Hypercube 的这一性质可有效划分 KCube 中的输入节点和输出节点，即汉明权重为偶数的全体节点为输出节点，而汉明权重为奇数的全体节点为输入节点。因为汉明权重为奇数的节点和汉明权重为偶数的节点数量都是 $2^{m-1}$，所以构造 KCube 的第一个前提条件得以满足。图 5.3 展示了这种划分方法的效果。

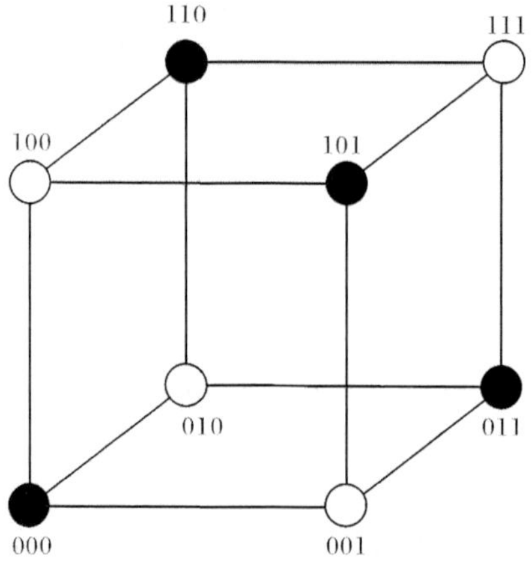


图 5.3 三维 Hypercube 中的输入节点(黑色)和输出节点(白色)

上述划分输入节点和输出节点的方法有很多优点。首先，每个输入节点都与 $m$ 个输出节点相连，而每个输出节点都有一条直接链路与某个其他单元簇相连。

相似地，每个输出节点也与连接其他 $m$ 个单元簇的输入节点相连。5.2.2 节给出的 KCube 的定义中，每个输入节点（输出节点）仅与两个输出节点（输入节点）相连。因此，文献[7]提出的节点划分方法会最终导致产生新的 KCube 互联结构。

当 $m=2$ 和 $d=2^{m-1}=2$ 时，上述两种方法会产生相同的 KCube 互联结构。不难发现，这种新的节点划分方法最终产生的 KCube 也是二部图。

# 5.3　KCube 图的拓扑性质

## 5.3.1　基本属性

**定理 5.1**　在一个 $KC(m,d,k)$ 中共有 $2^{k(m-1)}+2^{(k-1)(m-1)}$ 个 Hypercube 单元簇以及 $2^{k(m-1)+m}+2^{k(m-1)+1}$ 个顶点。

**证明**　由 $KC(m,d,k)$ 的定义可知，Hypercube 单元簇的数目是 $d^k+d^{k-1}$，而每个 Hypercube 单元簇中的顶点数目是 $2^m$。由于 $d=2^{m-1}$，因此定理 5.1 得证。

**定理 5.2**　$KC(m,k)$ 的网络直径存在一个上界：$2m+(k-1)(m-1)+k=m(k+1)+1$。

**证明**　在 $KC(m,k)$ 中，从任一节点 $\langle x,y\rangle$ 到节点 $\langle x',y'\rangle$ 的最短路径最多会遍历 $k+1$ 个 Hypercube 单元簇，这其中包含了源单元簇 $x$、目标单元簇 $x'$ 和其他 $k-1$ 个中间的单元簇。这一结论由 $K(2^{m-1},k)$ 互联结构的网络直径严格保证。

在源单元簇 $x$ 中，从节点 $\langle x,y\rangle$ 到其他任意节点的最短路径长度都小于或等于 $m$。唯一等于 $m$ 的情况发生在 $\langle x,y\rangle$ 是输出节点并且另一个节点是 $\langle x,\bar{y}\rangle$ 时。从 $\langle x,y\rangle$ 向 $\langle x',y'\rangle$ 发送消息时，两者之间最短路径上的任意中间单元簇会从其一个输入节点接收消息，然后将该消息发送到相距最多 $m-1$ 跳的某个输出节点。目标单元簇 $x'$ 从其一个输入节点接收消息，然后将该消息送至节点 $\langle x',y'\rangle$。从该输入节点到 $\langle x',y'\rangle$ 的最短路径长度小于或等于 $m$，等于 $m$ 的情形只发生在输入节点是 $\langle x',\bar{y}'\rangle$ 并且 $\langle x',y'\rangle$ 也是目标单元簇的一个输入节点的情况下。此外，这条最短路径遍历了 $k$ 条跨单元簇的远程链路，每条链路都连通一对 Hypercube 单元簇。因此，$KC(m,k)$ 的网络直径上界是 $2m+(k-1)(m-1)+k=m(k+1)+1$，定理 5.2 成立。

表 5.1 概括了 Hypercube、Kautz 和 KCube 三种互联结构的重要拓扑参数。

**表 5.1　三种互联结构的重要拓扑参数**

| 互联结构 | 节点规模 | 边的数目 | 节点度 | 网络直径 |
|---|---|---|---|---|
| $H(m)$ | $N_1=2^m$ | $L_1=m2^{m-1}$ | $m$ | $m$ |
| $K(2^{m-1},k)$ | $N_2=2^{(m-1)k}+2^{(m-1)(k-1)}$ | $L_2=2^{(m-1)(k+1)}+2^{(m-1)k}$ | $2^m$ | $k$ |
| $KC(m,k)$ | $N_1N_2$ | $L_1N_2+L_2=(m+1)L_2$ | $m+1$ | $m(k+1)+1$ |

### 5.3.2 任意节点间的平均距离

根据输入节点集和输出节点集的最初划分方法可以得到最初的 KCube 互联结构 KC($m,k$)，其网络直径的最大值是 $m(k+1)+1$。这个结论的前提条件是 KCube 中两点间最短路径上中间单元簇内输入节点和输出节点间的最短路径最长是 $m-1$。此外，中间单元簇是除源节点和目的节点所在单元簇外的最短路径途径的其他单元簇。采用输入节点集和输出节点集的新划分方法后，会得到如下关于新 KCube 互联结构的结论。

**引理 5.2** 在 KC($m,k$)的 Hypercube 单元簇内，从一个输入节点向一个输出节点发送消息需要的平均步数为 $m/2$。

**证明** 因为 Hypercube 是节点对称的，为了不失一般性，假设一个消息进入一个单元簇时首先抵达一个输入节点，其标识符 $x_m\cdots x_2x_1$ 的每一位均为 0。该输入节点需要抵达某个合适的输出节点以便将消息向下一个单元簇传递。考虑到一个单元簇内有 $2^{m-1}$ 个输出节点，需要测量每一个输出节点到所选输入节点的距离。标识符中每个 0 到 1 的转变都会令其汉明权重增加 1，因此消息在历经奇数次传递后会抵达一个输出节点，而历经偶数次传递后抵达一个输入节点。假设消息从标识符为 0 的输入节点进入当前单元簇，则可以通过如下方式统计出汉明权重相同的节点数量。

$m$ 为奇数：$1\times\binom{m}{1}+3\times\binom{m}{3}+\cdots+m\binom{m}{m}$。

$m$ 为偶数：$1\times\binom{m}{1}+3\times\binom{m}{3}+\cdots+(m-1)\binom{m}{m-1}$。

考虑到一个 Hypercube 单元簇内有 $2^{m-1}$ 个输出节点，从该输入节点到这些输出节点的平均距离为

$$\frac{1\times\binom{m}{1}+3\times\binom{m}{3}+\cdots+m\binom{m}{m}}{2^{m-1}}=\frac{m}{2}$$

另外，从该输入节点到其他 $2^{m-1}-1$ 个输入节点的平均距离为

$$\frac{1\times\binom{m}{1}+3\times\binom{m}{3}+\cdots+(m-1)\binom{m}{m-1}}{2^{m-1}}=\frac{m}{2}$$

**定理 5.3** 在 Kautz 图 $K(d,k)$ 中，任意两个节点之间的平均距离为 $k-\frac{1}{d-1}$。

不难发现，$K(d,k)$ 中任意两节点之间平均距离的取值非常接近其网络直径，因此可被近似为 $k$。综合运用定理 5.3 和引理 5.2 的结论，可以得出推论 5.1。

**推论 5.1**　KCube 中不同 Hypercube 单元簇中的两个节点间的平均距离是 $\frac{m(k+1)}{2}+k$。

**证明**　如前所述，KCube 中任意两个节点间的最短路径需要历经 $k+1$ 个 Hypercube 单元簇以及 $k$ 条远程有向边。因此，任意两个节点之间的平均距离是

$$(k+1)\frac{m}{2}+k=\frac{m(k+1)}{2}+k$$

因此，推论 5.1 得证。

不难发现，推论 5.1 针对新 KCube 互联结构的结论差不多是定理 5.2 给出的初始 KCube 互联结构的网络直径上界的一半。如预期的那样，关于输入节点和输出节点的新划分方法能使节点间的路由过程更加灵活。

### 5.3.3　哈密顿性

互联结构的哈密顿性是众多与并行计算息息相关的性质之一，因此针对各种互联网络开展了大量如文献[8]和文献[9]所述哈密顿性方面的研究。如果一个互联结构具有哈密顿性，就可以嵌入一个线性的数组，进而为线性数组设计的全部算法都可以在该互联网络上得到运用。此外，哈密顿性也被运用于构造独立的生成树，并且促进了相关容错协议的设计[10]。

首先回顾 Hypercube 和 Kautz 图的一些特性，这些特性对于证明 KCube 存在哈密顿圈必不可少。文献[7]已经证明两种特殊配置的 KC(1,$k$)和 KC(2,$k$)都具有哈密顿性。此外，研究人员进一步根据上述输入节点和输出节点的划分方法证明在一个通用配置的 KC($m$,$k$)中有一个哈密顿圈。

**定义 5.2**　有两个互斥的节点集 $V_1$ 和 $V_2$ 的连通二部图称为具有哈密顿可迹性，当且仅当图中存在从任意顶点 $u$ 至任意顶点 $v$ 的哈密顿路径，其中，$u\in V_1$，$v\in V_2$[6]。

上述二部图的这一特性确保可以构造出如下这样一条路径，该路径可从 $V_1$（或 $V_2$）中的任意节点发起，沿着一个哈密顿路径，最终抵达互斥点集 $V_2$（或 $V_1$）中的任意节点。图 5.4 针对这样的路径给出了更直观的展示。

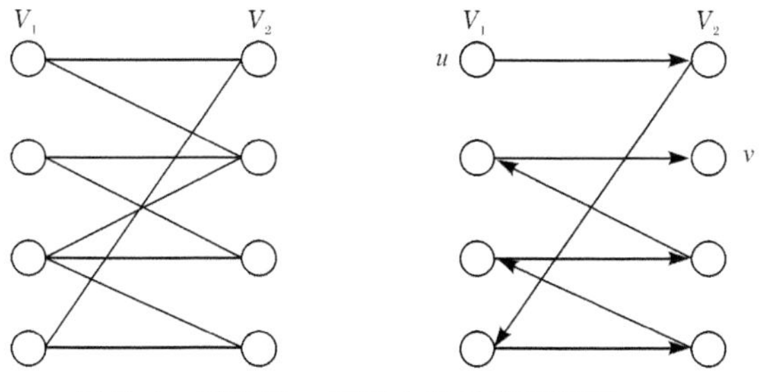


图 5.4　可迹的二部图中的哈密顿路径 $u\sim v$

**定理 5.4**　全体 Hypercube 互联结构 $H(m)$都具有哈密顿可迹性[11]。

Hypercube 的这一特性可以通过归纳法进行证明。在 $m=1$ 的情况下，这一论述显然成立。假设 $H(m)$是哈密顿可迹的，并通过合并两个相同的 $H(m)$来构造 $H(m+1)$，那么两个 $H(m)$中的哈密顿链在合并后会为 $H(m+1)$构造出一条哈密顿链。

**定理 5.5**　Kautz 有向图具有欧拉特性[12]。

这是因为有向图 $G$ 含有一个欧拉圈，当且仅当对于 $G$ 中的每一个节点 $v$ 时，其入度与其出度都相等[8]。通过 Kautz 有向图的定义可知其满足上述条件。至此，可以讨论 KCube 有向图的哈密顿性问题。

**定理 5.6**　KC$(m,k)$具有哈密顿性[6]。

**证明**　KC$(m,k)$在宏观层面对应于一个 Kautz 图 $K(d,k)$。因此，可以推断出 $d=2^{m-1}$。

(1) $m<3$。

若 $m=1$，则 $d=2^{1-1}=1$，而且对应的 $K(1,k)$在 $k\geqslant 1$ 的任何设置下都仅含有两个节点且形成一个环。此时，KC$(1,k)$使用的单元簇是有两个节点的 $H(1)$，而 KC$(1,k)$全体节点形成长度为 4 的环。因此，KC$(1,k)$具有哈密顿性。图 5.5 给出了关于这一结论更清晰的展示。

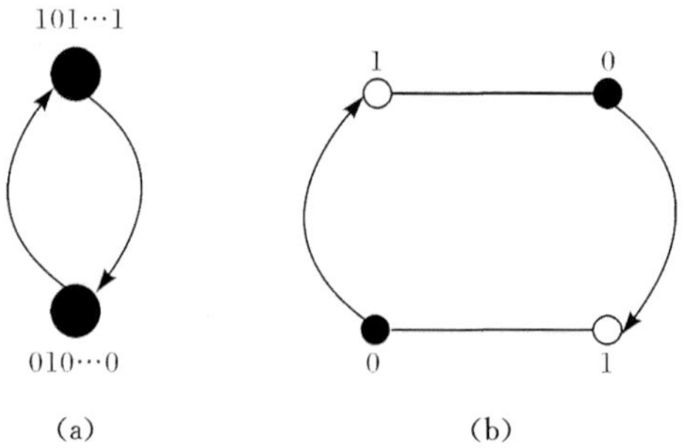


图 5.5　$K(1,k)$和 KC$(1,k)$

当 $m=2$ 时，可以进一步证实对于任意的 $k\geqslant 1$，KC$(2,k)$具有哈密顿性。因为 $K(2,k)$具有欧拉特性，所以可以选用任意一个欧拉圈。$K(2,k)$的节点入度和出度都是 2，这意味着每个节点都可被欧拉圈两次进入又两次离开。在 KC$(2,k)$中，欧拉圈经过一个输入节点后进入某个单元簇 $H(2)$，此后要通过与该输入节点直接连接的输出节点进入另一个单元簇。事实上，此时每个单元簇都是二维 Hypercube，每个输入节点都与全部 2 个输出节点直接连接。因此，不管哪一个欧拉圈被使用，都可以将其和二维 Hypercube 的上述特点综合运用，推导出 KC$(2,k)$具有哈密顿性。举例来说，从 $K(2,2)$中挑选如下欧拉圈：

02→21→12→21→10→02→

20→01→10→01→12→20→02

因此，根据上述欧拉圈可以在 KC(2,2) 中构造出与之相对应的哈密顿圈，如图 5.6 所示。

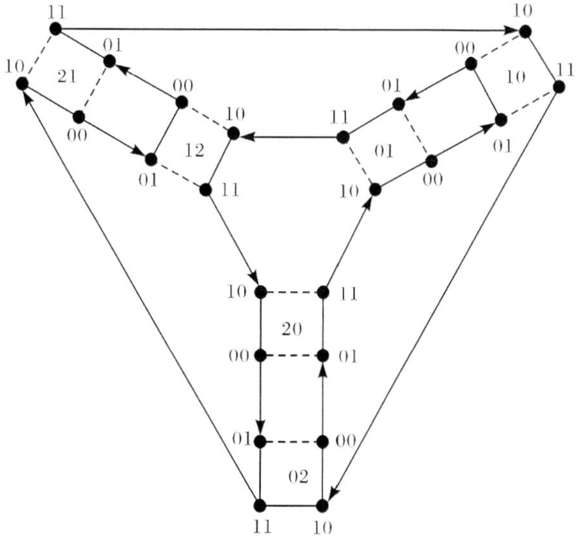


图 5.6　KC(2,2)中的哈密顿圈

(2) $m\geqslant 3$。

众所周知，Kautz 有向图都具有哈密顿性，而 $K(d,k)$ 的哈密顿圈可被用于构造 KC$(m,k)$ 中的哈密顿圈，此时 $d=2^{m-1}$。在证明过程中需要使用定理 5.4 的结论：超立方体是哈密顿可迹的。假设 $K(d,k)$ 中的哈密顿圈是 $u_1\rightarrow u_2\rightarrow\cdots u_n\rightarrow u_1$。从与 $u_1$ 对应的超立方体单元簇中的输出节点 $v$ 开始，沿着该哈密顿圈，到达与 $u_2$ 对应的超立方体单元簇中的某个输入节点。总体来说，当 $K(d,k)$ 中的该哈密顿圈历经一个节点时，就意味着在对应 KC$(m,k)$ 中进入一个超立方体单元簇，此后沿一个哈密顿链遍历内部所有节点并抵达一个输出节点，而离开该输出节点后进入另一个单元簇的某个输入节点，此时意味着在对应 $K(d,k)$ 的哈密顿圈中进入了下一个节点。图 5.7 为上述过程的示意图。最后，返回到对应于 $u_1$ 的超立方体单元簇的某个输入节点，然后通过一跳转发回到出发的那个输出节点，至此，在 KC$(m,k)$ 中构造出了一个哈密顿圈。

定理 5.6 得证。

### 5.3.4　网络的连通性

如果图 $G$ 中任意一对节点之间存在 $n$ 条节点不相交的路径，那么图 $G$ 称为 $n$

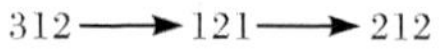


(a) $K(3,3)$中哈密顿圈的一部分

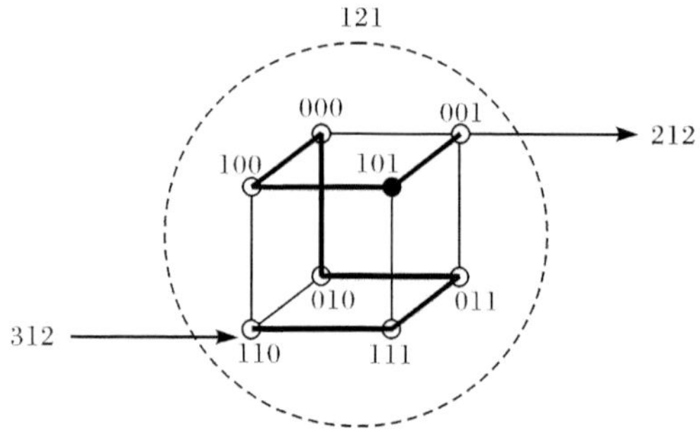


(b) KC(3,3)中哈密顿圈的一部分

图 5.7　KC(3,3)中哈密顿圈的局部构造示意图

连通的。$G$ 的连通性 $\kappa(G)$ 表示能够确保其是 $n$ 连通时 $n$ 的最大整数取值[8]。图的连通性与其容错性好坏直接息息相关。

在 KC$(m,k)$中，每个节点的度为 $m+1$，网络连通性的上确界是 $m+1$。这是因为从任意输出节点到任意输入节点最多有 $m+1$ 条节点不相交的路径。下面进一步给出关于 KCube 连通性的引理 5.3。

**引理 5.3**　KCube 的连通性 $\kappa(\mathrm{KC}(m,k))$是 $m$[6]。

**证明**　已经获知 $\kappa(K(d,k))=d$ 以及 $\kappa(H(m))=m$。另外，KCube 的每个节点 $u$ 被唯一标识为 $u=\langle u_1,u_2\rangle$，其中，$u_1$ 是其 Kautz 层面的标识，而 $u_2$ 是其超立方体层面的标识。对于任意两个节点 $u=\langle u_1,u_2\rangle$ 和 $v=\langle v_1,v_2\rangle$，下面分两种情况对该引理进行证明。

(1) 当节点 $u$、$v$ 同属于一个超立方体单元簇，即 $u_1=v_1$ 时，这两个节点之间存在 $m$ 条节点不相交的路径，因为 $H(m)$是 $m$ 连通的。如果 $u$ 是一个输出节点而 $v$ 是一个输入节点，那么两者之间还存在一条额外的不相交路径。这条路径的构成与众不同，其从节点 $u$ 出发时选择走单元簇间的连接边，经过一系列中间单元簇中的路由以及单元簇间的路由最终抵达节点 $v$。这条新路径没有使用节点 $u$ 和 $v$ 所在单元簇内的任何边。对于这对节点 $u$ 和 $v$ 的其他三种组合，也就是输入节点/输入节点、输入节点/输出节点、输出节点/输出节点，从 $u$ 到 $v$ 只有 $m$ 条节点不相交的路径。原因在于，这些情况下，从节点 $u$ 出发的路径必须途经所在单元簇内部的其他边才能到达节点 $v$。

(2) 当节点 $u$、$v$ 属于不同的超立方体单元簇时，在 $u$ 和 $v$ 之间仍然存在 $m$ 条节点不相交的路径。在 Kautz 标识为 $u_1$ 的单元簇中，首先从节点 $u$ 出发，到该单

元簇内 $m$ 个输出节点。需要注意的是，每个超立方体单元簇内有 $2^m$ 个节点，其中一半是输出节点而另一半是输入节点，并且 $d=2^{m-1}$。上述被选择的 $m$ 个输出节点中的每个节点都是通往 Kautz 标识为 $v_1$ 的单元簇路径的起始节点。显然，存在 $m$ 条这样的路径。一旦这些路径从 $m$ 个不同的输入节点延伸入单元簇 $v_1$ 中，就会找到 $m$ 条到节点 $v=\langle v_1, v_2\rangle$ 的节点不相交路径，原因是 $H(m)$ 是 $m$ 连通的。与第一种情况相同，仅当 $u$ 是输出节点而 $v$ 是输入节点时，两者之间才存在 $m+1$ 条节点不相交的路径。此时，除了前面论述的 $m$ 条路径，还有一条没有使用源点和终点所在两个单元簇内边的路径。对于这对节点 $u$ 和 $v$ 的其他三种组合可能性，也就是输入节点/输入节点、输入节点/输出节点、输出节点/输出节点，从节点 $u$ 到节点 $v$ 只有 $m$ 条节点不相交的路径。

引理 5.3 得证。

若将 KCube 视为一个无向图，则其连通性会变成 $m+1$，因为无向 KCube 中每个节点的度都为 $m+1$。此时，删除任意节点的 $m+1$ 个邻居节点会使其变为孤立节点，并致使无向 KCube 变得不连通。表 5.2 对 Hypercbue、Kautz 图和新版 KCube 的一些特性进行了分析比较。

**表 5.2　Hypercbue、Kautz 和新版 KCube 的一些特性**

| 互联结构 | 网络规模 | 节点度 | 哈密顿性 | 连通性 |
|---|---|---|---|---|
| $H(m)$ | $N_1=2^m$ | $m$ | 是 | $m$ |
| $K(2^{m-1},k)$ | $N_2=2^{(m-1)k}+2^{(m-1)(k-1)}$ | $2^m$ | 是 | $2^m$ |
| $KC(m,k)$ | $N_1N_2$ | $m+1$ | 是 | $m$ |

## 5.4　KCube 的单播和广播传输机制

任何互联网络都需要对外提供一系列数据传输方面的支持。本章关注 KCube 中最重要的两种传输机制，分别是一对一的单播传输和一对全体的广播传输。

### 5.4.1　KCube 的单播传输机制

为了实现高效通信，KCube 需要一种简单快速的方法来确保消息能够沿着最短的路径从源节点 $\langle x, y\rangle$ 发送到目的节点 $\langle x', y'\rangle$。为此，为 KCube 设计了如算法 5-1 所示的单播路由方法，其对 Hypercube 和 Kautz 图的单播路由算法进行了系统整合。在图 5.1 中，一个消息从节点〈21,11〉发送至节点〈20,01〉时会首先被路由至节点〈21,00〉，因为这是标识符为 21 的 Hypercube 单元簇中的第一个输出节点。显然，从节点〈21,11〉到节点〈21,00〉存在两条候选路径，分别是〈21,11〉→

〈21,10〉→〈21,00〉和〈21,11〉→〈21,01〉→〈21,00〉。随后,这条信息沿着路径〈21,00〉→〈12,01〉→〈12,11〉→〈20,10〉被路由至节点〈20,10〉。最后,该消息会沿着两条可选路径抵达目的节点〈20,01〉,分别是〈20,10〉→〈20,11〉→〈20,01〉和〈20,10〉→〈20,00〉→〈20,01〉。

---

算法 5-1 KC(m,k)路由算法

---

1:根据 Kautz 有向图的简单自路由算法[5]以及两个 Hypercube 单元簇的标签 x 和 x′,节点<x, y>识别出消息应该被发送至下一个 Hypercube 单元簇 u. 在互联 KC(m,k)中,全体 Hypercube 单元簇的 Kautz 有向图中,能够推导出从 x 到 u 的出射边在 x 的全体出射边中的序号 i.

2:根据 KC(m,k)的构造规则,消息会从单元簇 x 的第 i 个输出节点发送至另一个单元簇 u 的第 i 个输入节点. 如果节点<x, y>不是单元簇 x 的第 i 个输出节点,那么其计算出该单元簇中第 i 个输出节点的标识符,并通过 Hypercube 的自路由算法,将消息发送至此节点. 否则,节点<x, y>会将消息直接发送给单元簇 u 的第一个输入节点.

---

算法 5-1 并不能为每个节点对都找到最短路径。例如,从〈21,11〉到〈20,01〉间的最短路径应该是〈21,11〉→〈10,10〉→〈10,11〉→〈02,10〉→〈02,00〉→〈20,01〉。事实上,算法 5-1 只能够确保找到的路径不超过定理 5.2 所论述的网络直径上界。

### 5.4.2 Kautz 和 Hypercube 的广播机制

首先回顾 Kautz 有向图和 Hypercube 关于多播传输的一些背景知识,以便实现对 KCube 广播机制的设计。

对于任意图 $G$,生成树 $T$ 是图 $G$ 的一个子图,而且 $V(T)=V(G)$。一个 $d$ 叉树表示任意节点有不超过 $d$ 个子节点的树。对于任意节点 $u\in V(G)$,以 $u$ 为根节点的广播生成树被定义为 $G$ 的一个生成树 $T_u$。至此,如果有节点能从任意节点 $v$ 直接接收到消息,那么该节点与节点 $v$ 之间必有一条有向边。

对于任意 $d\geqslant 2$ 且 $k\geqslant 2$ 的 Kautz 图 $K(d,k)$,其网络直径为 $k$,因而从一个节点出发到达任意节点至多需要 $k$ 步。另外,从任意顶点 $u$ 出发,$K(d,k)$中存在一个 $d$ 叉生成树。因为 $K(d,k)$的网络直径为 $k$,所以该 $d$ 叉生成树的深度不可能超过 $k$。树中各层的内节点 $x_k x_{k-1}\cdots x_1$ 都有子节点,从左到右依次为 $x_{k-1}\cdots x_1\alpha$,$\alpha\in\{0,1,\cdots,d\}-\{x_1\}$,除非这些节点已经出现在该生成树的上层,此时对应的分支会中止。图 5.8 为 $K(2,3)$中一个 $d$ 叉广播生成树的示例。

上述方法构造出的生成树不能满足如下两个重要条件:①所有叶节点与根节点的距离为 $k$;②所有非叶节点都有 $d$ 个子节点。为此,需要引入文献[13]中设计的方法来提升 $K(d,k)$的广播生成树,使其更加具有通用性。这种方法为源节点引入了一个互为对偶关系的节点。对偶节点对意味着两个节点互为对方的邻居。

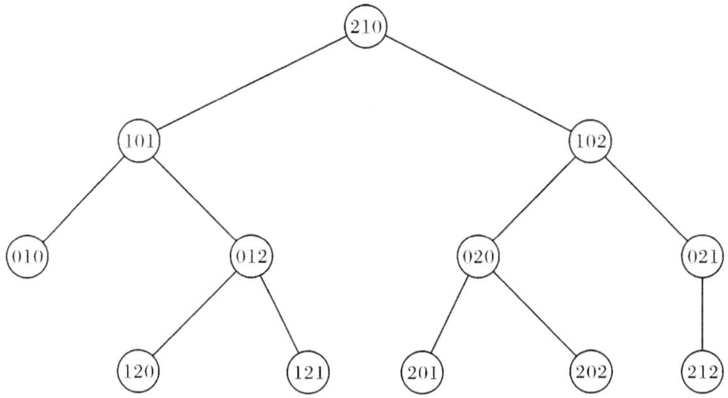


图 5.8　$K(2,3)$中以 210 为根的生成树

例如，$K(2,3)$中的对偶节点对有{010,101}以及{202,020}。

如文献[13]所述，若源节点是某个对偶节点对中的成员，则可以得到一个近似通用的生成树。换句话说，全部叶节点都与根节点的距离为 $k$，除了根节点的对偶节点，该树为一棵 $d$ 叉树，而根节点的对偶节点有 $d-1$ 个出射边。在此过程中，由于广播生成树是 $d$ 叉树，因此每个节点可以通过 Kautz 图定义的出度边发送消息到 $d$ 个其他节点，而唯一例外的是根节点的对偶节点仅能发送消息给 $d-1$ 个其他节点。

图 5.9 为 $K(2,3)$的一种近似通用的生成树。

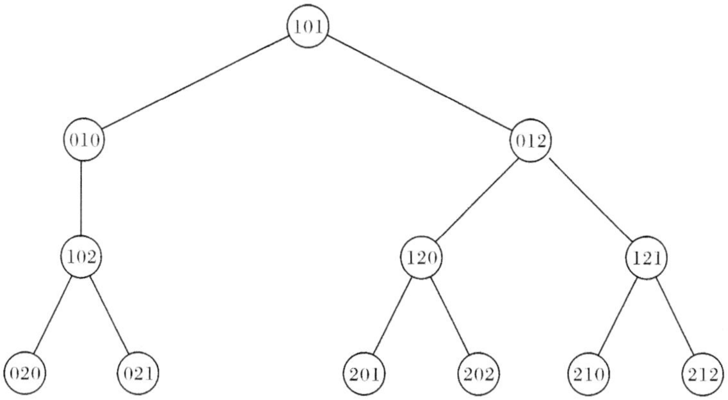


图 5.9　$K(2,3)$中起始于节点 101 的近似通用的生成树

由 $n$ 维超立方体的互联结构可知，一个源节点采用文献[14]提出的下述步骤即可很容易地将一个消息广播到其他所有节点。

超立方体结构中每个节点被标识为 $x_n x_{n-1} \cdots x_1$，$x_i \in \{0,1\}$。为了不失一般

性，假设消息源节点的标识符中各个位均为 0。第一步，标识符为 $0^{n-1}1$ 的邻居节点通过直接相连的边从源节点获取消息，不难发现，节点标识符中仅有右侧第一位的比特值发生反转。至此，获知该消息的节点数量增加到 2 个。第二步，这些节点会分别沿着右侧第 2 维度对应的邻居进行消息传播。归纳来看，在第 $i$ 步已获知消息的全部节点会沿着右侧第 $i$ 维度的邻居节点进行消息的传递。因为在每一步中接收到消息的节点数量会加倍，所以这个传播过程要历经 $\log_2 N$（$N$ 表示节点总数）步才能完成。图 5.10 表示三维超立方体中广播的步骤，其中黑色节点表示到该步为止已经接收到消息的节点。需要注意的是，上述广播过程可以从该互联结构中的任意节点发起，并取得相同的结论。

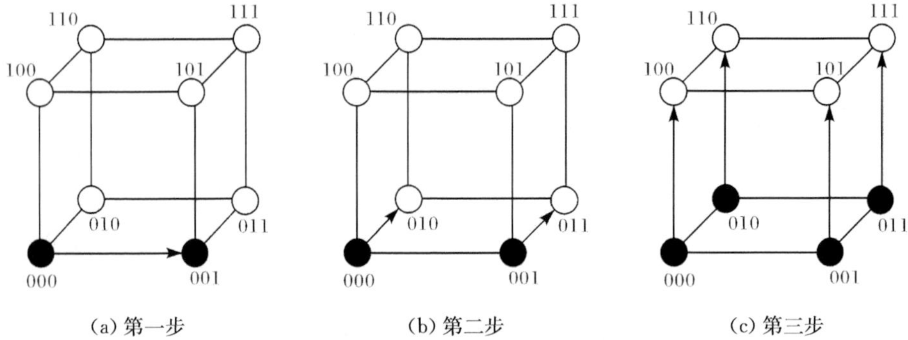


图 5.10　三维超立方体结构中的一个广播的实现步骤

### 5.4.3　KCube 的广播机制

如前所述，在 KC($m$,$k$)中，参数 $m$ 同时表示超立方体单元簇的维度，而参数 $k$ 同时对应于 Kautz 图的网络直径。本质上，KC($m$,$k$)是通过把 Kautz 图中的每一个节点替换为特定维度的超立方体之后而得的，因此综合集成了 Kautz 有向图和超立方体的拓扑优势。在为 KCube 设计广播机制时正是充分利用了这种复合图的拓扑优势，而且超立方体结构的广播机制起到了至关重要的作用。KCube 的广播机制的基本思想如下：首先在广播源节点所在超立方体单元簇 $C$ 内部按照超立方体的广播机制进行广播。其次，在 Kautz 有向图层面，该超立方体单元簇 $C$ 被视为如图 5.10 所示的生成树的某个节点，其与其他 $d$ 个超立方体单元簇（对应于生成树中的子节点）直接相连。因此，超立方体簇 $C$ 通过其输出节点和其他 $d$ 个单元簇的输入节点相连，因此可以将广播消息向这 $d$ 个单元簇内传播。这些获得广播消息的单元簇可以并行地按照超立方体的广播机制进行内部广播。上述过程迭代执行直至生成树中所有叶节点对应的单元簇都得到了广播消息。

需要说明的是，上述广播机制仅适用于源节点的 Kautz 标识符具有对偶性质的一类广播。若广播的源节点不具有上述性质,则源节点需要首先在$O(m)$步内将广播消息路由至一个 Kautz 标识符具有对偶性质的节点。图 5.11 给出了 KC(2,3)中的广播传输示意图。

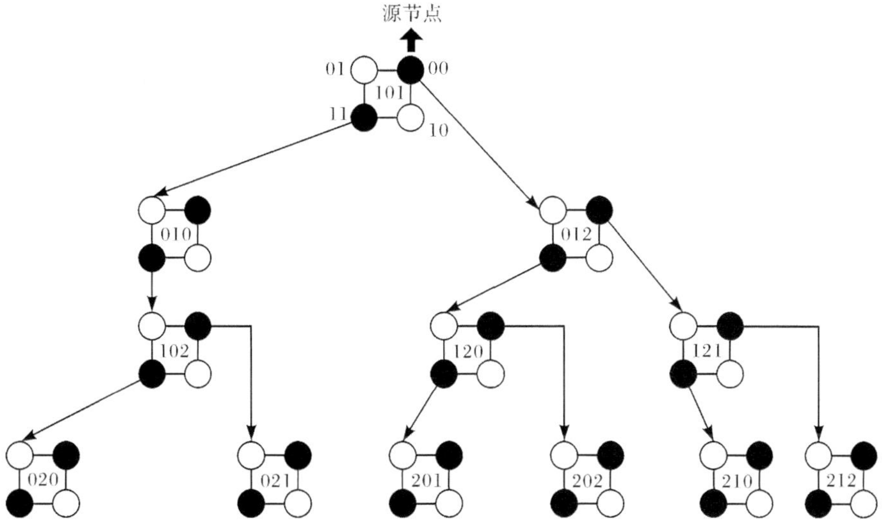


图 5.11　KC(2,3)的广播传输示意图

在图 5.11 所示的示例中,节点〈101,00〉发起了面向 KC(2,3)中其他节点的广播传输。首先,在其所在超立方体内实施广播传输,确保该单元簇中所有节点收到广播消息。接着,通过单元簇内黑色节点代表的输出节点,广播消息被进一步发送到其他直接相连的超立方体单元簇。通过不断重复上述步骤,可以很自然地构造出 KC(2,3)的广播生成树。

考虑到$H(m)$中广播的时间复杂度是$O(m)$,而且对应的 Kautz 图中的生成树深度为$k$,因此 KCube 中广播的时间复杂度为$O(km)$。

## 5.5　本章小结

本章设计了一种名为 KCube 的结构化 P2P 网络架构,其本质上是由 Kautz 有向图和 Hypercube 构成的新型复合图。KCube 采用 Hypercube 结构作为单元簇,并按照 Kautz 有向图的结构实现多个单元簇之间的规则互联。KCube 综合集成了 Hypercube 和 Kautz 有向图的拓扑优点,具有良好的模块性、可扩展性和规则性。另外,从互联结构角度来看,KCube 同样非常具有应用前景,除了可直接应用于 P2P 网络,其还适用于数据中心和并行计算机的设计。

# 参考文献

[1] Grammatikakis M D, Hsu F D, Kraetzl M. Parallel System Interconnections and Communications[M]. Boca Raton: CRC Press, 2000.

[2] Agrawal D P, Chen C, Burke J R. Hybrid graph-based networks for multiprocessing[J]. Telecommunication Systems, 1998, 10(1): 107-134.

[3] Chen C, Agrawal D P. dBCube: A new class of hierarchical multiprocessor interconnection networks with area efficient layout[J]. IEEE Transactions on Parallel and Distributed Systems, 1993, 4(12): 1332-1344.

[4] Sivarajan K N, Ramaswami R. Lightwave networks based on de Bruijn graphs[J]. IEEE/ACM Transactions on Networking, 1994, 2(1): 70-79.

[5] Panchapakesan G, Sengupta A. On a lightwave network topology using Kautz digraphs[J]. IEEE Transactions on Computers, 1999, 48(10): 1131-1137.

[6] Noroozi K. Properties and algorithms of the KCube interconnection networks[D]. Ontario: Department of Computer Science Brock University, 2016.

[7] Zhao L. Properties and algorithms of the KCube graphs[D]. Ontario: Department of Computer Science Brock University, 2014.

[8] Hsu L H, Lin C K. Graph Theory and Interconnection Networks[M]. Boca Raton: CRC Press, 2008.

[9] Zhou S, Xu H. A unified formulation of Kautz network and generalized hypercube[J]. Computers & Mathematics with Applications, 2005, 49(9): 1403-1411.

[10] Ghosh E. Hamiltonicity and longest path problem on special classes of graphs[D]. Delhi: Department of Computer Science and Engineering, Indian Institute of Technology, 2011.

[11] Chen C C, Quimpo N F. On strongly Hamiltonian abelian group graphs[J]. Combinatorial mathematics VIII, 1981, 884: 23-34.

[12] Araujo J, Bermond J C, Ducoffe G. Eulerian and Hamiltonian dicycles in directed hypergraphs[J]. Discrete Mathematics, Algorithms and Applications, 2014, 6(01): 1450012.

[13] Smit G, Havinga P. Multicast and broadcast in the rattlesnake ATM switch[C] //Proceedings of the MMNET, Aizu, 1995.

[14] Saad Y, Schultz M H. Topological properties of hypercubes[J]. IEEE Transactions on Computers, 1988, 37(7): 867-872.

# 第6章　基于复合图的常量度数结构化 P2P 网络 KMcube

前述章节已经详细论述了互联结构在P2P计算中的重要作用。本章在Kautz图与Möbius立方体两种互联结构的基础上，采用复合图的设计思想提出一种具有优良拓扑特性的新型互联结构KMcube。该结构对于设计具有常量度数的结构化P2P网络结构具有重要的意义。由于采用了复合图的设计思想，KMcube保留了Kautz图中网络直径较短的优势，以及Möbius立方体中并行算法易于嵌入的能力。与经典的Hypercube结构相比，KMcube能获得更小的网络直径与平均距离，而且兼具规则性、对称性、可扩展性和适应性等优良的拓扑特性。此外，本章以KMcube为基础，提出了容错路由和网内副本策略。

## 6.1　引　　言

结构化P2P网络对网内节点的全体资源实施全局层面的统一组织和存储，形成分布式索引结构DHT，进而能够高效地支持基于精确匹配的资源查询定位，并在确定的延迟内给出查询结果。如前所述，底层互联结构的拓扑性质严重制约着结构化P2P网络的大规模应用。当前，学术界提出了大量的新型结构化P2P网络结构，目的在于以较短的网络直径和较小的节点度实现对大量节点的高效互联，如CCC[1,2]、dBcube[3]等。

第5章为结构化P2P网络设计了一种新型的KCube互联结构。KCube的基本思想是在Kautz图与超立方体结构的基础上采用复合图的方法进行构造，从而能够保留这两种互联结构的拓扑优势。本章则在KCube的基础上，进一步探索Kautz图与超立方体的变种Möbius立方体的复合图结构。在相同网络规模和节点度的情况下，Möbius立方体是网络直径最小的非常量度数正则网络结构，其网络直径仅为超立方体结构的1/2左右。通过将Kautz图的每个节点用一个Möbius立方体作为单元簇进行替换，可以得到一种网络直径更小的结构化P2P网络结构KMcube。在KMcube复合图中，Kautz图与Möbius立方体的拓扑性质都得到了有效保留。因此，KMcube既拥有Möbius立方体的并行算法快速嵌入能力，也拥有Kautz图的网络直径较短所带来的单元簇间的高速通信能力。此外，KMcube还具有规则性、对称性和可扩展性等优良拓扑性质。

本章首先讨论KMcube复合图构造方法及其拓扑特性，然后充分利用互联结构内在的层次性、对称性等特点设计高效的分布式路由算法，从而保证 KMcube 具有高效容错的路由能力。此外，本章为 KMcube 结构提出了内容副本部署策略，可以有效地降低平均路由长度，提高服务响应的时效性。

## 6.2 基于复合图的新型 P2P 网络结构 KMcube

复合图的设计方法具有能够集成两种不同拓扑结构并保持各自拓扑优势的天然优点。第 5 章已经详细阐释了复合图的设计方法及其重要性，并通过 Kautz 有向图及超立方体结构的复合图构造了新型互联结构 KCube。在此基础上，本章研究 Kautz 图与超立方体的变种结构 Möbius 立方体的复合结构。Möbius 立方体结构是超立方体系列结构中在相同网络规模和节点度情况下，网络直径最小的非常量度数互联结构，其网络直径仅为超立方体的 1/2 左右。需要说明的是，本章后续部分提及 Kautz 图时均指 Kautz 有向图。考虑到前面已经对 Kautz 图给出了详细的定义和讨论，本章不再赘述。

### 6.2.1 Möbius 立方体结构

利用图 $G=(V,E)$ 对互联网络进行建模，其中，$V$ 和 $E$ 分别表示网络中的节点和链路的集合。为了便于表述，本章约定如下术语对之间是等价的：节点和顶点，边和链路，图和网络。

第 5 章已经就超立方体的定义给出了如下形式化的表述。令 $H(m)$ 表示任意 $m$ 维的超立方体互联结构[4]，其节点集表示为 $\{x_m\cdots x_i\cdots x_1 \mid x_i\in\{0,1\},1\leqslant i\leqslant m\}$，其中节点标识符 $x_m\cdots x_i\cdots x_1$ 是具有唯一性的 $m$ 维二进制地址序列。对于任意互为邻居的一对节点，两者的标识符仅在一个二进制位上存在差异。$m$ 维的超立方体 $H(m)$ 中共有 $2^m$ 个节点，而且其节点度和网络直径都等于 $m$。

本章使用 $\mathrm{Mc}(m)$ 来表示一个 $m$ 维的 Möbius 立方体[5]。$\mathrm{Mc}(m)$ 的每个节点被赋予一个 $m$ 位二进制序列 $x_m\cdots x_i\cdots x_1$，因此 $\mathrm{Mc}(m)$ 中共含 $2^m$ 个节点。对于任意节点的标识符，$x_i$ 称为标识符的第 $i$ 位，而 $x_i$ 的补运算表示为 $\bar{x}_i=1-x_i$，其中，$1\leqslant i\leqslant m$。与超立方体相同，$\mathrm{Mc}(m)$ 的节点集合表示为 $\{x_m\cdots x_i\cdots x_1 \mid x_i\in\{0,1\}\}$。图 6.1(a) 为二维 Möbius 立方体的示意图。需要指出的是，当 $m=1$ 或 2 时，$\mathrm{Mc}(m)$ 和 $H(m)$ 完全相同，分别表示为一条线段或者一个矩形结构。

Möbius 立方体和超立方体互联结构的根本差异源自对节点间边的互联关系的不同定义。$\mathrm{Mc}(m)$ 中标识符为 $x=x_m\cdots x_i\cdots x_1$ 的节点仅和标识符为 $y=y_m\cdots y_i\cdots y_1$ 且满足如下条件之一的 $m$ 个节点直接相连：

当 $x_{i+1}=0$ 时：

$$y=(x_m\cdots x_{i+1}\bar{x}_i x_{i-1}\cdots x_1) \tag{6.1}$$

当 $x_{i+1}=1$ 时：

$$y=(x_m\cdots x_{i+1}\bar{x}_i\,\bar{x}_{i-1}\cdots\bar{x}_1) \tag{6.2}$$

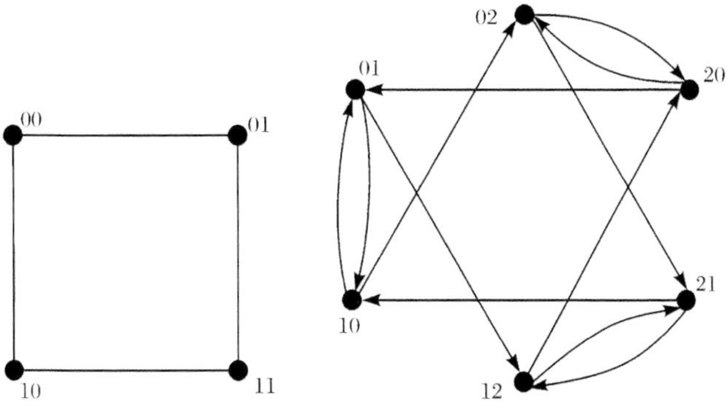


(a) Mc(2)　　(b) $K(2,2)$

图 6.1　Möbius 立方体图 Mc(2)和 Kautz 图 $K(2,2)$

当 $x_{i+1}=0$ 时，根据式(6.1)可推断：Möbius 立方体中节点 $x$ 与其第 $i$ 个邻居节点之间的边记为$(x,x+e_i)$，其中，$e_i$ 是除了第 $i$ 位为 1 其余位皆为 0 的 $m$ 维二进制向量。当 $x_{i+1}=1$ 时，根据式(6.2)可推断：节点 $x$ 与其第 $i$ 个邻居节点之间的边记为$(x,x+E_i)$，其中，$E_i$ 是从第 $i$ 位到最后一位均为 1，而其余位均为 0 的 $m$ 维二进制向量。

至此，通过式(6.1)和式(6.2)为节点 $x$ 定义了前 $m-1$ 个邻居节点，即 $1\leqslant i<m$。节点 $x$ 的第 $m$ 个邻居节点尚未确定，而且依赖二进制位 $x_{m+1}$ 的取值。若假设 $x_{m+1}=0$，则获得的互联结构称为 0-Möbius 立方体；否则，获得的互联结构称为 1-Möbius立方体。0-Möbius 立方体与 1-Möbius 立方体在互联方式上存在显著的差异，这导致两者的网络直径也存在细微差别。0-Möbius 立方体的网络直径为$\lceil(m+2)/2\rceil$，而 1-Möbius 立方体的网络直径为$\lceil(m+1)/2\rceil$。出于网络直径最小化的考虑，本章在进行复合图构造过程中选取 1-Möbius 立方体。为了便于叙述，本章提及的 Möbius 立方体均指 1-Möbius 立方体。由此可知，一个 $m$ 维 Möbius 立方体 Mc($m$)中具有 $2^m$ 个节点和 $m\times2^{m-1}$ 条边。

### 6.2.2　KMcube 复合图的构造方法

第 5 章所论述，复合图是一种能集成两种拓扑结构并保持各自拓扑优势的有效设计方法。复合图的这一显著优势极大地扩展了互联结构的设计空间，增加了设计的灵活性。本章首先介绍一般的复合图构造方法，并在此基础上提出 KMcube 复合图的构造方法。

**定义 6.1**(复合图构造方法)　给定任意两个正则图 $G_1$ 和 $G_2$，将图 $G_1$ 逐个替

换图 $G_2$ 中的各个节点，并用连接两个相应 $G_1$ 单元簇的链路替换 $G_2$ 中的各条链路。据此可以得到 $G_1$ 和 $G_2$ 的复合图，记为 $G_2(G_1)$。

复合图构造方法具有诸多优势，但在实际中应用时需要满足以下两个前提条件：①参与复合图构造的两个基本图必须是正则的，即图中各个节点的度都相等；②$G_2$ 的节点度应当等于 $G_1$ 的节点总数。本章讨论的 Kautz 图与 Möbius 立方体均为正则图，因此上述第一个条件得到了满足。Kautz 图 $K(d,k)$ 的节点度表示节点的出度和入度之和，即 $2d$；Möbius 立方体的节点数量是 $2^m$。为了满足上述第二个条件，必须有 $2d=2^m$，因此可知 $d=2^{m-1}$。

在此基础上，本章在 Kautz 图与 Möbius 立方体的基础上可依据上述定义构造出复合图 KMcube。基本过程如下：用 Möbius 立方体作为单元簇替换 Kautz 图中的每个节点，用连接两个相应单元簇的有向链路替换 Kautz 图中对应的有向弧。每个单元簇内部的链路称为局部链路，而单元簇之间的链路称为远程链路。KMcube 中全体节点的度都等于 $m+1$，即 Möbius 立方体的节点度加 1。从本质上看，Möbius 立方体中每个节点增加一条有向边用于实现 Kautz 图中对应链路的功能。

将 KMcube 复合图记为 $\mathrm{KMc}(m,d,k)$，其中，$m$、$d$、$k$ 分别为 Möbius 立方体的维度、Kautz 图的出度和 Kautz 图的网络直径。根据复合图设计方法的第二个前提条件可知，$d=2^{m-1}$。简单起见，将 KMcube 复合图进一步简化记为 $\mathrm{KMc}(m,k)$。

图 6.1(b)为 $K(2,2)$示意图，而图 6.2 为基于 Mc(2)和 $K(2,2)$的复合图 KMc(2,2)。此时，Mc(2)被具体化为正方形结构，并担任 KMcube 中单元簇的角色。$K(2,2)$的节点度等于 Mc(2)的节点数 4。在复合图 KMc(2,2)中，网络规模是 $2^{mk-k+m}+2^{mk-k+1}=24$，边的总数为 $(m+1)(2^{(m-1)(k+1)}+2^{(m-1)k})=36$，节点度为 $m+1=3$，网络直径是 $\lceil (m+1)/2 \rceil (k+1)=6$。

图 6.3 为 KMcube 复合图 KMc(2,3)的示例图，其由 Mc(2)和 $K(2,3)$通过复合图构造方法而得。图中左上角展示了一个 KMc(2,3)的单元簇 Mc(2)，单元簇由 4 个节点构成，分别是 00、01、10 和 11。这些节点通过 4 条无向边相互连接，且被划分为输出节点集和输入节点集。通过对这两个节点集的成员按照一定规则排序编号，可有助于在 KMc(2,3)中实现跨单元簇的互联。如图 6.3 中的簇 101 所示，节点〈101,00〉为输出节点，指向节点〈012,01〉；节点〈210,00〉为输出节点，指向节点〈101,01〉；节点〈101,11〉为输出节点，指向节点〈010,10〉；节点〈010,11〉为输出节点，指向节点〈101,10〉。至此，每个单元簇内由 4 个节点、4 条内部链路和 4 条外部链路构成；KMc(2,3)共由 12 个簇构成，因此共能容纳 $12\times4=48$ 个节点，包括的链路总数为 $4\times12+(4\times12)/2=72$ 条。

在 $\mathrm{KMc}(m,k)$中，参与复合图构造的 Kautz 图是有向图，而 Möbius 立方体是无向图。为此，每个 Mc($m$)单元簇中的各个节点均需要一条额外的有向弧[6]。这

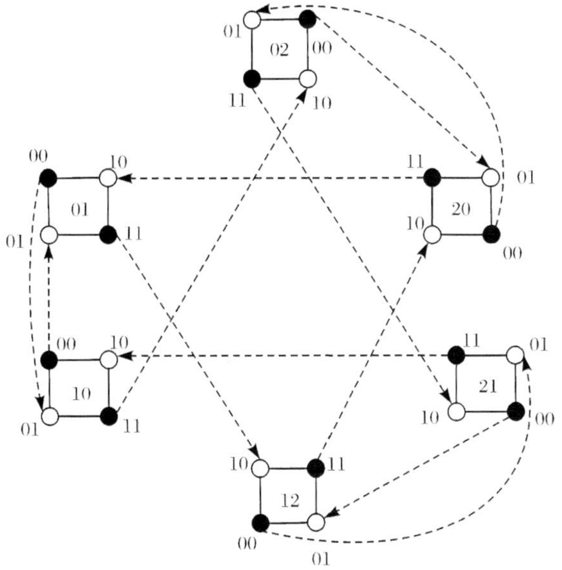


图 6.2　KMcube 图 KMc(2,2)

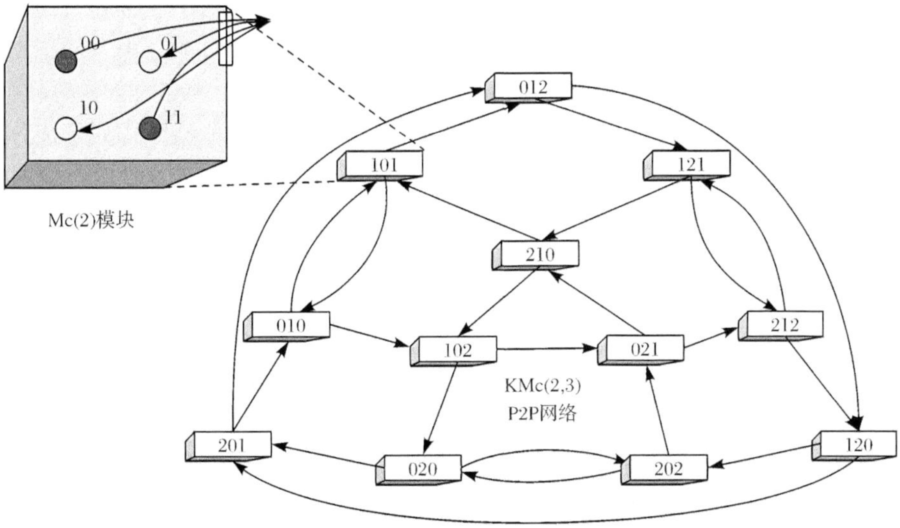


图 6.3　KMcube 图 KMc(2,3)

首先要求将簇内全体节点巧妙划分入输入节点集与输出节点集，但是这些远程弧的两端如何选择仍然悬而未决，例如，一条远程弧应该从哪个单元簇的输出节点出射，从哪个单元簇的输入节点入射。为了解决这些问题，本章进一步提出了 Möbius 立方体单元簇中的节点划分方法。

对于 Mc($m$)单元簇，从中任意选择一个节点 $x=x_m\cdots x_i\cdots x_1$ 作为参照节点，定义单元簇中输出节点标识符的最后两位 $y_2y_1$ 为 $x_2x_1+E_i$，$E_i$ 是一个二维的二进制向量，其取值同为 0 或同为 1。输出节点的标识符 $y=y_m\cdots y_i\cdots y_1$ 必须同时满足如下两个约束条件：

$$y_2y_1=x_2x_1+E_i,\quad E_i\in\{00,11\} \tag{6.3}$$

$$y_i=0\text{ 或 }1,\quad 3\leqslant i\leqslant m \tag{6.4}$$

类似地，定义输入节点标识符的最后两位 $y_2y_1$ 为 $x_2x_1+E_i$，其中，$E_i$ 也是一个二维的二进制向量，但是其两个维度的取值必须不同，即一位为 0 而另一位为 1。输入节点的标识符 $y=y_m\cdots y_i\cdots y_1$ 必须同时满足以下两个约束条件：

$$y_2y_1=x_2x_1+E_i,\quad E_i\in\{01,10\} \tag{6.5}$$

$$y_i=0\text{ 或 }1,\quad 3\leqslant i\leqslant m \tag{6.6}$$

Mc($m$)单元簇中的输出节点和输入节点分别用如图 6.2 所示的黑球和白球表示，其中，$2^{m-1}$个节点被划分为输入节点并担任跨单元簇的远程弧的入射节点，而剩余的 $2^{m-1}$个节点成为输出节点并担任跨单元簇的远程弧的出射节点。为了不失一般性，节点划分时所需的参考节点被选定为 $x=x_m\cdots x_i\cdots x_1$，其中，标识符的最后两位均为 0。因此，输出节点标识符的最后两位为 00 或 11，而输入节点标识符的最后两位为 01 或者 10。至此，根据复合图的构造过程可知，Kautz 图中的每条弧要被替换为对应的一对 Möbius 立方体单元簇间的远程弧。由 Kautz 图的定义可知，任意节点 $x_k\cdots x_i\cdots x_1$ 存在指向节点 $x_{k-1}\cdots x_1\alpha$ 的弧，其中，$\alpha\in\{0,1,\cdots,d\}-x_1$。正如第 5 章所讨论的，节点 $x_k\cdots x_i\cdots x_1$ 的 $d$ 条弧可排列形成一个升序。根据 Möbius 立方体节点的上述划分规则，约定 $K(d,k)$中 $x_k\cdots x_i\cdots x_1$的第 $i$ 条弧被用于连接相应单元簇中按升序排列的第 $i$ 个输出节点和输入节点。

综上所述，KMcube 通过一系列设定的操作得以构建。首先，采用 Möbius 立方体作为单元簇来替换 Kautz 图中的每个节点，并将每条弧替换为连接两个对应单元簇间特定输出节点和输入节点的远程边。最后，KMc($m,k$)的节点被标记为二元组$\{\langle x=x_k\cdots x_i\cdots x_1, y=y_m\cdots y_j\cdots y_1\rangle \mid 1\leqslant i\leqslant k, 1\leqslant j\leqslant m\}$，其中，$x_k\cdots x_i\cdots x_1$表示节点的 Kautz 标识符，而 $y_m\cdots y_j\cdots y_1$表示节点的 Möbius 标识符。在图 6.2 所示的示例中，黑球和白球分别代表输出节点和输入节点，实线的无向边代表 Möbius 立方体单元簇内部的局部链路，而虚线的有向边代表跨 Möbius 立方体单元簇间的远程链路。

在图 6.1～图 6.3 所示的 KMcube 示例中，基本构造模块都只是二维的 Möbius 立方体结构 Mc(2)。为了加深对更高维度情形的理解，进一步给出如下两种情况。

(1) 图 6.4 展示了 KMc($3,k$)中的基本构造模块 Mc(3)，其节点度为 $3+1=4$，每个节点有 3 条无向边连接模块内的节点，另外 1 条有向边连接模块间的其他节点。模块内的全体节点按照本章提出的规则被划分为两个集合，其中节点 000、100、111、011 为输出节点，节点 001、101、110、010 为输入节点。

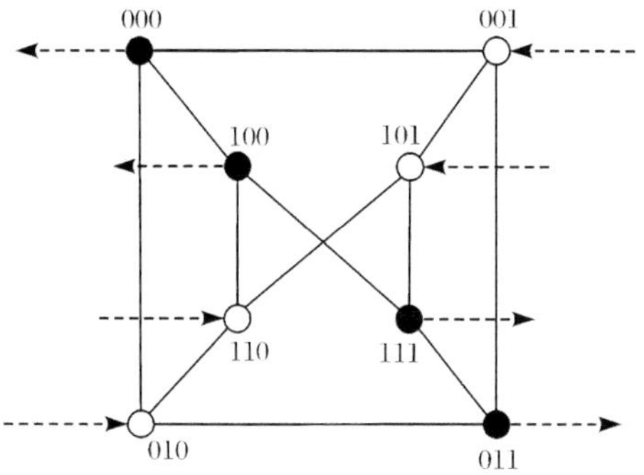


图 6.4　KMc(3,$k$)中的模块 Mc(3)示例

(2) 图 6.5 为 KMc(4,$k$)中的基本构造模块 Mc(4)，其节点度为 4+1=5，每个节点有 4 条无向边连接模块内的节点，另外 1 条有向边连接模块间的节点。模块内的全体节点同样按照本章提出的规则被划分为两个集合，其中节点 0000、0100、0111、0011、1011、1000、1100、1111 为输出节点，节点 0001、0101、0110、0010、1110、1001、1010、1101 为输入节点。

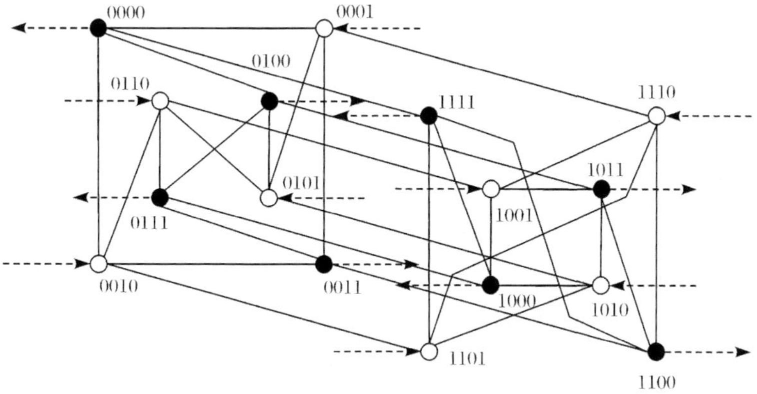


图 6.5　KMc(4,$k$)中的模块 Mc(4)示例

### 6.2.3　KMcube 的拓扑性质

本节对 KMcube 的网络规模、节点度、网络直径、对剖宽度等拓扑性质给出分析和证明。令符号 $d_1$、$k_1$、$N_1$、$L_1$、$W_1$ 和 $d_2$、$k_2$、$N_2$、$L_2$、$W_2$ 分别表示 Mc($m$)和 $K(2^{m-1},k)$的节点度、网络直径、网络规模、边的数量和对剖宽度。

**定理 6.1**　KMc($m$,$k$)含有 $2^{(m-1)k}+2^{(m-1)(k-1)}$ 个 Möbius 立方体的单元簇，每

个簇中分别有 $2^m$ 个节点。因此，KMc$(m,k)$中共包含 $2^{mk-k+m}+2^{mk-k+1}$个节点。

**证明** 由 KMcube 网络的构建过程可知 $d=2^{m-1}$，那么共有 $2^{(m-1)k}+2^{(m-1)(k-1)}$个 Möbius 立方体单元簇，而每个单元簇含有 $2^m$ 个节点。因此，不难计算 KMcube 结构 KMc$(m,k)$的网络规模为$(2^{(m-1)k}+2^{(m-1)(k-1)})\times 2^m$，即 $2^{mk-k+m}+2^{mk-k+1}$个节点。定理 6.1 得证。

**定理 6.2** KMc$(m,k)$中有 $2^{(m-1)(k+1)}+2^{(m-1)k}$条跨 Möbius 立方体单元簇的远程弧，同时每个单元簇内有 $m\times 2^{(m-1)}$ 条簇内的无向边。因此，KMc$(m,k)$中共有$(m+1)(2^{(m-1)(k+1)}+2^{(m-1)k})$条链路。

**证明** 由 KMc$(m,k)$的构建规则可知，任意 Möbius 立方体簇均包含 $2^m$ 个节点，而每个节点的度均为 $m$。由于 Möbius 立方体是无向图，每条边在统计节点度时被计算两次，因此 Möbius 立方体簇中边的总量应为 $2^m\times m/2=m\times 2^{(m-1)}$。在 KMc$(m,k)$中，共有 $2^{(m-1)k}+2^{(m-1)(k-1)}$个 Möbius 立方体的单元簇，则 KMcube 中全体单元簇的内部无向边的总量是$m\times 2^{(m-1)}\times(2^{(m-1)k}+2^{(m-1)(k-1)})$。另外，每个单元簇中有 $2^{m-1}$条指向其他簇的出射弧，则 KMcube 中跨单元簇的远程链路的总量为$(2^{(m-1)k}+2^{(m-1)(k-1)})\times 2^{m-1}=2^{(m-1)(k+1)}+2^{(m-1)k}$。综合 KMcube 中的无向边和出射弧可知，网络结构中的链路总数量为$(m+1)(2^{(m-1)(k+1)}+2^{(m-1)k})$。定理 6.2得证。

**定理 6.3** KMc$(m,k)$的节点度和网络直径分别为 $m+1$ 和$\lceil(m+1)/2\rceil(k+1)+k$。

**证明** 由 KMcube 的构造过程可知，需要用 Möbius 立方体作为单元簇，然后逐一替换 Kautz 图的每个节点，同时单元簇中的每个节点均新增加一条额外的远程链路。至此，显然 KMc$(m,k)$的节点度等于 Möbius 立方体的节点度加 1，也即 $m+1$。另外，KMcube 中任意两个节点之间的消息传递在最糟糕情况下会途经 $k+1$ 个单元簇，包括源节点和目的节点所在的两个单元簇以及其他 $k-1$ 个中间的单元簇。在每个中间单元簇内，从某个输入节点到某个输出节点间的消息传递历经的最短路径为$\lceil(m+1)/2\rceil$跳。类似地，从源节点到相同单元簇的某个输出节点的最短路径长度最多也为$\lceil(m+1)/2\rceil$，从目的节点到相同单元簇的某个输入节点的最短路径长度最多也为$\lceil(m+1)/2\rceil$。此外，从源节点到目的节点的最短路径最多历经 $k$ 条跨不同单元簇的远程链路。综上所述，KMc$(m,k)$互联结构的网络直径为$(k+1)\lceil(m+1)/2\rceil+k=\lceil(m+1)/2\rceil(k+1)+k$。定理 6.3 得证。

**定理 6.4** KMc$(m,k)$的对剖宽度等于 Mc$(m)$和 $K(2^{m-1},k)$对剖宽度中的最大值，即 $\max(W_1,W_2)$。

**证明** 由于 Möbius 立方体和 Kautz 图均具有节点对称性，因此令其对剖宽度分别为 $W_1$ 和 $W_2$。由复合图的定义和构建规则可知，KMc$(m,k)$也具有节点对称性，而且其对剖宽度应为 $W_1$ 和 $W_2$ 中较大的那个，即 $\max(W_1,W_2)$。

表 6.1 对 KMcube 和其他两个基本结构 Möbius 立方体以及 Kautz 图的拓扑性质进行了分析和对比。KMcube 的网络直径为$\lceil (m+1)/2 \rceil (k+1)+k$，是第 5 章中提出的 KCube 复合图的网络直径 $m(k+1)+1$ 的$\frac{1}{2}$左右。根本原因在于 KMcube 在复合构造过程中引入了 Möbius 立方体这种变种结构。

**表 6.1　Möbius 立方体、Kautz 图、KMcube 的拓扑性质对比**

| 名称 | 节点度 | 网络直径 | 网络规模 | 边的数目 | 对剖宽度 |
|---|---|---|---|---|---|
| $Mc(m)$ | $m$ | $\lceil (m+1)/2 \rceil$ | $2^m$ | $2^{(m-1)}m$ | $W_1$ |
| $K(2^{m-1},k)$ | $2^m$ | $k$ | $2^{(m-1)k}+2^{(m-1)(k-1)}$ | $2^{(m-1)(k+1)}+2^{(m-1)k}$ | $W_2$ |
| $KMc(m,k)$ | $m+1$ | $\lceil (m+1)/2 \rceil (k+1)+k$ | $2^{mk-k+m}+2^{mk-k+1}$ | $(m+1)(2^{(m-1)(k+1)}+2^{(m-1)k})$ | $\max(W_1,W_2)$ |

### 6.2.4　Kautz 图和类 Möbius 立方体的复合图

在 KMcube 构造过程中选用了 1-Möbius 立方体结构，但是其网络结构设计方法同样适用于其他类型的 Möbius 立方体。例如，0-Möbius 立方体、Fast-cube[7]、Twisted cube[8]、Flip MCube[5]等。这些类型的 Möbius 立方体结构都和 1-Möbius 立方体拥有相似的网络直径，而且均显著低于经典立方体结构的网络直径。这一特征能够确保在每个类 Möbius 立方体内进行高效的节点间通信。同时，通过合理的参数选择，类 Möbius 立方体的节点数目能够等于 Kautz 图的节点度，这满足复合图的构建规则。总之，在 Kautz 图和其他类似 Möbius 立方体的基础上，可以通过复合构造获得多种新型的互联结构，其延续了两者的诸多拓扑优势。

## 6.3　KMcube 的路由机制和副本策略

本章在对 KMcube 复合图拓扑特性深入研究的基础上，充分利用互联结构内在的层次性、对称性等特点，设计高效的分布式路由算法。该算法的核心思想是根据任意一对网络节点的标识符快速计算出路由路径。本节进一步为 KMcube 复合图提出高效的容错路由算法，并对典型的副本策略进行优化。

### 6.3.1　KMcube 的路由机制

数据驱动路由是结构化 P2P 网络的核心问题之一。本节首先在不考虑故障因素的情况下，充分发掘 KMcube 的结构特性，设计高效的路由机制。这种路由机制只需要知道源节点和目的节点的标识符即可快速计算出两者之间的路径。

其次，在 P2P 网络的长期运行过程中，系统中的各种组成部分都具有潜在的故障风险，而节点故障的数量和位置等信息都难以提前预测。这种情况要求路由机制具有很好的容错性，在产生小规模故障时不会影响路由的服务质量，在产生大规模故障时仍然能够响应部分路由请求，从而使故障本身对用户透明。因此，在高效路由机制的基础上，可以充分利用大量的冗余路径来提高路由算法的容错能力，从而有效应对网络中的节点失效问题。

KMcube 是基于有向 Kautz 图和无向 Möbius 立方体的结构化 P2P 网络结构，因此拥有两种互联结构的拓扑优势。为了在路由层面充分发掘和利用这些拓扑优势，本章充分利用了 Kautz 图和 Möbius 立方体各自路由方法的特点，为 KMcube 设计了如算法 6-1 所示的高效路由方法。从总体来看，KMcube 将 Möbius 立方体结构作为基本的单元簇，因此在单元簇层面可采用 Kautz 图的现有路由方法实现单元簇间的路由，而在每个单元簇内使用 Möbius 立方体的现有路由方法实现簇内两个节点间的路由。

算法 6-1　KMcube 的路由算法

输入：源节点⟨x,y⟩和目的节点⟨x′,y′⟩

1：在 Kautz 有向图 K(d,k)中，Kautz 的自路由方法可根据源节点的 Kautz 标识符 x 识别出消息应该被转发至下一个 Kautz 节点 u。这同时是 KMc(m,k)中某个对应 Möbius 立方体的标识符；

2：在 KMc(m,k)中，从 x 到 u 的出边顺序 i 可以根据第 5 章提出的方法得到；

3：路由消息从所在单元簇 x 的第 i 个输出节点发送到标识符为 u 的单元簇的第 i 个输入节点；

4：若源节点⟨x,y⟩不是单元簇 x 的第 i 个输出节点，则需要识别出该 Möbius 立方体的第 i 个输出节点的标识符，然后按照 Möbius 立方体的自路由方法将该消息路由到其第 i 个输出节点；

5：若目的节点⟨x′,y′⟩不是单元簇 u 的第 i 个输入节点，则该消息将按照 Möbius 立方体的自路由方法从第 i 个输入节点转发到目的节点⟨x′,y′⟩；

6：对于 u 之后的其他中间单元簇，消息将按 Möbius 立方体的路由方法从其第 i 个输入节点路由到 i 个输出节点；

7：对于 u 之后跨相邻单元簇之间的消息，消息能够从前一个单元簇的第 i 个输出节点转发到下一个单元簇的第 i 个输入节点；

算法 6-1 不仅高效，而且能适应网络规模不断扩展的情况，同时具有较强的容错功能。例如，考虑从源节点⟨01,00⟩向目的节点⟨21,10⟩发送一条消息时，根据算法 6-1 可找到 Kautz 图中从 01 到 21 的最短路径{01→12→21}。在源节点 01 所在的单元簇中，从源节点到输出节点⟨01,11⟩的最短路径为⟨01,00⟩→⟨01,01⟩→⟨01,11⟩或⟨01,00⟩→⟨01,10⟩→⟨01,11⟩。目的节点 21 所在的单元簇中，有两条可选的最短路径⟨21,01⟩→⟨21,00⟩→⟨21,10⟩和⟨21,01⟩→⟨21,11⟩→⟨21,10⟩。在单元簇 12 中的一段路径是⟨12,10⟩→⟨12,00⟩。至此，可知从节点⟨01,00⟩到节点〈21,10〉的一条路由是 $R=\langle 01,00\rangle\rightarrow\langle 01,01\rangle\rightarrow\langle 01,11\rangle\rightarrow\langle 12,10\rangle\rightarrow\langle 12,00\rangle\rightarrow\langle 21,01\rangle\rightarrow\langle 21,11\rangle\rightarrow\langle 21,10\rangle$，共历经 7 跳转发。事实上，从服务器节点〈01,00〉到〈21,10〉的最短路径应该是 $R=\langle 01,00\rangle\rightarrow\langle 10,01\rangle\rightarrow\langle 10,11\rangle\rightarrow\langle 02,10\rangle\rightarrow\langle 02,11\rangle\rightarrow\langle 21,10\rangle$，总共需要 5 跳转发。因此，算法 6-1 保证了高的容错性和较强的路由寻径能力，但当 $k$ 不是足够大时，并不能保证每次计算出的路径均为最短路径。考虑到 Möbius 立方体的网络直径 $\lceil (m+1)/2 \rceil$ 显著小于相同维度下超立方体的网络直径，当 $m\geqslant 4$ 且 $k\geqslant 4$ 时，算法 6-1 能快速产生更高效的路由路径。

### 6.3.2　KMcube 结构的副本策略

与其他结构化 P2P 网络一样，以 KMcube 的互联结构为基础可以构造出分布式索引 DHT，从而实现数据对象在 P2P 网络内的统一存储和查询支持。但是，因为数据对象的查询访问分布并不服从均匀分布，所以总是存在一些热点数据对象的访问频次高于其他数据对象的现象。这很容易造成数据对象的访问负载不均衡问题，进而导致 KMcube 中部分节点的负载过重。

为此，在充分挖掘 KMcube 内在特性的基础上，这里为数据源按照应用需求识别出一些服务器并在其上建立相应的副本，进而很好地满足数据访问的局部性要求。副本策略可以有效减少网络带宽的损耗和数据访问的延迟，均衡访问的负载，增强数据的可靠性和鲁棒性。副本能有效弥补单点失效、容错性和接入访问性能受限等问题。同时，部署副本也会带来一致性、负载均衡、软硬件开销、通信开销等问题。如何合理有效地设计副本策略是提高 P2P 网络性能的关键问题。

具体而言，本章充分利用 KMcube 互联结构的对称性，设计一种具有良好对称性的数据副本策略，从而可以很好地起到负载均衡和容错的效用。以图 6.6 中的服务器〈01,00〉为例，任意服务器节点到服务器〈01,00〉的最远距离为 $\lceil (m+1)/2 \rceil(k+1)+k=\lceil (2+1)/2 \rceil(2+1)+2=8$ 跳。例如，从服务器〈21,10〉到服务器〈01,00〉的最短路径为 $\langle 01,00\rangle\rightarrow\langle 10,01\rangle\rightarrow\langle 10,11\rangle\rightarrow\langle 02,10\rangle\rightarrow\langle 02,11\rangle\rightarrow\langle 21,10\rangle$。如果选择处于对称位置的服务器〈12,00〉和〈20,00〉担当〈01,00〉的备用服务器，并存储〈01,00〉上的数据对象，那么选择副本服务器〈12,00〉时，从〈12,00〉到〈21,10〉的一条可行最短路径为 $\langle 12,00\rangle\rightarrow\langle 21,01\rangle\rightarrow\langle 21,11\rangle\rightarrow\langle 21,10\rangle$，其长度为 3 跳。如果选择副本服务器〈20,00〉，那么 $\langle 20,00\rangle\rightarrow\langle 02,01\rangle\rightarrow\langle 02,11\rangle\rightarrow\langle 21,10\rangle$ 是一条从〈20,00〉到〈21,10〉的可行的最短路径，其长度是 3 跳。这样，选定并配置〈12,00〉和〈20,00〉两个服务器节点为服务器〈01,00〉的副本，即可兼顾负载均衡和数据访问局部性两个指标的要求。

上述副本选择策略充分考虑了 KMcube 的对称性，通过在不同模块内合理选择对称节点作为副本节点，能够有效地减少路由的最短距离，获得数据访问的局

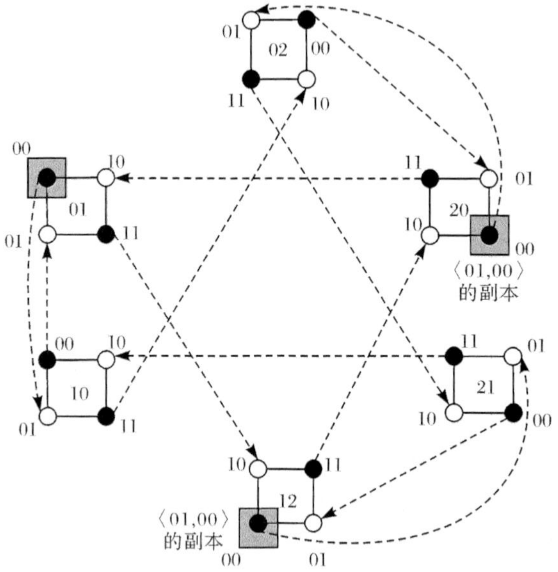


图 6.6　KMc(2,2)的副本策略

部性。此外,副本节点也能很好地响应针对原节点的并发数据访问请求,如果同时有 3 个服务器节点〈01,11〉、〈02,00〉和〈21,00〉产生针对节点〈01,00〉的数据访问请求,那么该访问请求沿着如下 3 条路径并行传递:①服务器〈01,00〉沿着路径〈01,00〉→〈01,10〉→〈01,11〉响应服务器〈01,11〉的请求,共经过 2 跳转发;②服务器〈20,00〉沿着路径〈20,00〉→〈02,01〉→〈02,00〉响应服务器〈02,00〉的请求,共经过 2 跳转发;③服务器〈12,00〉沿着路径〈12,00〉→〈21,01〉→〈21,00〉→〈21,10〉响应服务器〈21,10〉的请求,共经过 3 跳转发。

此外,本章进一步从如下角度细化 KMcube 的副本策略:①根据每个节点的负载情况和响应需求,选择合适数量的副本节点;②选择距离接近网络直径$\lceil (m+1)/2 \rceil (k+1)+k$ 的一些节点担任副本节点,并部署内容副本;③P2P 网络是一个开放而复杂的大网络系统,分布在其中的数据对象种类繁多,差异性很大,而且网络中节点和数据对象都存在很强的动态性。因此,多个副本节点要依据状态和任务环境的变化主动进行交互和协调,实现同步更新。

## 6.4　性能评估

本节进一步分析比较两种现有互联结构 CCC、dBCube 与 KMcube 结构的性能。原因是这三种互联结构都是复合图结构,而且都使用了 Hypercube 或类 Hypercube 基础结构。CCC 是 Hypercube 和环状结构的复合图结构,dBCube 是 Hypercube和de Bruijn图的复合图结构，而KMcube是Möbius立方体和Kautz图的复合图结构。这三种互联结构涉及的基础互联结构的主要参数设置如下：Hypercube结构或类Hypercube结构的节点度$d$的取值范围为[2,10]，de Bruijn图的参数和Kautz图的网络直径$k$的取值范围为[2,10]。性能评估工作将从节点度、网络规模和网络直径3个指标进行度量。

图6.7为CCC、dBCube和KMcube这三种互联结构的节点度随着参数$d$增长时的变化趋势。CCC的节点度一直固定为3，dBCube和KMcube的节点度则随着参数$d$的增加而呈线性增长的趋势。总而言之，dBCube和KMcube的节点度相同，且要比CCC的节点度大，相应地，dBCube和KMcube比CCC提供了更多的通信链路和路由机会。

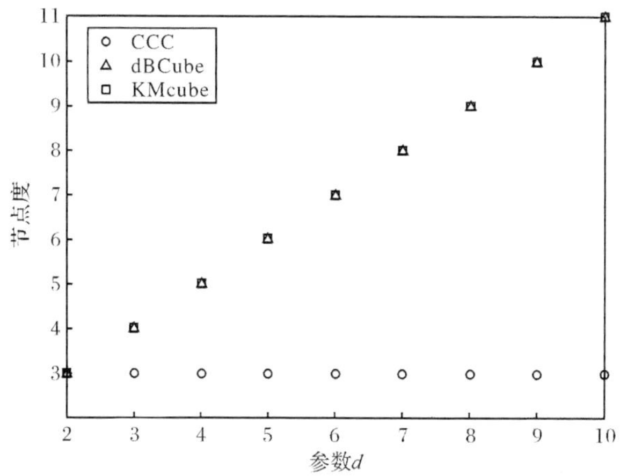


图6.7 CCC、dBCube和KMcube的节点度随着参数$d$增长时的变化趋势

在$d$取值相同的条件下，dBCube能比CCC容纳更多的网络节点。在同样的节点度和近似的网络直径配置下，KMcube的网络规模要比dBCube和CCC大很多。在相同节点度的情况下，网络直径越小，节点间的通信时延就越短。在相同的节点度和网络规模的配置情况下，dBCube比CCC的网络直径稍小，而KMcube拥有比dBCube更短的网络直径。另外，在相同的节点度和网络规模配置情况下，KMcube与KCube相比具有更短的网络直径。

表6.2从节点度、网络直径和网络规模三方面总结了CCC、dBCube和KM-cube这三种互联结构的拓扑性质。从表中可以看出，KMcube在节点度、网络直径和网络规模等性能指标上均要优于CCC和dBCube。对于结构化P2P网络，KMcube能够容纳更多的节点，节点间能够拥有更多的可选路径，节点间能够实现快速的链路通信。KMcube这些优异的拓扑性质非常符合结构化P2P网络的要求。

表 6.2　CCC、dBCube 和 KMcube 的拓扑性质比较

| 互联结构 | 节点度 | 网络直径 | 网络规模 |
|---|---|---|---|
| CCC | 3 | $\lceil (5d-2)/2 \rceil$ | $d\times 2^d$ |
| dBCube | $d+1$ | $d(1+\log c)$ | $c\times 2^d$ |
| KMcube | $d+1$ | $\lceil (d+1)/2 \rceil (k+1)+k$ | $2^{dk-k+d}+2^{dk-k+1}$ |

## 6.5　本章小结

本章提出了一种新颖的结构化 P2P 网络结构 KMcube，它是一种基于 Kautz 图和 Möbius 立方体互联结构的复合图结构。KMcube 保留了 Kautz 图中网络直径较短以及 Möbius 立方体中并行算法易于嵌入的优势。除了网络直径和平均路由长度较短外，KMcube 还具有规则性、对称性、可扩展性和适应性等优良的拓扑特性。本章还研究了 KMcube 结构的高效路由方法，包含基本单元簇间的路由方法以及全局层面的容错路由方法。在此基础上，本章讨论了 KMcube 结构中的副本部署策略，进而可以有效地缩短路由长度，提高服务响应的时效性。

### 参考文献

[1] Shen H Y, Xu C Z, Chen G H. Cycloid: A constant-degree and lookup-efficient P2P overlay network[J]. Performance Evaluation, 2006, 63(3): 195-216.

[2] Shen H Y, Xu C Z. Leveraging a compound graph based DHT for multi-attribute range queries with performance analysis[J]. IEEE Transaction of Computers, 2012, 61(4): 433-447.

[3] Chen C, Agrawal D P, Burke J R. dBCube: A new class of hierarchical multiprocessor interconnection networks with area efficient layout[J]. IEEE Transactions on Parallel Distributed Systems, 1993, 4(12): 1332-1344.

[4] Bhuyan L N, Agrawal D P. Generalized hypercube and hyperbus structures for a computer network[J]. IEEE Transactions on Computers, 1984, 33(4): 323-333.

[5] Singhvi M K, Ghose K. The MCube: A symmetrical cube based network with twisted links [C]//Proceedings of the 9th IPDPS, Santa Barbara, 1995.

[6] Gummadi P K, Madhyastha H V, Gribble S D, et al. Improving the reliability of internet paths with one-hop source routing[C]//Proceedings of the 6th OSDI, San Francisco, 2004.

[7] Ghozati S, Smires T. The fastcube: A variation on Hypercube topology with lower diameter [J]. Computers and Electrical Engineering, 2003, 29(1): 151-171.

[8] Park J H, Kim H C, Lim H S. Many-to-many disjoint path covers in Hypercube-like interconnection networks with faulty elements[J]. IEEE Transactions on Parallel Distributed Systems, 2006, 17(3): 227-240.

# 第 7 章　非结构化 P2P 网络中基于 BF 的全状态概率路由

非结构化 P2P 网络由于具有简单性和易用性，在 Internet 上得到大量应用。但是，由于拓扑结构的非确定性和资源对象放置的随意性等原因，在没有其他机制辅助时非结构化 P2P 网络的资源定位机制不可能同时获得较低的定位延迟和定位成本。基于 BF 的全状态概率路由机制、弱状态概率路由机制，以及索引路由机制非常适合解决这一难题，这三类资源定位协议仅以很低的额外成本就能同时实现很低的定位延迟和定位成本。本章介绍基于 BF 的全状态概率路由机制方面的研究成果，第 8 章和第 9 章介绍在基于 BF 的弱状态概率路由机制和基于 BF 的索引路由机制方面的研究工作。

## 7.1 引　　言

BF 的存储空间利用率极高，其对一个集合进行精确表示，然后代替被表示的集合实现集合成员关系的判定。在集合新成员表示和集合成员资格判定造成的时延方面，BF 比诸如二叉搜索树在内的其他数据结构具有绝对优势。事实上，无论被该 BF 表示的集合的势有多大，BF 的这两项操作都能够在恒定的时间延迟内完成。尽管 BF 有发生假阳性判定的风险，但是对于很多应用而言，只要发生假阳性判定的概率足够低，BF 在其他方面的优势就足以抵消因假阳性判定而造成的负面影响。因此，自 20 世纪 70 年代被提出以来，BF 被广泛用于解决数据库和网络领域中的很多重要问题。

BF 首先在数据库的许多领域得到广泛运用[1~3]，而后逐步扩展到网络等其他领域[4]。例如，BF 被用于表示各个节点的内容摘要，进而支持非结构化 P2P 网络中的一些协同操作[5~7]，支持概率路由和资源定位[8~11]，以及支持 Web 缓存信息的共享[12]。此外，在单机应用中，BF 能够以很小的内存开销来表示大规模数据集合[13]。例如，BF 为有限状态转移系统提供基于概率的状态模型检测方法[13]，提取并在主存中存储流数据的内容概要[14,15]，在路由器和其他网络设备的片上内存中存储大量数据流的状态信息[16]，加速基于贝叶斯滤波的垃圾邮件识别[17]等。

截至目前，从 BF 衍生出的数据结构有很多，其中有代表性的结构包括 Compressed Bloom filters[18]、counter Bloom filters (CBF)[12]、distance-sensitive Bloom filters[19]、基于两个哈希函数的 Bloom filters[20,21]、space-code Bloom filters[22]、spectral Bloom filters[23]、generalized Bloom filters[24]、Bloomier filters[25]，以及基于分区哈希函数的 Bloom filters[26]。当 BF 需要在不同节点之间传递时，compressed Bloom filters 能够最大限度地节省 BF 传输对网络带宽的消耗。distance-sensitive Bloom filters 试图回答如下类型的查询：元素 $x$ 是否与集合 $X$ 中的一个元素很相近。基于两个哈希函数的 Bloom filters 能够显著简化 BF 的实现复杂度，并降低 BF 的运行成本。space-code Bloom filters 和 spectral Bloom filters 则关注多集合的表示，并回答如下类型的查询：在集合 $X$ 中元素 $x$ 出现的次数。

## 7.2　背景知识与问题描述

### 7.2.1　BF 数据结构

BF 的基本思想是用一个大小为 $m$ 的比特位向量 $V$ 对一个大小为 $n$ 的数据集合 $X=\{x_1,\cdots,x_n\}$ 进行表示，其中，$V$ 的所有比特位被初始化为 0。选择相互独立的 $k$ 个哈希函数 $x_1,\cdots,x_k$，各个哈希函数的值域为$\{1,\cdots,m\}$。当表示集合 $X$ 中的任意元素 $x$ 时，比特向量 $V$ 中位于 Bfaddress($x$)的比特位被赋值为 1，如图 7.1 示。Bfaddress($x$)被定义为元素 $x$ 的 BF 地址，并由 $h_i(x)(1\leqslant i\leqslant k)$组成。至此，为了回答元素 $x$ 是否在集合 $X$ 中这样的集合成员资格判定，只需要判断表示集合 $X$ 的 BF 中位于 Bfaddress($x$)的比特位的取值，而不需要知道集合 $X$ 的原始内容。基于 BF 的成员资格判定存在如下两种可能的结果：

(1) 正确的判定。对于属于集合 $X$ 的元素 $x$，式(7.1)中的表达式(1)一定成立，因而 BF 总能得出正确的判定。如图 7.2 所示，BF 正确判定元素 $b$ 是集合 $X$ 的元素。对于不属于集合 $X$ 的元素，只有当式(7.1)中的表达式(2)成立时，BF 才得出正确的判定。如图 7.1 所示，表示集合$\{x,y,z\}$的 BF 能够正确判定元素 $w$ 不属于该集合。

(2) 假阳性判定。对于不属于集合 $X$ 的元素 $x$，当式(7.1)中的表达式(3)所示的条件成立时，BF 会误认为元素 $x$ 属于集合 $X$。

$$\begin{cases}\text{正确判定:}\begin{cases}\text{若 } x\in X,\ \forall i\in\{1,\cdots,k\}, & h_i(x)=1 \quad (1)\\ \text{若 } x\notin X,\ \exists i\in\{1,\cdots,k\}, & h_i(x)=0 \quad (2)\end{cases}\\ \text{假阳性判定:若 } x\notin X,\ \forall i\in\{1,\cdots,k\}, \quad h_i(x)=1 \quad (3)\end{cases} \tag{7.1}$$

发生假阳性判定的根本原因在于，即便选择 $k$ 个具有均匀分布特性的哈希函数也会导致不同集合元素在位向量 $V$ 中的 $k$ 个散列地址发生冲突，甚至同一个集合元素的 $k$ 个散列地址之间发生冲突，从而使所有 $h_1(x),h_2(x),\cdots,h_k(x)$比特位被集合 $X$ 的某些元素在其表示过程中赋值为 1。如图 7.3 所示，尽管 $a\notin X$，但是

比特位 $h_1(x)$、$h_2(x)$、$h_3(x)$已经被其他元素加入时赋值为 1。

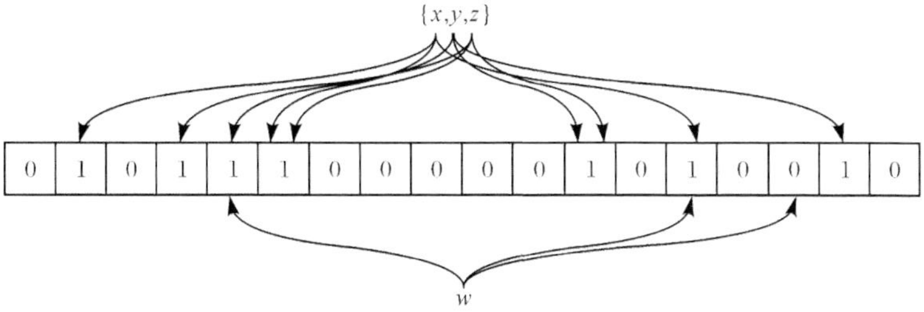


图 7.1　BF 原理图

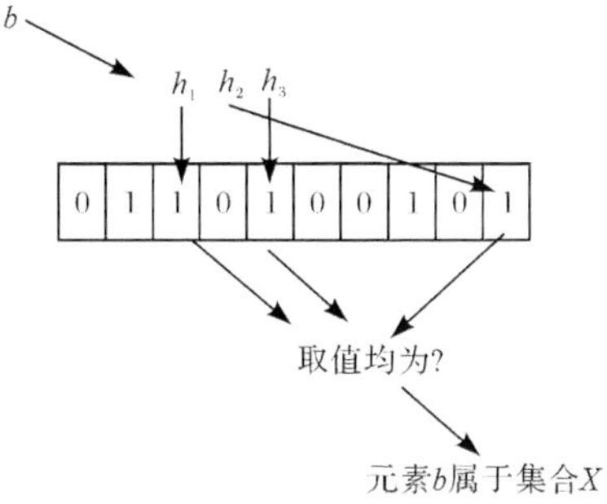


图 7.2　BF 的正确成员关系判定

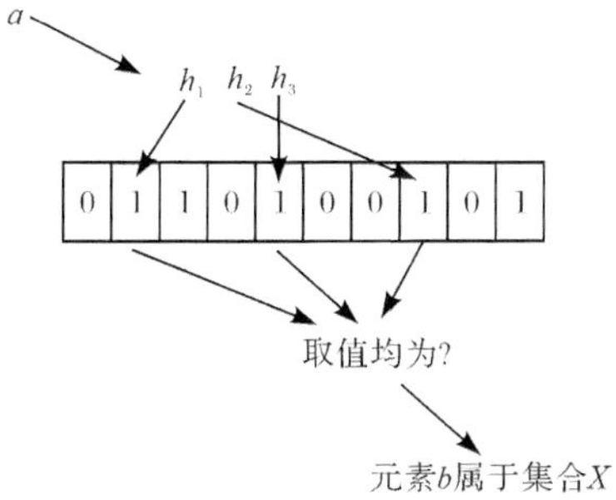


图 7.3　BF 的假阳性成员关系判定

BF 的最重要设计指标是将发生假阳性判定的概率控制在具体应用可承受的范围内。用大小为 $m$ 的比特位向量对由 $n$ 个不同元素构成的数据集合 $X$ 进行 BF 表示之后，位向量中任何一位的取值仍然为 0 的概率 $p_0=(1-1/m)^{kn}\approx e^{-kn/m}$。此时，根据 BF 进行成员资格判定时发生假阳性判定的概率为

$$f_{BF}=(1-p_0)^k\approx(1-e^{-k\frac{n}{m}})^k \tag{7.2}$$

由式(7.2)可知，存在如下两种降低假阳性判定概率的途径：①提高参数 $k$ 的

取值，但是当 $k$ 达到某个阈值之后假阳性判定的概率反而会增加；②对于静态数据集合或者规模大小可以有效估计的动态数据集合，应该提高 $m/n$ 的取值。由文献[27]可知，在集合大小 $n$ 和 $f_{BF}$ 的上界 $\sigma$ 给定的情况下，参数 $m$ 和 $k$ 的最优取值分别为 $m=\lceil n\log(\sigma)/\log(0.61285)\rceil$ 和 $k=\lceil (m/n)\ln 2\rceil$。BF 的这种优化设计方法通常称为面向发送方的优化设计方法。

假设 BF($A$)和 BF($B$)分别是两个不同集合 $A$ 和 $B$ 的 BF 表示。

**定义 7.1**(BF 的并运算)　假设 BF($A$)和 BF($B$)使用同样大小的 $m$ 以及哈希函数，则 BF($A$)和 BF($B$)的并运算定义为两个位向量间的逻辑或运算。

**定义 7.2**(BF 的交运算)　假定 BF($A$)及 BF($B$)使用同样大小的 $m$ 以及哈希函数，则 BF($A$)及 BF($B$)的交运算定义为两个位向量间的逻辑“与”运算。

### 7.2.2　问题描述

BF 被广泛用于在非结构化 P2P 网络[8~11]、无线传感器网络[28]、Ad Hoc 网络[27]，以及 Mesh 网络中实现以数据为中心的路由。最初采用基于 BF 的全状态概率路由机制，其基本思路是：每个节点根据其拥有的全部资源对象构造出一个集合(可以是各个资源对象的名称、标识符等属性的集合)，并将表示该集合的 BF 广播到其传播范围($h$ 跳步)内的所有节点；与之对应，一个节点会从其每条邻居链路收到众多 BF，并将这些 BF 的集合或它们的并运算结果作为该邻居链路的路由条目。当任意节点需要将一条查询消息路由到距离其 $h$ 跳步内的潜在目的节点时，通过在每条路由条目上执行多个或单个 BF 的成员资格判定操作就能挑选出正确的路由方向。理想情况下，一旦一项查询请求进入一个目标节点的传播范围，就会沿着确定的路径快速推向该目标节点。在图 7.4(a)中，节点 $E$ 发起的针对节点 $A$ 处资源对象的查询沿着路径 $E\rightarrow C\rightarrow B\rightarrow A$ 逐步路由到正确的目标节点。

在这种路由机制下，BF 的假阳性判定使每个消息在向正确方向转发的同时也可能同时沿着错误的方向传递。长期以来，学术界一直默认这种路由机制的性能优于以泛洪广播和随机搜索为代表的无序路由机制，而这一结论成立的先决条件是任意节点的每条路由条目发生假阳性判定的概率都足够低。否则，当一个节点需要转发一条以其他节点上的资源对象 $x$ 为目标的消息时，其他无关路由条目的信息噪声很可能与正确路由条目上的信息强度相等。此处，一条无关路由条目关于 $x$ 的信息噪声定义为该路由条目中 Bfaddress($x$)的 $k$ 个比特位中取值为 1 的位数。受此影响，如图 7.4(b)所示，一项查询消息会向正确方向转发的同时向所有无关路由方向传递，这导致基于 BF 的全状态概率路由机制最终演变成泛洪这种无序路由机制。

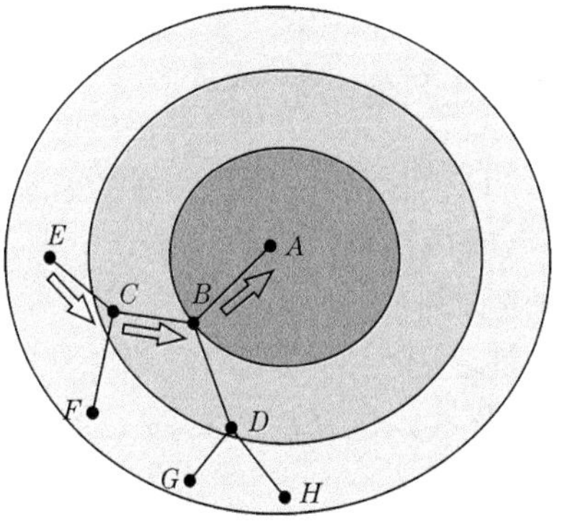


(a) 采用面向接收方的 BF 设计方法

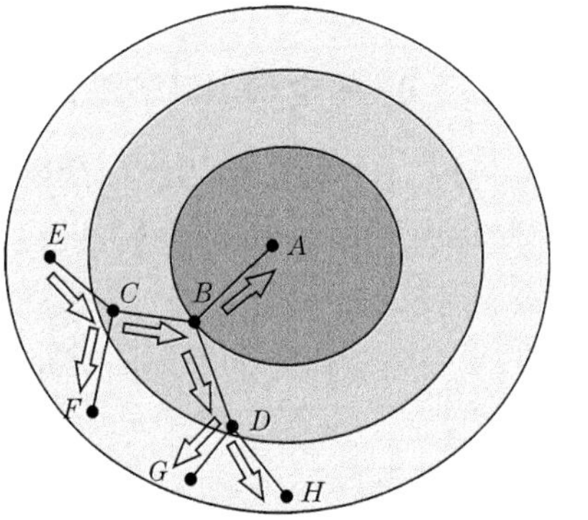


(b) 采用面向发送方的 BF 设计方法

图 7.4　基于 BF 的全状态概率路由效果图

那么在多种应用场景下提出的基于 BF 的全状态概率路由机制是否真的能够满足上述先决条件，进而在多方面优于以泛洪广播和随机搜索为代表的无序路由机制呢？令人遗憾的是，各种相关工作都没有考虑和探讨这个问题，长期以来一直默认这个先决条件一定成立。根据理论分析和实证结果，本章得出以下结论：无论在何种应用场景下，传统意义上，面向发送方的 BF 优化设计方法在原理上根本无法满足上述先决条件，因此现有的各种基于 BF 的全状态概率路由机制根本不可行。

为了探索问题的根源，并提出解决方法，本章将现有的基于 BF 的全状态概率路由机制划分为累计 Bloom 滤波(cumulative Bloom filters，CUBF)和聚合 Bloom 滤波(aggregated Bloom filters，ABF)两种基本类型，然后量化分析在信息噪声干扰下这两种机制的消息路由性能。在此基础上，本章为 CUBF 和 ABF 分别提出面向接收方的 BF 优化设计方法，据此能够确保任意节点的任何路由条目发生假阳性判定的概率都足够低，进而每个节点都能够从众多路由方向中准确识别出正确的路由方向，最终确保基于 BF 的全状态概率路由机制的有效性和可行性。理论分析结果和实验验证结果同时证明，在路由准确率和路由消息成本这两个指标层面，本章提出的面向接收方的 BF 优化设计方法都远胜于传统的 BF 优化设计方法。

## 7.3　解决方案

本节首先介绍基于 BF 的全状态概率路由机制的最新研究进展，包括 CUBF 和 ABF。然后提出面向接收方的 BF 优化设计方法，其在支持全状态概率路由方面优于现有的各种 BF 优化设计方法。到目前为止，面向接收方的 BF 优化设计方法是能够确保基于 BF 的全状态概率路由机制的有效性和可行性的唯一方法。

### 7.3.1 基于 BF 的全状态概率路由机制中路由条目的表示方法

令 $n$ 表示每个网络节点存储的资源对象的平均数目。假设每个节点将其 BF 向其 $h$ 跳步内的节点传播，也就是说每个节点的传播范围是 $h$ 个跳步。对于任意节点，令 $s$ 表示每个节点从任意一条邻居链路收到的 BF 的平均数目。对于任意节点，令 $X$ 表示沿任意一条邻居链路在 $h$ 个跳步内可达的全部资源对象的集合。集合 $X$ 的势定义为 $N=sn$。一条邻居链路以及从该链路接收到的 $s$ 个 BFs 被关联为一条路由条目。

这 $s$ 个独立无关的 BFs 的集合定义为如图 7.5 所示的 CUBF。此外，每条路由条目还可以是从对应链路接收到的 $s$ 个 BFs 的并运算结果。这 $s$ 个独立无关的 BFs 的并运算结果定义为如图 7.6 所示的 ABF。

图 7.5 和图 7.6 所示的 CUBF 和 ABF 中，各个基本 BF 的参数配置为：$m=33$，$n=3$，$k=3$，$f_{BF}=0.0136$。

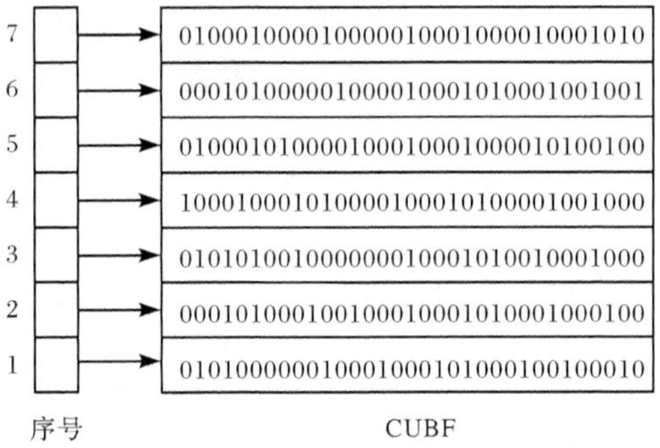


图 7.5 由 7 个同构 BFs 构成的 CUBF，其中 $f_{CUBF}=0.0914$

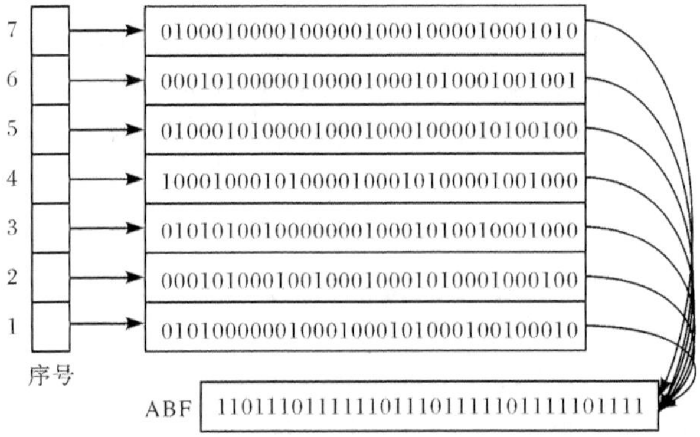


图 7.6 基于 7 个同构 BFs 构造的 ABF，其中 $f_{ABF}=0.618$

本章只考虑全网的路由条目是同构的这种常见情况，即全部路由条目采用 CUBF 或者全部采用 ABF，不允许部分路由条目采用 CUBF 而其他路由条目采用 ABF。需要注意的是，每个节点都按照面向发送方的优化方法设计本地 BF，尽管单个 BF 发生假阳性判定的概率上界是 0.0136，但是构造出的 CUBF 和 ABF 发生假阳性判定的概率被不同程度地放大。

为了确保单个 BF 之间的互操作和兼容性，很多分布式应用要求所有参与节点为 BF 配置相同的参数 $m$、$k$ 以及哈希函数。CUBF 也要求各个 BF 成员采用相同的配置，如此一来，CUBF 在处理关于任何资源对象 $x$ 的查询时各个 BF 成员共享相同的 Bfaddress($x$)。

因此，没有必要在每次查询来临时为 CUBF 的每个 BF 成员重新计算 Bfaddress($x$)，这降低了每条路由条目的单次查询决策时延。考虑到 ABF 要运用 BF 的并运算，因此各个节点也应当采用同构的 BF 以支持 BF 的并运算操作。

### 7.3.2　面向接收方的 BF 优化设计方法

本节首先对单个路由条目分别采用 CUBF 和 ABF 时发生假阳性判定的概率进行理论分析。在此基础上，提出面向接收方的 BF 优化设计方法来保证单个路由条目的假阳性判定概率一直满足设计要求，进而确保面向 BF 的全状态概率路由机制的可行性和有效性。对于一项关于资源对象 $x_1$ 的查询，即便沿着相应邻居方向的 $h$ 个跳步内不存在该资源对象 $x_1$，当前节点的任意一条路由条目 CUBF 都有可能对此查询产生假阳性判定。由 CUBF 的基本结构不难得知，只要其中有一个 BF 的 Bfaddres($x_1$)被全赋值为 1，该 CUBF 就会产生关于 $x_1$ 的假阳性判定。式(7.2)已经刻画出单个 BF 发生假阳性判定的概率表达式。如此一来，不难获知 CUBF 的全部 $s$ 个成员 BFs 都不发生假阳性判定的概率为$(1-f_{\mathrm{BF}})^s$，进而 CUBF 发生假阳性判定的概率表达式为

$$f_{\mathrm{CUBF}}=1-(1-f_{\mathrm{BF}})^s=1-(1-(1-\mathrm{e}^{-k\frac{n}{m}})^k)^s \tag{7.3}$$

在全网路由条目采用 ABF 表示的情况下，当前节点的任意一条路由条目 ABF 处理一项关于资源对象 $x_1 \notin X$ 的查询时有可能产生假阳性判定，即全部 Bfaddress($x_1$)比特位都被赋值为 1。在计算 ABF 的假阳性判定概率之前，首先考虑 $s$ 个 BFs 的并运算过程的一个等效构造过程，即将总数为 $skn$ 的球独立随机地放入总数为 $m$ 的初始为空的盒子中。在构造完一个 ABF 之后，其中任意一位取值为 1 的概率等同于任意一个盒子不为空的概率，其表达式为

$$p_1=1-\left(1-\frac{1}{m}\right)^{skn}\approx 1-\mathrm{e}^{-\frac{skn}{m}}$$

如此不难推断，Bfaddress($x_1$)对应的全部 $k$ 个比特位为 1 的概率为

$$f_{\mathrm{ABF}}=p_1^k=(1-\mathrm{e}^{\frac{-skn}{m}})^k \tag{7.4}$$

由式(7.3)和式(7.4)可知，$s$ 是除基本参数 $m$、$n$、$k$ 之外又一个对 $f_{ABF}$ 和 $f_{CUBF}$ 的取值起决定性作用的参数，而且 $f_{ABF}$ 和 $f_{CUBF}$ 是关于 $s$ 的单调递增函数。如此一来，即便单个 BF 发生假阳性判定的概率很低，随着 $s$ 的增加，ABF 和 CUBF 发生假阳性判定的概率最终也必然增加至一个应用无法承受的水平。举例来说，如图 7.4所示，节点 $A$ 从邻居链路 $B \to A$ 接收到 7 个 BF，尽管每个 BF 的假阳性判定概率低至 0.013，但是根据这 7 个 BF 构造出的 CUBF 和 ABF 的假阳性判定概率却分别高至 0.0914 和 0.618。由这一事实不难推定，一个节点在处理任意查询时在每条不相关的路由条目上都很可能依较高的概率发生假阳性判定，导致每条查询消息以很高的概率同时沿着正确和错误的方向转发。可以发现，无论采用 CUBF 还是 ABF 来表示路由条目，现有的 BF 优化和设计方法都无法解决基于 BF 的全状态概率路由面临的这一根本问题。

用 $\sigma$ 来表示一个应用所能接受的单个路由条目发生假阳性判定的概率上界。如前所述，从发送方考虑本地 BF 能满足 $\sigma$ 这一上界的最优配置应该是 $m=\lceil n\times \ln\sigma/\ln 0.61285\rceil$ 以及 $k=(m/n)\ln 2$。但是从接收方的角度考虑，BF 的这种优化设计结果并不能确保单个路由条目的假阳性判定概率能够满足 $\sigma$ 的约束。为了解决这一问题，本章提出面向接收方的 BF 优化设计方法，其基本思想是为 CUBF 和 ABF 分别推算出所用 BF 的最佳参数配置，从而使式(7.3)和式(7.4)的取值不大于 $\sigma$，即确保下列两个对应的不等式成立：

$$1-(1-f_{BF})^{s}\leqslant\sigma$$

$$\left(1-e^{\frac{-skn}{m}}\right)^{k}\leqslant\sigma$$

根据 $\sigma$、$n$ 和 $s$ 这 3 个已知量来寻求散列函数的个数 $k$ 和单个 BF 的大小 $m$ 的最优参数配置。在 CUBF 的背景下，不难推出每个 BF 的假阳性判定概率满足

$$f_{BF}\leqslant 1-(1-\sigma)^{\frac{1}{s}}$$

每个 BF 的假阳性判定概率只有在散列函数的个数为 $k=(m/n)\ln 2$ 时才能达到最小值，而且 $f_{BF}$ 的最小值为 $0.6185^{m/n}$。据此能够推导出 $m$ 最优取值的一个下界为

$$m\geqslant n\log_{0.6185}\left(1-(1-\sigma)^{\frac{1}{s}}\right)$$

而散列函数的个数 $k$ 最优取值的一个下界为

$$k\geqslant\log_{0.5}\left(1-(1-\sigma)^{\frac{1}{s}}\right)$$

在实际应用中，参数 $k$ 和 $m$ 首先必须为整数，其次，BF 倾向于选择较小的整数以降低计算和存储成本。因此，在 CUBF 背景下，BF 的大小以及散列函数个数的最优值为

$$m=\left\lceil n\log_{0.6185}\left(1-(1-\sigma)^{\frac{1}{s}}\right)\right\rceil \tag{7.5}$$

$$k=\left\lceil \log_{0.5}\left(1-(1-\sigma)^{\frac{1}{s}}\right)\right\rceil \tag{7.6}$$

在 ABF 的背景下，对式(7.4)关于变量 $k$ 进行求导运算可以推算出使 $f_{\mathrm{ABF}}$ 达到最小取值所需的散列函数的个数。首先注意到

$$f_{\mathrm{ABF}}=\exp(k\ln(1-\mathrm{e}^{-\frac{skn}{m}}))$$

令 $g=k\ln(1-\mathrm{e}^{-\frac{skn}{m}})$，最小化 ABF 的假阳性判定概率 $f_{\mathrm{ABF}}$ 等同于最小化 $g$ 的值。进而，对 $g$ 求关于 $k$ 的一阶导数可得

$$\frac{\mathrm{d}g}{\mathrm{d}k}=\ln(1-\mathrm{e}^{-\frac{skn}{m}})+\frac{skn}{m}\frac{\mathrm{e}^{-\frac{skn}{m}}}{1-\mathrm{e}^{-\frac{skn}{m}}}$$

显然，上述一阶导数只有在 $k=\left(\frac{m}{sn}\right)\ln 2$ 时才为 0。另外，运用 $p_0=\mathrm{e}^{-\frac{skn}{m}}$ 可以推导出

$$g=-\frac{m}{sn}\cdot\ln p_0\ln(1-p_0)$$

而且 $g$ 的最小值只有在 $p_0=1/2$ 时获得，而此时 $k=\left(\frac{m}{sn}\right)\ln 2$。至此，能够推导出 $m$ 最优取值的一个下界为

$$m\geqslant sn\,\frac{-\log_2\sigma}{\ln 2}$$

而 $k$ 的最优取值的一个下界为

$$k\geqslant-\log_2\sigma$$

在实际应用中，参数 $k$ 和 $m$ 首先必须为整数，其次，BF 倾向于选择较小的整数以降低计算和存储成本。因此，在 ABF 背景下，BF 的大小以及散列函数个数的最优取值为

$$m=\left\lceil sn\,\frac{-\log_2\sigma}{\ln 2}\right\rceil \tag{7.7}$$

$$k=\lceil-\log_2\sigma\rceil \tag{7.8}$$

## 7.4　方 案 优 化

本节继续考虑影响基于 BF 路由机制的另外两个关键要素，即 ABF 的传输大小优化问题和 CUBF 的存储优化问题。此外，还讨论理论分析结果如何适应网络各类参数的变化。

### 7.4.1　ABF 传输大小优化

在 ABF 的应用场景下，依据面向接收方的优化方法对各个节点采用同构 BF 求得各项参数之后，BF 的大小足以依高概率确保每个 ABF 的假阳性判定概率不超过一个设计上界 $\sigma$。但是当用于表示各个节点上所持有的对象时，就会发现 BF

的空间过大，这导致其中值为 1 的位数比例远小于 1/2。此外，每个节点创建的 BF 要作为消息被传递到其他一些节点，在这种情况下，BF 的传输大小成为一个关键性因素。为了降低传输 BF 造成的网络流量，可以对每个 BF 压缩后再传输。

文献[18]中已得出结论，传统意义上，$k=(m/n)\ln 2$ 时的最优 BF 无法被进一步压缩。原因在于，在随机性能很好的哈希函数的支持下，这种配置下的 BF 中每个比特位为 0 或 1 的概率都为 1/2。按照面向接收方的优化方法设计出的 BF 能获得压缩增益。原因在于，在相同的哈希函数支持下，每个节点产生的 BF 中每一位为 1 的概率远小于 1/2，即 $p_1 \ll 1/2$。理论上，一个大小为 $m$ 的 BF 能被压缩到 $mH(p_1)$ 位，其中

$$H(p_1)=-p_1\log_2 p_1-(1-p_1)\log_2(1-p_1)$$

为熵函数。算术编码是目前基于熵函数的最优压缩方法，其能够将大小为 $m$ 的 BF 压缩为 $m(H(p_1)+\varepsilon)$ 位，其中，$\varepsilon$ 是大于 0 的任意数值。

上述理论分析显示，压缩 BF 是一种大幅减少传输量从而节省带宽的可行方式。BF 的压缩和解压缩过程由简单的算术编码来实现，其压缩和解压缩过程的额外计算成本非常低。

### 7.4.2 CUBF 的存储优化

考虑到 CUBF 并没有对收到的多个 BF 进行并运算，因此采用 CUBF 表示路由条目所需的开销要大于 ABF。此外，每个节点处理任何查询时需要对每个路由条目执行成员资格判定操作，而一个路由条目在最坏情况下需要扫描全部成员 BFs 才能完成一项路由决策。

若节点从每条邻居链路接收到太多的 BF，则每个路由条目上的路由决策的延迟会比较大，进而严重降低系统的消息路由能力。当网络密度较大和/或 BF 的传播范围较大时这一问题尤为严重。总之，较低效率的 BF 存储方法会降低基于 CUBF 的路由效率和系统扩展性。有两种方式可以用来存储由多个 BF 组成的 CUBF，它们分别是 Bit string 和 Bit slice[29]，并被广泛运用于数据库领域。

具体来说，Bit string 方法将如图 7.5 所示的位矩阵独立存储为各个 BF，具体方式如图 7.7(a)所示。不难发现，一个 CUBF 中的 $s$ 个 BF 采用易于实现的顺序存储方式。当 CUBF 执行一次集合成员资格的判定操作时，需要加载并扫描 CUBF 的全部内容。因此，采用 Bit string 存储方式的 CUBF 的单次查询响应时间较长。

而 Bit slice 方法则将如图 7.5 所示的位矩阵纵向分割为 $m$ 个大小为 $s$ 的位片段。图 7.7(b)中的每一列表示一个位片段，其存储该 CUBF 的各个 BF 成员的某个相同位的信息。此时，为了执行一个集合成员资格的判定，不再需要加载 CUBF 的全部成员 BFs，而仅需要从 CUBF 中加载 $k$ 个位片段即可满足要求。因此，

CUBF 的集合成员关系判定操作的响应时延被大大降低，进而大大提高了基于 CUBF 的路由效率和系统扩展性。

7 bit-string文件

| | | | | | | | | | | | | |
|---|---|---|---|---|---|---|---|---|---|---|---|---|
| BF1 | 0 | 1 | 0 | 0 | 0 | 1 | 0 | 0 | 0 | 0 | 1 | 0 |
| BF2 | 0 | 0 | 0 | 1 | 0 | 1 | 0 | 0 | 0 | 0 | 0 | 1 |
| BF3 | 0 | 1 | 0 | 0 | 0 | 1 | 0 | 1 | 0 | 0 | 0 | 0 |
| BF4 | 1 | 0 | 0 | 0 | 1 | 0 | 0 | 0 | 1 | 0 | 1 | 0 |
| BF5 | 0 | 1 | 0 | 1 | 0 | 1 | 0 | 0 | 1 | 0 | 0 | 0 |
| BF6 | 0 | 0 | 0 | 1 | 0 | 1 | 0 | 0 | 0 | 1 | 0 | 0 |
| BF7 | 0 | 1 | 0 | 1 | 0 | 0 | 0 | 0 | 0 | 0 | 1 | 0 |

(a) Bit string 存储方法

12 bit-slice文件

| | | | | | | | | | | | | |
|---|---|---|---|---|---|---|---|---|---|---|---|---|
| BF1 | 0 | 1 | 0 | 0 | 0 | 1 | 0 | 0 | 0 | 0 | 1 | 0 |
| BF2 | 0 | 0 | 0 | 1 | 0 | 1 | 0 | 0 | 0 | 0 | 0 | 1 |
| BF3 | 0 | 1 | 0 | 0 | 0 | 1 | 0 | 1 | 0 | 0 | 0 | 0 |
| BF4 | 1 | 0 | 0 | 0 | 1 | 0 | 0 | 0 | 1 | 0 | 1 | 0 |
| BF5 | 0 | 1 | 0 | 1 | 0 | 1 | 0 | 0 | 1 | 0 | 0 | 0 |
| BF6 | 0 | 0 | 0 | 1 | 0 | 1 | 0 | 0 | 0 | 1 | 0 | 0 |
| BF7 | 0 | 1 | 0 | 1 | 0 | 0 | 0 | 0 | 0 | 0 | 1 | 0 |

(b) Bit slice 存储方法

图 7.7　Bit string 和 Bit slice 存储方法示意图

### 7.4.3　基于 BF 的全状态概率路由机制面临的实际应用问题

已知 $\sigma$ 表示一条路由条目发生假阳性判定的概率上界，$\sigma$ 的取值通常根据应用的特殊需求确定。通常根据拓扑性质、资源对象在节点上的分布、查询在节点上的分布以及查询关于资源对象的分布，在实际应用中为参数 $n$、$h$ 和 $s$ 赋予恰当的值。上述四项指标的获取在网络测量和评估研究领域已经有大量相关工作，如著名的非结构化 P2P 网络 bubble storm[30] 集成了一整套协议来测量整个网络的各种状态指标。在应用中，提前获得参数 $n$ 和 $s$ 的需求值之后，根据式(7.5)～式(7.8)为 CUBF 和 ABF 分别计算参数 $m$ 和 $k$ 的最优值。

即便每个节点都按照面向接收方的方法设计并实现本地 BF，但是实际应用中的一些其他事项还会直接影响到基于 BF 的路由机制的最终效果。对于 CUBF，每个节点沿着一条邻居链路在 $h$ 个跳步内可达的节点数目通常并不精确地等于 $s$，事实上，$s$ 仅表示这一统计量的数学期望值。因此，每个节点有必要记录从各个邻居链路接收到的 BF 数目，并通过拒绝第 $s$ 个之后接收到的 BF 来确保每个路由条目 CUBF 的假阳性判定概率不超过 $\sigma$。同理，对于 ABF，每个节点沿着一条邻居链路在 $h$ 个跳步内可达的资源对象的数目通常并不精确地等于 $sn$。为了解决这一难题，每个节点需要监控每条路由条目 ABF 的 $m$ 个比特位中值为 1 比特位的比例。若某条 ABF 的这个比例达到 1/2，则拒绝沿该邻居链路接收到的后续 BF。如此一来，可以确保每个路由条目 ABF 发生假阳性判定的概率不超过 $\sigma$。

## 7.5　性 能 评 估

本节首先评估 CUBF 和 ABF 背景下单个 BF 采用的散列函数的最优数目，每个路由条目发生假阳性判定的理论概率，以及每个 BF 的实际网络传输大小。然后通过实验验证实际应用中采用 CUBF 和 ABF 时，每条路由条目针对任意查询发生假阳性判定的概率。

### 7.5.1　散列函数的最佳个数

式(7.3)和式(7.4)显示了 CUBF 和 ABF 的假阳性判定概率是关于散列函数个数 $k$ 的函数。本节开展实验工作来研究当 $k$ 发生变化时这两种结构的假阳性判定概率的变化趋势。如图 7.8(a)所示，只有使用 15 个散列函数时 $f_{\mathrm{CUBF}}$ 才达到最小值 0.005，而只有使用 17 个散列函数时 $f_{\mathrm{CUBF}}$ 才达到最小值 0.001。此外，式(7.6)从理论上也确认当 $\sigma$ 为 0.005 和 0.001 时散列函数的最优个数分别为 15 和 17。由此可见，关于散列函数最优值的理论结果和实验结果完全匹配，进而证实了式(7.6)的正确性。如图 7.8(b)所示，8 个和 10 个散列函数分别将 $f_{\mathrm{ABF}}$ 最小化为 0.005 和 0.001。此外，式(7.8)从理论上也确认当 $\sigma$ 为 0.005 和 0.001 时散列函数的最佳个数分别为 8 和 10。由此可见，关于散列函数最优值的理论结果和实验结果完全匹配，进而证实了式(7.8)的正确性。值得说明的是，散列函数的最佳个数在 CUBF 和 ABF 情况下都是关于 $\sigma$ 的单调递减函数，如式(7.6)、式(7.8)和图 7.8 所示。

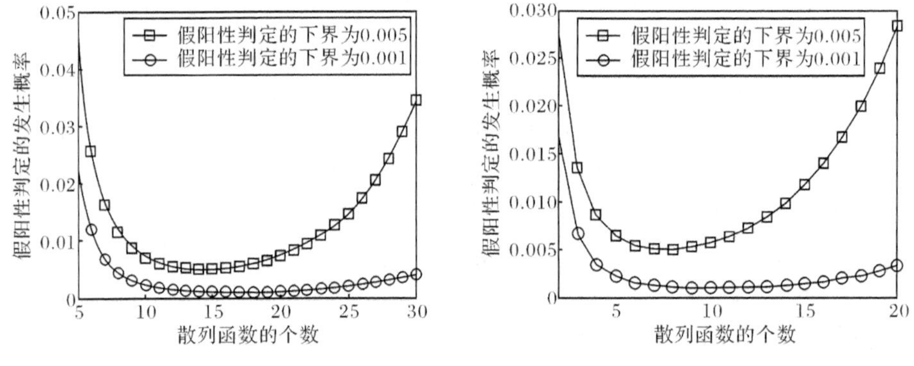


(a) CUBF　　　　(b) ABF

图 7.8　$f_{\mathrm{CUBF}}$ 和 $f_{\mathrm{ABF}}$ 与散列函数个数的关系，其中，$s=100$，$n=30$

### 7.5.2　假阳性判定概率的理论结果

首先，评估 CUBF 和 ABF 采用面向发送方的 BF 优化设计方法时发生假阳性判定的概率。此时，每个节点按照如下参数配置构造本地 BF，分别是 $m=\left\lceil n\frac{\ln\sigma}{\ln 0.6185}\right\rceil$ 和 $k=\lceil (m/n)\ln 2\rceil$，其中，$\sigma$ 表示 BF 发生假阳性判定的概率上界。

随后每个节点从每条邻居链路接收到一些传来的 BFs，并为每条链路构造一条由 CUBF 或 ABF 表示的路由条目。本节通过实验来评价任意节点上的一条路由条目的 $f_{CUBF}$ 和 $f_{ABF}$。实验结果如图 7.9 所示，其中，$f_{CUBF}$ 和 $f_{ABF}$ 分别随着实际收到的 BF 数目的增加而增长，而且 $f_{ABF}$ 在只收到少量 BFs 时已经逼近 1。在如图 7.9 所示的实验中，各个 BF 的参数配置为 $f_{BF}=0.001$，$k=(m/n)\ln 2$，以及 $m/n=\log_{0.6185}0.001$。这一实验结果说明，传统的面向发送方的 BF 设计方法根本无法确保每个路由条目的假阳性判定概率足够低。这导致现有的各种基于 BF 的全状态概率路由机制在实际中无法按照预想的方式工作，进而不再具备应有的各种优良特性，甚至退化为泛洪路由机制。

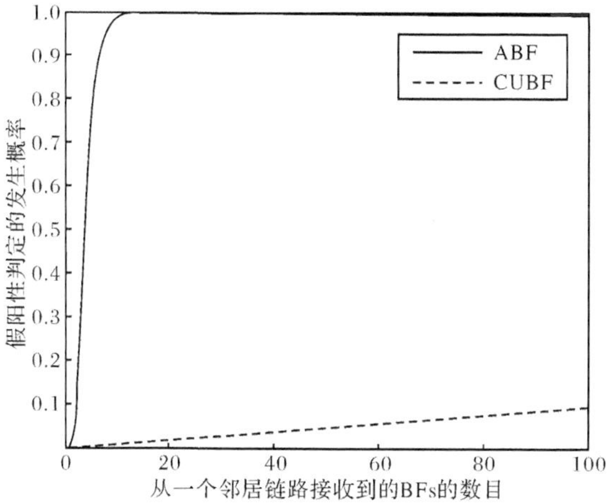


图 7.9　面向发送方的 BF 设计场景下的 $f_{CUBF}$ 和 $f_{ABF}$

接着进一步证明本章提出的面向接收方的 BF 设计方法确实能够确保 $f_{CUBF}$ 和 $f_{ABF}$ 总是不超过任何给定的上界 $\sigma$。此时，每个节点设计本地 BF 时依据式(7.5)～式(7.8)为参数 $m$ 和 $k$ 分别赋予最优值。关于 $f_{CUBF}$ 和 $f_{ABF}$ 的实验结果如图 7.10 所示，其中，$\sigma=0.001$，$n=30$，$s=100$。不难发现，随着实际收到的 BFs 数目的增加，$f_{CUBF}$ 几乎是线性增加，而 $f_{ABF}$ 则是按指数增长。在实际收到的 BFs 数目超过设计上界 $s=100$ 之前，$f_{CUBF}$ 和 $f_{ABF}$ 都没有超过设计上界 $\sigma=0.001$。此外，当实际收到的 BFs 的数目在 1 和 100 之间变化时 $f_{ABF}$ 总小于 $f_{CUBF}$。换句话说，ABF 在假阳性判定的发生概率这一指标方面优于 CUBF，因此 ABF 比 CUBF 更加适用于基于 BF 的全状态概率路由机制。

### 7.5.3　BF 的传输大小

已知任意节点采用传统意义上的最优 BF 大小正好足以表示全部的本地资源对象，而在 CUBF、ABF 场景下，BF 的最优大小相对于要表示的本地资源对象过

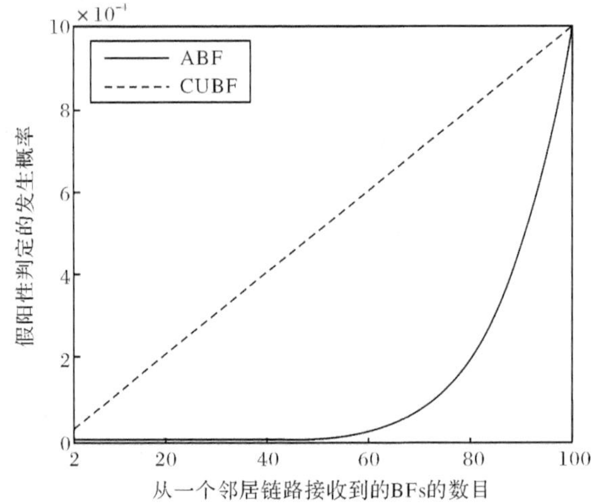


图 7.10　面向接收方的 BF 设计场景下的 $f_{CUBF}$ 和 $f_{ABF}$

大。考虑到 BF 的传输大小是网络应用的一个关键设计因素，本节进一步评价四种类型 BF 的传输开销，它们分别是传统 BF、CUBF 所用的 BF、ABF 所用的 BF，以及 ABF 所用的压缩 BF。对于变量 $n$ 的任意给定值，上述四种 BF 的传输开销是 $\sigma$ 和 $s$ 的函数。此处将在两种典型场景下评价上述四种 BF 的传输开销。在第一种场景中，变量 $s$ 的取值固定，$\sigma$ 的取值变化，而在第二种场景中，变量 $s$ 的取值变化，$\sigma$ 的取值固定。

图 7.11 准确刻画了第一种场景下的评价结果。可以从中清楚看到，随着变量 $\sigma$ 从 0.001 连续增长到 0.1，图 7.11(a)中的 3 条曲线遵从相似的下降走势。此外还发现，无论 $\sigma$ 取 0.001～0.1 内的任何值，ABF 所用的压缩 BF 比 CUBF 所用的 BF 以及传统 BF 产生较大的传输成本。图 7.11(b)显示，ABF 所用的 BF 要比传统 BF 产生几乎近 100 倍的传输开销，而压缩之后只比传统 BF 产生少于 3 倍的传输开销。这一结果证实，压缩 BF 的方法在 ABF 应用场景下的确是一种降低 BF 传输开销的高效方法。

图 7.12 描绘了在第二种场景下，ABF 所用的压缩 BF 大小以及 CUBF 所用的 BF 大小与传统 BF 的大小之比的实验结果。可以从中清楚看到，随着变量 $s$ 从 2 增长到 5000，图中的两条曲线都遵从上升的走势。在变量 $s$ 增长的初期阶段，两条曲线快速上升，在 $s$ 的随后增长阶段，两条曲线降低了上升的速度。需要说明的是，图 7.12 没有考虑 ABF 所用的不压缩 BF 大小与传统 BF 的大小之比，因为实验结果显示这个比值非常接近 $s$ 的值。在变量 $s$ 从 2 增长到 5000 的过程中可以发现，ABF 所用的压缩 BF 的大小是传统 BF 大小的最多 7.5 倍，而 CUBF 所用的 BF 的大小是传统 BF 大小的最多 2.5 倍。此外，无论 $s$ 的取值为多少，ABF 所用的

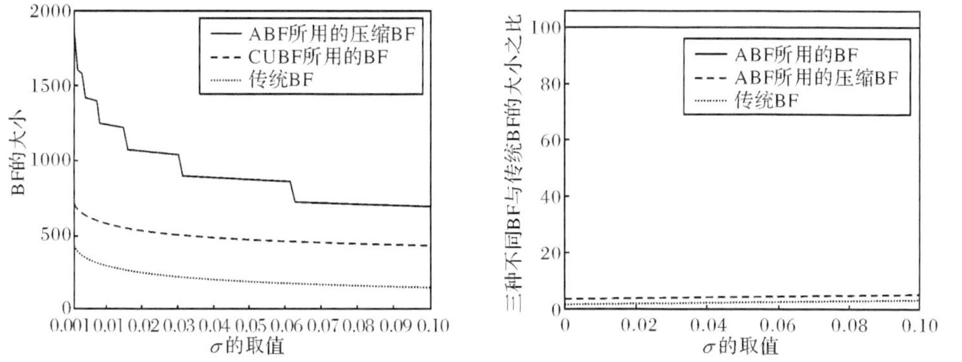


(a) 三种不同类型的 BF 传输开销　　(b) 三种不同类型的 BF 大小与传统 BF 的大小之比

图 7.11　三种 BF 的大小是关于 $\sigma$ 变量的函数，其中，$s=100$，$n=30$

压缩 BF 比 CUBF 所用的 BF 占用较多的存储空间。这一结果证实，压缩 BF 的方法在 ABF 应用场景下的确是一种降低 BF 传输开销的高效方法。

综上所述，在相同的 $\sigma$ 和 $n$ 的情况下，ABF 所用的压缩 BF 和 CUBF 所用的 BF 比传统 BF 要消耗更多的存储空间。但是考虑到 ABF 和 CUBF 极低的假阳性判定概率，对许多应用而言，CUBF 和 ABF 在这方面的优势足以抵消较多存储空间带来的负面影响。此外，如图 7.10 所示，ABF 比 CUBF 具有更低的假阳性判定发生概率。因此，尽管 ABF 导致每个节点为本地 BF 分配较多的存储空间，但是 ABF 比 CUBF 更适用于基于 BF 的全状态概率路由机制。

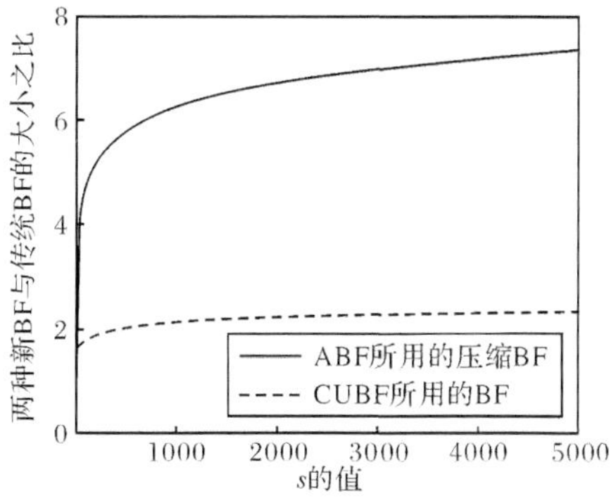


图 7.12　两种新 BF 与传统 BF 的大小之比，其中，$\sigma=0.001$，$n=30$

### 7.5.4　假阳性判定概率的实际结果

散列函数是 BF 的核心要素，其直接影响 $f_{BF}$、$f_{CUBF}$和 $f_{ABF}$的最终结果。在进行理论分析时，通常假设每个 BF 使用一组彼此独立且完全随机的散列函数，它们能将未知的资源对象空间中的任意一项依相同概率散列至 $1\sim m$ 内的任意一位，但是在实际应用中，这一假设过于严格而通常难以实现。这导致在实际应用中 CUBF 和 ABF 几乎不可能获得与式(7.3)和式(7.4)所示的理论结果精确一致的实验结果。因此，非常有必要在采用面向发送方和面向接收方这两种 BF 的设计场景下，从实践角度重新评估 $f_{\mathrm{CUBF}}$ 和 $f_{\mathrm{ABF}}$ 的值。

考虑到 CUBF 和 ABF 被设计用来表示任何可能的资源对象集合，并且在传统 BF 的研究领域内没有形成公认的测试数据集合，本节的实验并没有对测试数据集合加以任何限制，而是从著名的 P2P 网络文件系统电骡(eDonkey)的一个 Trace 中提取出文件的名称集合作为本节的测试数据集合。Trace 涵盖了电骡系统从 2003 年 12 月 9 日～2004 年 2 月 2 日系统各个节点上存储的文件名称，共包括 11014603 个不同的文件。在此基础上，首先为每个节点初始化一个大小为 $n=30$ 的资源对象集合 $Y$，每个资源对象拥有全网唯一的文件名，然后初始化一个被各个节点用于查询假阳性判定的公共资源对象集合 $Z$，其中 $Y\cap Z=\varnothing$，而且 $Z$ 的成员数目是 $Y$ 的成员数目的 10 倍。在每一轮实验中，从该 Trace 中随机抽取 100 个节点，这些节点在沿着每个邻居链路收到 $s$ 个 BFs 之后构造其路由表，并从 $Z$ 中随机选择一个成员发起网内资源查询。接下来从两个角度评估 $f_{\mathrm{CUBF}}$ 和 $f_{\mathrm{ABF}}$ 的理论和实验结果。

首先，考虑 CUBF 和 ABF 采用 BF 的传统设计方法的情况。图 7.13 揭示了此时 $f_{\mathrm{CUBF}}$ 和 $f_{\mathrm{ABF}}$ 关于 $s$ 的关系，其中，$f_{\mathrm{BF}}=0.001$、$m/n=\log_{0.6185}0.001$、$k=(m/n)\ln 2$。图 7.13(a)显示，其中的两条曲线在 $s$ 从 1 增长到 50 的过程中呈现出了非常相似的趋势。在 $s$ 的整个变化区间中，虽然 $f_{\mathrm{CUBF}}$ 的实验结果并没有精确匹配其理论结果，但之间的差异非常微小，这佐证了式(7.3)的正确性。此外，图 7.13(b)中，$f_{\mathrm{ABF}}$ 的两条曲线在 $s$ 从 1 增长到 25 的过程中具有非常相似的走势，这同样佐证了式(7.4)的正确性。

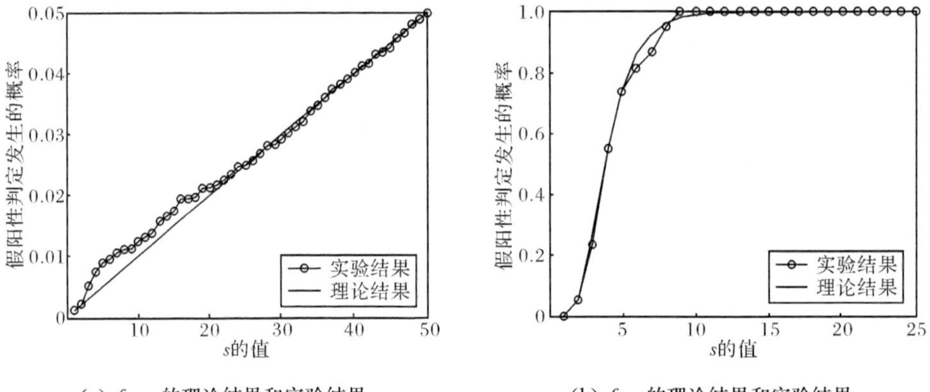


(a) $f_{\mathrm{CUBF}}$ 的理论结果和实验结果　　(b) $f_{\mathrm{ABF}}$ 的理论结果和实验结果

图 7.13　在面向发送方的 BF 设计场景下，$f_{\mathrm{CUBF}}$ 和 $f_{\mathrm{ABF}}$ 的理论结果和实验结果

其次,考虑 CUBF 和 ABF 采用本章提出的面向接收方的 BF 设计方法时的情况。图 7.14 刻画了此时 $f_{CUBF}$和 $f_{ABF}$关于 $s$ 的关系。图 7.14(a)显示,其中的两条曲线在 $s$ 从 1 增长到 50 的过程中呈现出了非常相似的趋势。在 $s$ 的整个变化区间内,虽然 $f_{CUBF}$的实验结果并没有精确匹配其理论结果,但之间的差异非常微小。此外,图 7.14(b)中 $f_{ABF}$的两条曲线在 $s$ 从 1 增长到 100 的过程中匹配得非常好。图 7.14 显示的比较结果说明了面向接收方的 BF 设计方法的正确性和有效性,具体而言,佐证了式(7.5)～式(7.8)的正确性。

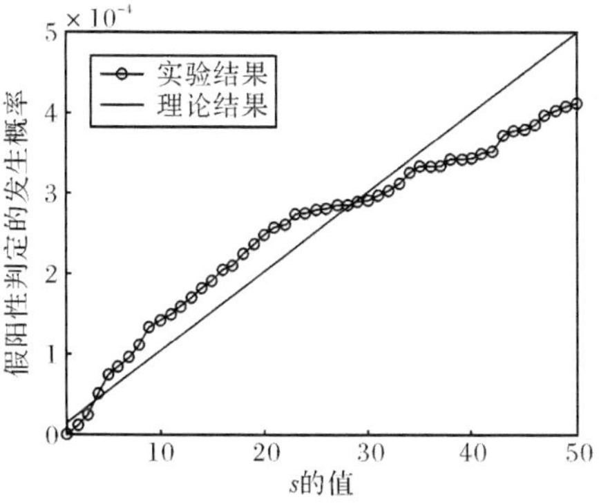


(a) $f_{CUBF}$的理论结果和实验结果

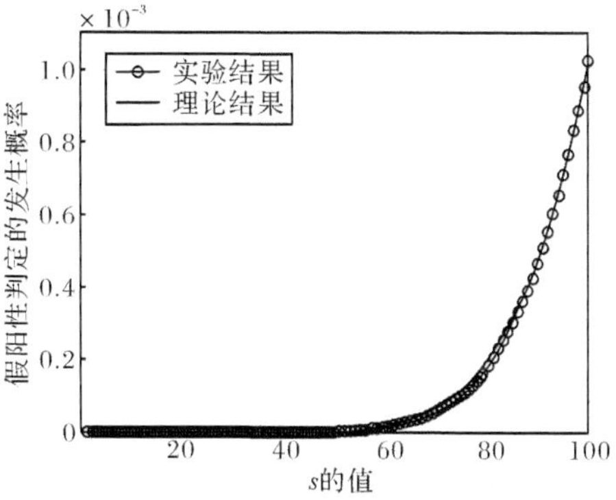


(b) $f_{ABF}$的理论结果和实验结果

图 7.14　在面向接收方的 BF 设计场景下,$f_{CUBF}$和 $f_{ABF}$的理论结果和实验结果

## 7.6　本章小结

基于 BF 的全状态概率路由机制被广泛用于非结构化 P2P 网络领域。长期以来,学术界一直默认这种路由机制的性能优于以泛洪广播为代表的无序路由机制,而该结论成立的先决条件是任意一条路由条目的假阳性判定概率都足够低。本章得出了以下结论:无论在何种应用场景下,面向发送方的 BF 优化设计方法在原理上都无法满足上述先决条件。因此,现有各种基于 BF 的全状态概率路由机制会导致任何查询消息在向正确方向转发的同时也向所有无关路由方向传递,最终演变成泛洪广播这种无序路由机制。

本章将现有的基于 BF 的全状态概率路由机制分为 CUBF 和 ABF 两种基本类型,然后量化分析在信息噪声的干扰下这两种机制的消息路由性能。在此基础上为 CUBF 和 ABF 分别提出面向接收方的 BF 优化设计方法,据此能够确保任意节点的任何路由条目发生假阳性判定的概率足够低,进而每个节点都能够从众多路由方向中准确识别出正确的路由方向,最终确保了基于 BF 的全状态概率路由机制的有效性和可行性。理论结果和实验结果证实,在路由准确率和路由消息成本两个指标上，本章提出的面向接收方的BF优化设计方法都远胜于传统的BF优化设计方法。

## 参考文献

[1] Mullin J K. Optimal semijoins for distributed database systems[J]. IEEE Transactions on Software Engineering, 1990, 16(5): 558-560.

[2] Li Z, Ross K A. PERF join: An alternative to two-way semijoin and Bloomjoin [C]//Proceedings of the 4th CIKM, Baltimore, 1995.

[3] Mackert L F, Lohman G M. R* optimizer validation and performance evaluation for distributed queries[C]//Proceedings of VLDB, Kyoto, 1986.

[4] Broder A, Mitzenmacher M. Network applications of Bloom filters: A survey[J]. Internet Mathematics, 2005, 1(4): 485-509.

[5] Rhea S, Wells C, Eaton P, et al. Maintenance-free global data storage[J]. IEEE Internet Computing, 2001, 5(5): 40-49.

[6] Li J, Taylor J, Serban L, et al. Self-organization in peer-to-peer system[C]//Proceedings of the 10th ACM SIGOPS European Workshop, Saint-Emilion, 2002.

[7] Cuena-Acuna F M, Peery C, Martin R, et al. PlantP: Using gossiping to build content addressable peer-to-peer information sharing communities[J]. Advanced Materials Research, 2003, 724-725(6): 236-246.

[8] Rhea S C, Kubiatowicz J. Probabilistic location and routing[C]//Proceedings of IEEE 21st INFOCOM, Hongkong, 2002.

[9] Hodes T D, Czerwinski S E, Zhao B Y. An architecture for secure wide-area service discovery [J]. Wireless Networks, 2002, 8(2-3): 213-230.

[10] Reynolds P, Vahdat A. Efficient peer-to-peer keyword searching[J]. Lecture Notes in Computer Science, 2003, 2672: 21-40.

[11] Bauer D, Hurley P, Pletka R, et al. Bringing efficient advanced queries to distributed Hash tables[C]//Proceedings of the IEEE 29th LCN, Tampa, 2004.

[12] Fan L, Cao P, Almeida J, et al. Summary cache: A scalable wide-area Web cache sharing protocol[J]. IEEE/ACM Transactions on Networking, 2000, 8(3): 281-293.

[13] Peter C D, Panagiotis M. Bloom filters in probabilistic verification[J]. Lecture Notes in Computer Science, 2004, 3312: 367-381.

[14] Jin C, Qian W, Zhou A. Analysis and management of streaming data: A survey[J]. Journal of Software, 2004, 15(8): 1172-1181.

[15] Deng F, Rafiei D. Approximately detecting duplicates for streaming data using stable Bloom filters[C]//Proceedings of 25th ACM SIGMOD, Chicago, 2006.

[16] Bonomi F, Mitzenmacher M, Panigrahy R, et al. Beyond Bloom filters: From approximate membership checks to approximate state machines[C]//Proceedings of ACM SIGCOMM,

Pisa,2006.
[17] Li K,Zhong Z. Fast statistical spam filter by approximate classifications[J]. ACM Sigmetrics Performance Evaluation Review,2006,34(1):347-358.
[18] Mitzenmacher M. Compressed Bloom filters[J]. IEEE/ACM Transactions on Networking, 2002,10(5): 604-612.
[19] Kirsch A, Mitzenmacher M. Distance-sensitive Bloom filters[C]//Proceedings of the 8th ALENEX,Miami,2006.
[20] Kirsch A,Mitzenmacher M. Less hashing,same performance:Building a better Bloom filter [J]. Random Structures & Algorithms,2008,33(2):187-218.
[21] Kirsch A, Mitzenmacher M. Building a better Bloom filter[EB]. http://www. eecs. harvard. edu/~michaelm/postscripts/tr-02-05. pdf [2006-12-01].
[22] Kumar A,Xu J,Wang J,et al. Space-code Bloom filter for efficient per-flow traffic measurement[J]. IEEE Journal on Selected Areas in Communications,2006,24(12):2327-2339.
[23] Cohen S, Matias Y. Spectral Bloom filters [C]//Proceedings of ACM SIGMOD, San Diego,2003.
[24] Laufer R P,Velloso P B,Duarte Otto Carlos M B. Generalized Bloom filters[R]. Los Angeles:University of California,2005.
[25] Chazelle B,Kilian J,Rubinfeld R,et al. The Bloomier filter:An efficient data structure for static support lookup tables[C]//Proceedings of 5th SODA,New Orleans,2004.
[26] Hao F,Kodialam M,Lakshman T V. Building high accuracy Bloom filters using partitioned hashing[C]//Proceedings of SIGMETRICS/Performance,San Diego,2007.
[27] Bloom B H. Space/time tradeoffs in hash coding with allowable errors[J]. Communications of the ACM,1970,13(7):422-426.
[28] Hebden P,Pearce A R. Data-centric routing using Bloom filters in wireless sensor networks [C]//Proceedings of the 4th ICISIP,Bangalore,2006.
[29] Acer U G, Kalyanaraman S, Abouzeid A A. Weak state routing for large scale dynamic networks[C]//Proceedings of the 13th ACM MOBICOM,Montréal,2007.
[30] Terpstra W W, Kangasharju J, Leng C, et al. Bubblestorm: Resilient, probabilistic, and exhaustive peer-to-peer search[C]//Proceedings of SIGCOMM,Kyoto,2007.

# 第 8 章　非结构化 P2P 网络中基于 BF 的弱状态概率路由

基于 BF 的弱状态概率路由机制的核心思想是:每个节点为其所属的对象构造从自身向周边邻居依规则衰减的信息梯度;若一个节点转发一条以其他节点上的对象为目标的查询消息,并且处于潜在目标节点为查询对象构造的信息梯度范围内,则该节点选择沿查询对象信息梯度最高的方向转发该消息,而且在消息的整个传递路径上关于其查询对象的信息梯度越来越高。当存在多个相等的最高信息梯度方向时,沿着这些方向同时转发该消息。

研究表明,当一个节点需要转发一条以其他节点的对象为目标的消息时,其他路由条目的信息噪声很可能与正确路由条目上的信息强度相当,甚至会更强一些。因为大多数的消息会沿着不正确的邻居方向转发进而偏离潜在的目标节点,甚至最终无法被送达目标节点,所以即便最终能够抵达目标节点,也以花费很长的路由延迟并产生大量消息成本为代价。在这种情况下,无论 BF 选用怎样的衰减模型和运用模式,弱状态概率路由的机制从理论和实验两方面都无法确保消息路由的正确性和高效性。

## 8.1　引　　言

如第 7 章所介绍的,基于 BF 的全状态概率路由机制的基本思路是:从发送方考虑,每个节点根据其拥有的全部对象构造出一个集合(可以是各个对象的名称、标识符等属性的一个集合),并将表示该集合的 BF 传播到给定逻辑跳步内(如 $h$ 跳)的节点;从接收方考虑,每个节点把从同一邻居链路传递进来的 BF 的集合作为该邻居链路的路由条目。若一个节点需要将一个查询消息路由到距离其 $h$ 跳步内的潜在目的节点,则通过检查每个邻居链路的路由条目就能挑选出正确的路由方向,并转发给相应的邻居节点。这种路由机制被认为是概率路由的原因在于 BF 的假阳性判定问题使每个消息在向正确方向转发的同时也可能沿着错误的方向传递。

这种概率路由机制的性能优于以泛洪和随机搜索为代表的无序路由机制,但是具有如下两个重要问题:①每个节点需要消耗额外的内存来存储所有接收到的 BF。虽然单个 BF 的存储开销不大,但是若接收到太多的 BF,则会占用大量的内存空间。②每个节点在为每条需要转发的消息做路由决策时,需要逐一用存储的每个 BF 对该消息进行成员资格判断。若节点接收到太多的 BF,则每个路由决策的延迟会比较大,进而严重降低系统的消息路由能力。当网络密度较大和/或 BF 的传播范围较大时,这两个问题尤为严重。此外,在诸如无线传感器网络等资源受限的环境中,这种概率路由机制的负面效果更加严重,以至于直接影响其可行性和可用性。

Kumar 等[1]首次设计了一种依指数衰减的 BF,并在此基础上提出了非结构化 P2P 网络中的弱状态概率路由机制。首先,每个节点产生的本地 BF 在一定区域内传递,但是 BF 中的信息量随着传递范围的增加依指数级衰减,即在图 8.1 中,随着传递距离的增加,BF 经过区域的颜色由深变浅。另外,每个节点把从相同邻居链路传递进来的 BF 进行并运算,并将产生的联合 BF 作为该邻居链路的路由条目。需要说明的是,每个联合 BF 与参与并运算的每个 BF 占用相同大小的存储空间。因为每个路由条目不再拥有任何对象的完整成员资格信息,所以查询应该沿着拥有目标对象的成员资格信息最大的方向传递,而且在消息的整个传递路径上关于其目标对象的成员资格信息越来越大。同早期基于 BF 的概率路由机制相比,这种改进的弱状态概率路由机制能大量节省存储空间并减少查询的响应时间。因为每个节点只需要为每个邻居维护一个联合 BF,而且在响应一个路由请求时仅需要在每个邻居链路上检查一个 BF。在文献[2]和文献[3]中,作者针对大范围动态网络提出了一种类似的弱状态概率路由机制。在文献[4]中,作者介绍了另一种使用范围衰落 BF(scope decay Bloom filters,SDBF)的弱状态概率路由机制,每个 BF 在前 $d_1$ 跳内无损传递,但在 $d_1$ 跳外呈指数或线性衰落。

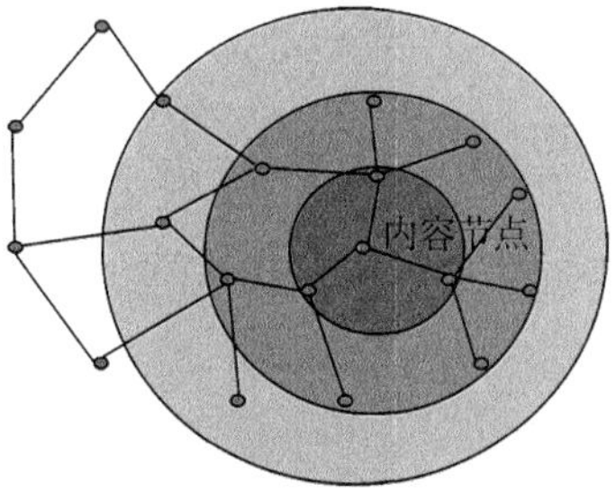


图 8.1　BF 衰落传播示意图

在如图 8.2 所示的理想情况下,一旦任意查询进入其潜在目的节点的传递范围内,弱状态概率路由机制应该确保其被正确地向目的节点逐步传递。但是常常观察到,当每个节点为任意查询消息选择转发方向时,其他路由条目中存在噪声,而且噪声很可能接近甚至比正确条目中的成员资格信息还要强。这导致的直接后果是,大部分查询会沿着背离目的节点的方向传递,这违背了弱状态概率路由机制的设计初衷。

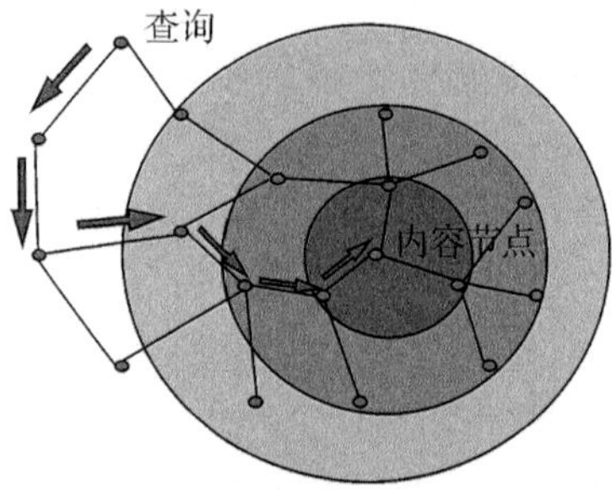


图 8.2 弱状态概率路由示意图

人们认为基于 BF 的弱状态概率路由机制只有在满足特定约束的情况下才能依预设的方式正常工作。为了探索问题的根源,并提出可行的解决方法,首先在一个通用衰减模型的基础上对弱状态概率路由问题进行细致建模,然后量化衰减模型对每个节点上的单个对象和全体对象在对应 BF 中成员资格信息量的影响,最后评价信息噪声对弱状态概率路由决策的影响。根据分析结果,本章提出了有效实现基于 BF 的弱状态概率路由机制的充分和必要条件,并设计了面向接收方的 BF 优化机制,其能够满足有效弱状态概率路由的充分和必要条件。此外还解决了将 BF 运用到弱状态概率路由机制时遇到的两个难题——冗余消息和 BF 的网络传输,这两个难题直接影响到其可用性。本章通过大量仿真来验证理论分析结果和提出的解决方案。仿真结果与理论分析非常一致,并显示本章方法能够以很高的概率确保基于 BF 的弱状态概率路由机制的可行性和可用性。

## 8.2 基于 BF 的弱状态概率路由机制的理论分析

本节首先回顾 BF 的一些基础知识,然后提出 BF 的统一衰减模型。在此基础上,分析衰减模型对单个对象和全体对象在对应 BF 中成员资格信息量的影响,并度量信息噪声对弱状态概率路由决策的影响。

### 8.2.1 BF 简介

BF 的基本理论已经在第 7 章有详细的论述,众所周知,BF 的设计指标是将发生假阳性判定的概率控制在具体应用可承受的范围内。用大小为 $m$ 的比特位向量对由 $n$ 个不同元素构成的数据集合进行 BF 表示之后,位向量中任何一个比特位取值仍然为 0 的概率是 $p_0=(1-1/m)^{kn}\approx e^{-kn/m}$。此时,根据 BF 进行成员资格判定时发生假阳性判定的概率为

$$f_p=(1-p_0)^k\approx(e^{-\frac{kn}{m}})^k \tag{8.1}$$

由式(8.1)可知，存在两种降低假阳性判定概率的途径：①提高参数 $k$ 的取值，但是当 $k$ 达到某个阈值之后假阳性判定的概率反而会增加。理论上已经证明，当 $k=\lfloor(m/n)\ln 2\rfloor$时 $f_p$ 达到最小值 $0.6185^{m/n}$[5]。②对于静态数据集合或规模大小可以有效估计的动态数据集合，提高 $m/n$ 的取值可以降低假阳性判定概率。

### 8.2.2　BF 的衰减传播模型

**定义 8.1**　给定一个集合 $X$ 及其 BF bf，令 $\theta(x,\mathrm{bf})$表示在对应 bf 中任意元素 $x\in X$ 的成员资格信息量，即 Bfaddress($x$)中取值为 1 的比特位的数目；令 $\theta(X,\mathrm{bf})$表示集合 $X$ 在对应 bf 中的信息量，即 bf 中被设置为 1 的比特位的数目。需要说明的是，由于 BF 地址间的潜在哈希碰撞问题，$\theta(X,\mathrm{bf})$往往小于 $X$ 中各个元素的$\theta(x,\mathrm{bf})$之和。对于$\forall x\in X$，$\theta(x,\mathrm{bf})$的值等于 $k$。后面常用 $\theta(\mathrm{bf})$来指代 $\theta(X,\mathrm{bf})$。

众所周知，实现弱状态概率路由机制的前提条件是每个节点产生的本地 bf 要向周围邻居传播。在这种情况下，$\theta(X,\mathrm{bf})$和 $\theta(x,\mathrm{bf})$随 bf 传播距离的增加而减小。在实际应用中，对于$\forall x\in X$，至少存在两种减小 $\theta(x,\mathrm{bf})$的衰减模型。在指数衰减模型中，若 Bfaddress($x$)的某一个比特位为 1，则在下一轮衰减过程中该比特位以概率 $1/d$ 仍然保持为 1，如图 8.3 所示。在线性衰减模型中，Bfaddress($x$)中 $d$ 个为 1 的随机比特位在下一轮衰减过程中被设为 0，如图 8.4 所示，其中，变量 $d$ 是上述两种衰减模型的衰减因子。

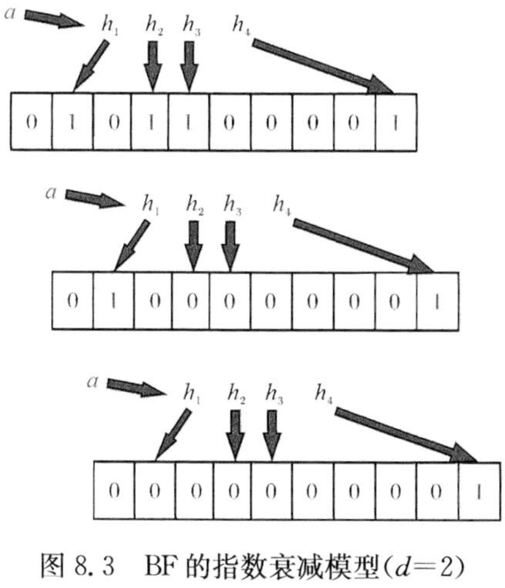


图 8.3　BF 的指数衰减模型($d=2$)

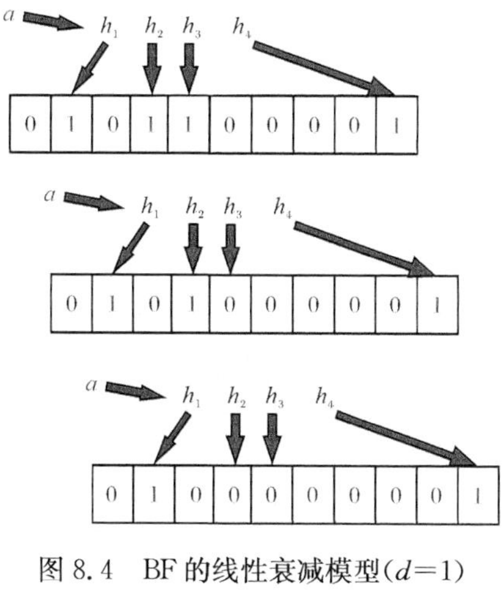


图 8.4　BF 的线性衰减模型($d=1$)

BF 的衰减模型是影响弱状态概率路由机制的正确性和效率的重要因素之一。为了便于开展后序工作，首先定义如下 BF 的通用衰减模型。

**定义 8.2**　令 Decay(bf, $d_1$, $h$, $d_2$, model, $d$)表示 BF 的一个通用衰减模型，其中，bf 只能在距离源节点 $h$ 跳内传播，其中，$1 \leqslant h \leqslant d_1 + d_2$。该 bf 在前 $d_1$ 跳内所含信息量不衰减，而在其后的传播过程中依据特定模型开始衰减，其中，$d_2$ 是该 bf 第二阶段可以传播的最大距离。令 $h$ 表示该 bf 或其源节点的有效传播范围。需要注意的是，不允许当前节点将 bf 回传给向其直接转发 bf 的节点。

考虑一个用于表示包含 $n$ 个元素的集合 $X$ 的 bf，$\theta$(bf)用来表示 bf 中为 1 的比特位数目，而且等于 bf 的位向量大小 $m$ 乘以 bf 中任意一个比特位为 1 的概率 $p_1$。不难发现，$p_1 = 1 - (1 - 1/m)^{nk}$，而且

$$\theta(\mathrm{bf}) = m\left(1 - \left(1 - \frac{1}{m}\right)^{kn}\right) \approx m\left(1 - \mathrm{e}^{-k\frac{n}{m}}\right) \tag{8.2}$$

**定义 8.3**　令 $\mathrm{bf}_i$ 表示一个 bf 在第 $i$ 轮衰减后的结果，其中，$1 \leqslant i \leqslant h$。在 $\mathrm{bf}_i$ 中保留 $\theta(\mathrm{bf}_i)$个为 1 的比特位。若采用指数衰减模型，则有

$$\theta(\mathrm{bf}_i) = \begin{cases} \theta(\mathrm{bf}), & i \leqslant d_1 \\ \left\lceil \dfrac{\theta(\mathrm{bf}_{i-1})}{d} \right\rceil, & d_1 < i \leqslant d_1 + d_2; d \leqslant \theta(\mathrm{bf}_{i-1}) \\ 0, & d_1 < i \leqslant d_1 + d_2; \theta(\mathrm{bf}_{i-1}) < d \end{cases} \tag{8.3}$$

若采用线性衰减模型，则有

$$\theta(\mathrm{bf}_{i-1}) = \begin{cases} \theta(\mathrm{bf}), & i \leqslant d_1 \\ \theta(\mathrm{bf}_{i-1}) - \left\lceil \dfrac{\theta(\mathrm{bf}_{i-1})}{d} \right\rceil, & d_1 < i \leqslant d_1 + d_2 \\ 0, & \theta(\mathrm{bf}_{i-1}) < \theta(\mathrm{bf}_{i-1})/d \end{cases} \tag{8.4}$$

令 $c$ 表示网络中节点的平均邻居数目，也就是每个节点平均有 $c$ 条邻居链路。由定义 8.2 可知，在任意节点上产生的 BF 在第 $i$ 轮衰落传递过程中能够最多抵达 $T_i = c(c-1)^{i-1}$个节点。根据模型的对称性可知，每个节点 $A$ 能够通过每条链路 $\mathrm{link}_j$ 收到最多 $c-1$ 个由距离当前节点 $i$ 跳外节点产生的 BF。节点 $A$ 收到的 BF 标记为 $\mathrm{bf}_j^l$，其中，$1 \leqslant j \leqslant h$，$1 \leqslant l \leqslant c-1$。因此，一个节点通过一条邻居链路 $\mathrm{link}_j$ 最多能够从整个网络中收到 $|\mathrm{link}_j| = \sum_{i=1}^{h}(c-1)^{i-1}$ 个 BF。如定义 8.1 所述，同构的多个 BF 的并运算结果能够通过它们的位向量间的逻辑或运算得到。因此，$|\mathrm{link}_j|$个同构 BF 的并运算将产生一个同构的 BF bf($\mathrm{link}_j$)，而且 bf($\mathrm{link}_j$)担任该邻居链路 $\mathrm{link}_j$ 的路由条目。另外，bf($\mathrm{link}_j$)是节点 $A$ 沿邻居链路 $\mathrm{link}_j$ 在最多 $h$ 跳步内全部可达节点上对象的成员资格信息的一个概要，其表达式为

$$\mathrm{bf}(\mathrm{link}_j) = \bigcup_{i=1}^{h} \bigcup_{l=1}^{(c-1)^{i-1}} \mathrm{bf}_i^l \tag{8.5}$$

**定理 8.1**　bf($\mathrm{link}_j$)中被设置为 1 的比特位数由下式给定：

$$\theta(\mathrm{bf}(\mathrm{link}_j)) = m\left(1 - \left(1 - \frac{1}{m}\right)^{\beta(\mathrm{link}_j)}\right) \tag{8.6}$$

式中

$$\beta(\text{link}_j) = \sum_{i=1}^{h} \sum_{l=1}^{(c-1)^{i-1}} \theta(\text{bf}_i^l) \tag{8.7}$$

**证明**　节点 $A$ 通过邻居链路 $\text{link}_j$ 收到的最多 $|\text{link}_j|$ 个 BF 被合并而得到 $\text{bf}_i(\text{link}_j)$。这个合并过程等价于 $\beta(\text{link}_j)$ 个球随机丢入 $\text{bf}_i(\text{link}_j)$ 中被初始化为 0 的 $m$ 个比特位中。各个球的最终落定位置彼此独立，而且 $m$ 个备选位置被每个球选中的概率相等。$\beta(\text{link}_j)$ 定义为共 $|\text{link}_j|$ 个收到的 BF 中值为 1 的比特位的数目之和。令 $p_0$ 表示全部 $\beta(\text{link}_j)$ 个球着落在 $m$ 个比特位之后，$m$ 个比特位中任意一位仍然保持为 0 的概率，显然有 $p_0=(1-1/m)^{\beta(\text{link}_j)}$。相应地，令 $p_1$ 为 $\beta(\text{link}_j)$ 个球撒完之后 $m$ 个比特位中任意一位取值为 1 的概率，显然有 $p_1=1-p_0$。综上所述，最终 $\text{bf}(\text{link}_j)$ 中值为 1 的比特位数目由式(8.6)给定。由此，定理 8.1 得证。

### 8.2.3　衰减模型对成员资格信息的影响

若任意元素 $x$ 被 bf 表示，则 $\theta(x,\text{bf})=k$。BF 的通用衰减模型可能具体采用指数衰减模型或线性衰减模型。本节首先度量一个指标 $\theta(x,\text{bf}_i)$，其表示元素 $x$ 在一个衰减 $\text{bf}_i$ 中的成员资格信息的总量。

对于线性衰减模型，能够根据其定义推导出下列结果：

$$\theta(x,\text{bf}_i)=\begin{cases}\theta(x,\text{bf})=k, & i\leqslant d_1\\ \theta(x,\text{bf})-d(i-d_1), & d_1<i\leqslant d_1+d_2\end{cases} \tag{8.8}$$

对于指数衰减模型，能够根据其定义推导出如下结论。

**定理 8.2**　若 $x$ 被 bf 表示且 $i\leqslant d_1$，则 $\theta(x,\text{bf}_i)$ 等于 $k$，因为 $\text{bf}_i=\text{bf}$；否则，$\theta(x,\text{bf}_i)$ 是一个离散随机变量，记为 $U_i$，其概率分布函数由式(8.9)给出。

**证明**　假设 $a$ 表示 $U_i$ 的可能取值，是 $0\sim k$ 的整数。令 $U_i=a$ 表示在 $\text{bf}_i$ 的 Bfaddress($x$)中有 $a$ 个比特位的值为 1。在 bf 经历过 $i$ 轮衰减之后，bf 中原本为 1 的 $\theta(\text{bf})-\theta(\text{bf}_i)$ 个比特位在 $\text{bf}_i$ 中又被重置为 0。从 bf 转变为 $\text{bf}_i$ 中的所有可能情况的总和为

$$\binom{\theta(\text{bf})}{\theta(\text{bf})-\theta(\text{bf}_i)}$$

在 bf 的第 $i$ 轮衰减过程中，元素 $x$ 的 BF 地址 Bfaddress($x$)中有 $k-a$ 个比特位被重置为 0 的所有可能情况的总和为

$$\binom{k}{k-a}\binom{\theta(\text{bf})-k}{\theta(\text{bf})-\theta(\text{bf}_i)-k+a}$$

综上所述，事件 $\theta(x,\text{bf}_i)=a$ 的概率为

$$P(U_i=a)=\frac{\binom{k}{k-a}\binom{\theta(\mathrm{bf})-k}{\theta(\mathrm{bf})-\theta(\mathrm{bf}_i)-k+a}}{\binom{\theta(\mathrm{bf})}{\theta(\mathrm{bf})-\theta(\mathrm{bf}_i)}} \tag{8.9}$$

式中，$\theta(\mathrm{bf}_i)$由式(8.3)给定。因此，定理 8.2 得证。

**推论 8.1** 若 $d_1<i\leqslant d_1+d_2$，则离散随机变量 $\theta(x,\mathrm{bf}_i)$的数学期望为

$$E[\theta(x,\mathrm{bf}_i)]=\sum_{a=0}^{k}aP(U_i=a)\approx\frac{k}{d^{i-d_1}}$$

**证明** 根据离散随机变量的数学期望的定义不难得出上式。

如果衰落半径 $i$ 超出了 $d_1$，那么在线性衰减模型中，$\theta(x,\mathrm{bf}_i)$随着 $i$ 的增加而减少，而在指数衰减模型中，$\theta(x,\mathrm{bf}_i)$的数学期望也随着 $i$ 的增加而减少。换言之，在 $i\geqslant d_1$ 的情况下，任意元素 $x$ 在 bf 中的成员资格信息量随 bf 的衰减传输而减少。

实际上，一个节点通过链路 $\mathrm{link}_j$ 收到一个 $\mathrm{bf}_i$，也能够通过同一个链路收到其他$|\mathrm{link}_j|-1$ 个衰减的 BF。指标 $\theta(x,\mathrm{bf}_i)$不足以支持弱状态概率路由机制，因为每个节点都使用从同一链路收到的所有 BF 的并运算结果作为该链路的路由条目。为此，本书提出另外两个指标：①令 $\theta(x,\mathrm{bf}_i(\mathrm{link}_j))$表示任意元素 $x$ 在节点的一条路由条目 $\mathrm{bf}_i(\mathrm{link}_j)$中的成员资格信息量，而且该节点从其邻居链路 $\mathrm{link}_j$ 收到表示 $x$ 的衰落 $\mathrm{bf}_i$，其中，$1\leqslant j\leqslant c$；②指标 $\theta(X,\mathrm{bf}_i(\mathrm{link}_j))$表示集合 $X$ 在 $\mathrm{bf}_i(\mathrm{link}_j)$中的成员资格信息量。

在开始度量这两个指标之前，首先定义后面要用到的两个基本事件。考虑一个空 BF 中的任意一个比特位，在向该 BF 中随机投入 $z$ 个球后，事件 $E^z_{=0}$表示没有球落入该比特位，而事件 $E^z_{=1}$表示至少有一个球落入了该比特位。这两个事件发生的概率分别是 $P(E^z_{=0})=(1-1/m)^z$ 和 $P(E^z_{=1})=1-P(E^z_{=0})$。

**定理 8.3** 对于指数衰减模型，指标 $\theta(x,\mathrm{bf}_i(\mathrm{link}_j))$是个离散随机变量，记为 $V_i$，其概率分布函数由式(8.10)给出。

**证明** 在表示过元素 $x$ 的 bf 的一个衰减版本 $\mathrm{bf}_i$ 中，考虑事件 $\theta(x,\mathrm{bf}_i)=a$ 发生的概率，其中，$0\leqslant a\leqslant k$。这个事件表示 Bfaddress($x$)中的 $a$ 个比特位被置为 1，而其余 $k-a$ 个比特位被置为 0。该事件发生的概率由式(8.9)给出。为了获得 $\mathrm{bf}_i(\mathrm{link}_j)$，其余$|\mathrm{link}_j|-1$ 个衰减后的 BF 与 $\mathrm{bf}_i$ 一起进行 BF 的并运算。这个过程等价于将数量为 $\alpha(\mathrm{link}_j)$个球随机投入 $\mathrm{bf}_i$ 中的 $m$ 个比特位，其中，$\alpha(\mathrm{link}_j)=\beta(\mathrm{link}_j)-\theta(\mathrm{bf}_i)$。这里考虑另一事件：$\theta(x,\mathrm{bf}_i)=a$，且在 $\mathrm{bf}_i$ 的 Bfaddress($x$)中存在 $b$ 个值为 0 但在投入 $\alpha(\mathrm{link}_j)$个球时至少被命中一次的比特位，其中，$0\leqslant b\leqslant k-a$。该事件发生的概率记为 $P(W_i=b|U_i=a)$，且等于

$$\binom{k-a}{b}P(E^{\alpha(\mathrm{link}_j)}_{=1})^b\cdot P(E^{\alpha(\mathrm{link}_j)}_{=0})^{k-a-b}$$

假设 $v$ 表示 $V_i$ 的可能取值，其为 $0\sim k$ 的整数。令事件 $V_i=v$ 表示 $\mathrm{bf}_i(\mathrm{link}_j)$ 的 Bfaddress($x$)中被设置为 1 的比特位数目。该事件发生的概率为

$$P(V_i = v) = \sum_{a=0}^{v} P(U_i = a) \cdot P(W_i = v - a \mid U_i = a) \tag{8.10}$$

因此，定理 8.3 得证。

**定理 8.4**　对于线性衰减模型，指标 $\theta(x,\mathrm{bf}_i(\mathrm{link}_j))$是离散随机变量，表示为 $V_i$，概率分布函数由式(8.11)给出。

**证明**　在表示过元素 $x$ 的 bf 的一个衰减版本 $\mathrm{bf}_i$ 中，Bfaddress($x$)中的 $\theta(x,\mathrm{bf}_i)$个比特位仍然保持为 1，而其余 $k-\theta(x,\mathrm{bf}_i)$个比特位为 0，而且 $\theta(x,\mathrm{bf}_i)$的值由式(8.8)给出。由 $\mathrm{bf}_i(\mathrm{link}_j)$的定义可知，其构造过程等同于把 $\alpha(\mathrm{link}_j)$个球随机投入 $\mathrm{bf}_i$ 的 $m$ 个比特位中，其中，$\alpha(\mathrm{link}_j)=\beta(\mathrm{link}_j)-\theta(\mathrm{bf}_i)$。在 $\mathrm{bf}_i$ 的 Bfaddress($x$)中值为 0 但是被 $\alpha(\mathrm{link}_j)$个球中至少命中一次的比特位数目是一个离散随机变量，用 $Q_i$ 表示，其可能的值是 $0\sim k-\theta(x,\mathrm{bf}_i)$的整数。事件 $Q_i=a$ 的发生概率为

$$\binom{k-\theta(x,\mathrm{bf}_i)}{a} P\left(E_{=1}^{\alpha(\mathrm{link}_j)}\right)^a \cdot P\left(E_{=0}^{\alpha(\mathrm{link}_j)}\right)^{k-\theta(x,\mathrm{bf}_i)-a}$$

在 $\mathrm{bf}_i(\mathrm{link}_j)$的 Bfaddress($x$)中被设置为 1 的比特位有两种来源：①$\mathrm{bf}_i$ 中已经被设置为 1 的比特位；②$\mathrm{bf}_i$ 中为 0 但是在投入 $\alpha(\mathrm{link}_j)$个球后被重置为 1 的比特位。因此，这类比特位的数目是一个离散随机变量，表示为 $V_i$，其可能的值是 $\theta(x,\mathrm{bf}_i)\sim k$ 的整数。事件 $V_i=v$ 的概率等于 $Q_i=v-\theta(x,\mathrm{bf}_i)$的概率，即

$$\binom{k-\theta(x,\mathrm{bf}_i)}{v-\theta(x,\mathrm{bf}_i)} P\left(E_{=1}^{\alpha(\mathrm{link}_j)}\right)^{v-\theta(x,\mathrm{bf}_i)} \cdot P\left(E_{=0}^{\alpha(\mathrm{link}_j)}\right)^{k-v} \tag{8.11}$$

因此，定理 8.4 得证。

在度量了被 bf 表示的集合 $X$ 中任意 $x$ 的指标 $\theta(x,\mathrm{bf}_i(\mathrm{link}_j))$后，可以通过定理 8.5 来度量在 $\mathrm{bf}_i$ 和 $\mathrm{bf}_i(\mathrm{link}_j)$中所包括的关于集合 $X$ 的信息量。无论采用指数衰减模型还是线性衰减模型，定理 8.5 都成立，只是因衰减模型不同 $\theta(\mathrm{bf}_i)$的表达式而有所不同。

**定理 8.5**　若集合 $X$ 表示为一个 bf，则指标 $\theta(X,\mathrm{bf})$等于 $\theta(\mathrm{bf})$。若一个节点通过一条邻居链路 $\mathrm{link}_j$ 收到一个 $\mathrm{bf}_i$，则指标 $\theta(X,\mathrm{bf}_i(\mathrm{link}_j))$的近似数学期望由式(8.12)给出。

**证明**　能够从相关定义中推导出 $\theta(X,\mathrm{bf})=\theta(\mathrm{bf})$。在第 $i$ 轮衰减之后，bf 转变为 $\mathrm{bf}_i$，在 bf 中为 1 的 $\theta(\mathrm{bf})-\theta(\mathrm{bf}_i)$个比特位在 $\mathrm{bf}_i$ 中被重置为 0。在 $\mathrm{bf}_i$ 中，关于 $X$ 的成员资格信息量由 $\theta(\mathrm{bf})$变为 $\theta(\mathrm{bf}_i)$。在构建 $\mathrm{bf}_i(\mathrm{link}_j)$的过程中，$\alpha(\mathrm{link}_j)$个球被随机投入 $\mathrm{bf}_i$ 中的 $m$ 个比特位中。这 $m$ 位中任意一位被命中的概率为 $1-(1-1/m)^{\alpha(\mathrm{link}_j)}$，因此在 $\theta(\mathrm{bf}_i)$中，$\theta(\mathrm{bf})-\theta(\mathrm{bf}_i)$个比特位中被球命中的数目的近

似数学期望是

$$f_1=(\theta(\mathrm{bf})-\theta(\mathrm{bf}_i))\cdot\left(1-\left(1-\frac{1}{m}\right)^{\alpha(\mathrm{link}_j)}\right)$$

$\mathrm{bf}_i$ 中设置为 1 的比特位数目与 $f_1$ 之和正是在 $\mathrm{bf}_i(\mathrm{link}_j)$ 中关于集合 $X$ 的成员资格信息量。因此，可以得到

$$E[\theta(X,\mathrm{bf}_i(\mathrm{link}_j))]\approx(\theta(\mathrm{bf})-\theta(\mathrm{bf}_i))\cdot\left(1-\left(1-\frac{1}{m}\right)^{\alpha(\mathrm{link}_j)}\right)+\theta(\mathrm{bf}_i)\quad(8.12)$$

由此，定理 8.5 得证。

众所周知，弱状态概率路由机制的一个关键假设是查询消息在其整个传递路径上关于其目标对象的成员资格信息越来越大，因此在实际运用指标 $\theta(x,\mathrm{bf}_i(\mathrm{link}_j))$ 和 $\theta(X,\mathrm{bf}_i(\mathrm{link}_j))$ 之前，必须确保它们的数学期望与 $\theta(x,\mathrm{bf}_i)$ 一样，随着 $i$ 的增加而递减。这在很大程度上决定了基于 BF 的弱状态概率路由机制的性能是否确实可行。这两个指标都是 $i$ 和 $\alpha(\mathrm{link}_j)$ 的函数，但不是 $i$ 的单调递减函数，因为 $\alpha(\mathrm{link}_j)$ 是一个不确定性分布的离散随机变量。若对 $\alpha(\mathrm{link}_j)$ 做一些合理的限制，则式(8.11)和式(8.12)被进一步简化，进而可以从中推导出定理 8.6 和定理 8.7。

**定理 8.6**　对于由一个 bf 表示的任意一个元素 $x$，考虑两个相邻的节点通过各自的邻居链路 $\mathrm{link}_j$ 和 $\mathrm{link}'_j$ 收到了 bf 的衰减结果 $\mathrm{bf}_i$ 和 $\mathrm{bf}_{i+1}$。在线性衰减模型下，若 $\beta(\mathrm{link}_j)\approx\beta(\mathrm{link}'_j)$ 且 $d_1\leqslant i\leqslant d_1+d_2$，则指标 $\theta(x,\mathrm{bf}_i(\mathrm{link}_j))$ 的数学期望随着 $i$ 的增加而递减。

**证明**　在线性衰减模型下，指标 $\theta(x,\mathrm{bf}_i)$ 的取值由式(8.8)给定，而且 $\theta(x,\mathrm{bf}_i)$ 随着 $i$ 的增加而递减。另外，构建 $\mathrm{bf}_i(\mathrm{link}_j)$ 的过程等价于 $\alpha(\mathrm{link}_j)$ 个球被随机投入 $\mathrm{bf}_i$ 中的 $m$ 个比特位中，而且 $\mathrm{bf}_i$ 的 $m$ 个比特位中任意一位被命中的概率为 $1-(1-1/m)^{\alpha(\mathrm{link}_j)}$。在 $\mathrm{bf}_i$ 的 Bfaddress($x$)中有 $\theta(x,\mathrm{bf})-\theta(x,\mathrm{bf}_i)$ 个值为 0 的比特位，这些比特位之后被球命中的数目的数学期望近似等于

$$f_2=(\theta(x,\mathrm{bf})-\theta(x,\mathrm{bf}_i))\cdot\left(1-\left(1-\frac{1}{m}\right)^{\alpha(\mathrm{link}_j)}\right)$$

$\mathrm{bf}_i$ 中设置为 1 的比特位数目与 $f_2$ 之和正是在 $\mathrm{bf}_i(\mathrm{link}_j)$ 中关于元素 $x$ 的成员资格信息量。因此，可以得到

$$E[\theta(x,\mathrm{bf}_i(\mathrm{link}_j))]\approx(\theta(x,\mathrm{bf})-\theta(x,\mathrm{bf}_i))\cdot\left(1-\left(1-\frac{1}{m}\right)^{\alpha(\mathrm{link}_j)}\right)+\theta(x,\mathrm{bf}_i)\quad(8.13)$$

不难发现，$\theta(\mathrm{bf}_i)$ 和 $\theta(\mathrm{bf}_{i+1})$ 之间的差异相对 $\beta(\mathrm{link}_j)$ 和 $\beta(\mathrm{link}'_j)$ 来说非常小，而且 $\beta(\mathrm{link}_j)\approx\beta(\mathrm{link}'_j)$。因此，式(8.13)中的 $1-\left(1-\frac{1}{m}\right)^{\alpha(\mathrm{link}_j)}$ 部分能够视为常数因子，进而式(8.13)是变量 $i$ 的单调递减函数。由此，定理 8.6 得证。

在指数衰减模型下，指标 $\theta(x,\mathrm{bf}_i(\mathrm{link}_j))$ 的数学期望也随着 $i$ 的增加而递减。这个结论的证明过程与定理 8.6 的证明过程类似，唯一的区别在于这里需要运用推论 8.1 首先计算出 $\theta(x,\mathrm{bf}_i)$ 的数学期望。

**定理 8.7**　对于任意节点上产生的一个 bf，考虑两个相邻的节点通过各自的邻居链路 $\mathrm{link}_j$ 和 $\mathrm{link}'_j$ 收到了 bf 衰减后的 $\mathrm{bf}_i$ 和 $\mathrm{bf}_{i+1}$。仅当对于 $d_1 \leqslant i \leqslant d_1+d_2$ 有 $\beta(\mathrm{link}_j) \approx \beta(\mathrm{link}'_j)$ 时，指标 $\theta(X,\mathrm{bf}_i(\mathrm{link}_j))$ 的数学期望随着 $i$ 的增加而递减。

**证明**　注意到 $\alpha(\mathrm{link}_j)=\beta(\mathrm{link}_j)-\theta(\mathrm{bf}_i)$，$\alpha(\mathrm{link}'_j)=\beta(\mathrm{link}'_j)-\theta(\mathrm{bf}_{i+1})$，且 $\theta(\mathrm{bf}_i)$ 和 $\theta(\mathrm{bf}_{i+1})$ 的差异相对于 $\beta(\mathrm{link}_j)$ 和 $\beta(\mathrm{link}'_j)$ 来说非常小。因为 $\beta(\mathrm{link}_j) \approx \beta(\mathrm{link}'_j)$，所以式(8.12)中的 $1-(1-1/m)^{\alpha(\mathrm{link}_j)}$ 部分可以视为常数因子，且表示为 $0<g<1$。现在，式(8.12)能够转化为 $\theta(X,\mathrm{bf}_i(\mathrm{link}_j))=(1-g)\theta(\mathrm{bf}_i)+g\,\theta(\mathrm{bf})$。显然，式(8.12)随着 $\mathrm{bf}_i$ 的减少而降低。若 $d_1 \leqslant i \leqslant d_1+d_2$，则 $\theta(\mathrm{bf}_i)$ 是关于 $i$ 的单调递减函数。定理 8.7 得证。

### 8.2.4　噪声对路由决策的影响

**定义 8.4**　当一个节点需要处理以其他节点上的对象 $x$ 为查询目标的消息时，以这个消息为输入对每个路由条目逐一检查。若该节点没有从一个邻居链路接收到来自该消息目的节点的一个衰减后的 BF，则对象 $x$ 在对应路由条目中的成员信息量定义为该链路上的噪声。否则，可以获得在对应链路上的 $\theta(x,\mathrm{bf}_i(\mathrm{link}_j))$。

由前面介绍的弱状态概率路由机制的基本原理可知，一个节点收到关于其他节点上对象 $x$ 的查询请求后，将从所有邻居链路中选择对应路由表条目中 $x$ 的成员资格信息量最大的邻居链路作为转发方向。可以发现，弱状态概率路由机制并不能确保成员资格信息量最大的邻居方向一定是向消息目的节点逼近的方向。换句话说，假设该节点之前已经从一条邻居链路 $\mathrm{link}_j$ 收到来自该查询消息的目的节点的一个衰落 $\mathrm{bf}_i$。只有当其他链路上的噪声强度低于 $\theta(x,\mathrm{bf}_i(\mathrm{link}_j))$ 时，该节点才能确保该查询消息被正确地沿邻居链路 $\mathrm{link}_j$ 传播，进而逐步逼近目的节点；否则，该消息会被沿着一条噪声强度最高的错误方向传播，进而无法实现弱状态概率路由机制的设计初衷，也无法确保消息逐步逼近目的节点。

实际上，关于噪声强度低于 $\theta(x,\mathrm{bf}_i(\mathrm{link}_j))$ 的假设往往不能成立。为了解决弱状态概率路由机制面临的这个根本性难题，可以评估噪声水平对弱状态概率路由决策的影响程度，进而为提出确保弱状态概率路由机制得以正确实施的充分和必要条件。

考虑一个由 bf 表示的任意对象 $x$ 和从其邻居链路 $\mathrm{link}_j$ 接收到任意 $\mathrm{bf}_i$ 的节点 $A$，令 $\theta(x,\mathrm{bf}_i(\mathrm{link}'_j))$ 表示节点 $A$ 在任意其他链路 $\mathrm{link}'_j$ 上关于对象 $x$ 的成员资格信息量。若节点 $A$ 的 $d_1+d_2$ 跳内的节点上没有对象 $x$ 的副本，则 $\theta(x,\mathrm{bf}_i(\mathrm{link}'_j))$ 定义为对象 $x$ 在链路 $\mathrm{link}'_j$ 上的噪声强度指标。$\theta(x,\mathrm{bf}_i(\mathrm{link}'_j))$ 是一个

离散随机变量，记为 $Y$，其可能的值为 $0\sim k$ 的整数。其概率分布函数定义为

$$P(Y=u)=\binom{k}{u}p_1^u p_0^{k-u} \tag{8.14}$$

式中，$u$ 表示 $Y$ 的可能取值。用 $p_0$ 和 $p_1$ 分别表示 $\mathrm{bf}(\mathrm{link}'_j)$ 中取值为 0 和为 1 的比特位的比例，并被用作 $\mathrm{bf}_i(\mathrm{link}'_j)$ 中任意一个比特位为 0 和为 1 的概率。

众所周知，在接收到 $\mathrm{bf}_i$ 的节点上，指标 $V_i=\theta(x,\mathrm{bf}_i(\mathrm{link}_j))$ 是一个取值为 $0\sim k$ 的离散随机整数变量。其概率分布函数依赖于衰减模型，在指数衰减模型下对应于式(8.10)，而在线性衰减模型下对应于式(8.11)。对于随机变量 $V_i$ 的任意取值 $v$，对象 $x$ 的查询消息向哪个邻居转发的决策结果如下。

(1) 对于除 $\mathrm{link}_j$ 外的所有其他邻居链路 $\mathrm{link}'_j$，$\theta(x,\mathrm{bf}_i(\mathrm{link}'_j))$ 的值小于 $v$。因此，节点 $A$ 能够成功地将 $\mathrm{link}_j$ 与其他邻居链路区分开来，并向其转发消息。这种情况称为弱状态概率路由机制的单播路由策略。

(2) 对于除 $\mathrm{link}_j$ 的部分邻居链路 $\mathrm{link}'_j$，$\theta(x,\mathrm{bf}_i(\mathrm{link}'_j))$ 的值等于 $v$ 外，剩余链路的对应值小于 $v$。这种情况下，节点 $A$ 无法从 $\theta(x,\mathrm{bf}_i(\mathrm{link}'_j))=v$ 的多个邻居链路中区分出 $\mathrm{link}_j$，因此将消息沿这些链路同时转发。这种情况称为弱状态概率路由机制的多播路由策略。

(3) 在除 $\mathrm{link}_j$ 外的其他邻居链路 $\mathrm{link}'_j$ 中，至少存在一条邻居链使 $\theta(x,\mathrm{bf}_i(\mathrm{link}'_j))$ 大于 $v$。因为查询对象 $x$ 在至少一条其他链路上的噪声强度比在链路 $\mathrm{link}_j$ 上的有用信息强度还要高，所以消息会沿噪声强度最高的邻居链路转发。这种情况称为弱状态概率路由机制的无效路由策略。

接下来将从理论上证明每种可能结果发生的概率。由前述可知，每个节点平均最多有 $c$ 条邻居链路，而且为每条邻居链路关联了一个 BF 作为对应的路由条目。假设节点 $A$ 通过邻居链路 $\mathrm{link}_j$ 收到一个衰减的 $\mathrm{bf}_i$。

**定理 8.8** 如果节点 $A$ 已经从查询消息的潜在目的节点接收到一个 $\mathrm{bf}_i$，并且使用单播路由策略转发关于对象 $x$ 的消息，那么此事件发生的概率由式(8.15)给出。

**证明** 前面已经在定理 8.3 和定理 8.5 中定义了离散随机变量 $V_i$，并通过式(8.10)和式(8.11)给出了在不同衰减模型下 $V_i$ 的概率分布函数。对于 $V_i$ 的任意可能取值 $v$，其中，$0\leqslant v\leqslant k$，考虑对象 $x$ 在除接收到 $\mathrm{bf}_i$ 的邻居链路 $\mathrm{link}_j$ 外的其他一条邻居链路上的噪声强度小于 $v$ 的事件，其发生的概率由 $\sum\limits_{u=0}^{v-1}P(Y=u)$ 给出。此外，考虑对象 $x$ 在除 $\mathrm{link}_j$ 和节点 $A$ 接收到当前查询消息的邻居链路的其余邻居链路上的噪声强度同时小于 $v$ 的事件，其发生的概率由 $\left(\sum\limits_{u=0}^{v-1}P(Y=u)\right)^{c-2}$ 给出，因为存在噪声的平均邻居链路数目是 $c-2$。结合事件 $V_i$ 的概率分布可知，节

点 $A$ 最终使用单播路由策略的概率为

$$f_{\text{unicast}}(V_i) = \sum_{v=1}^{k} P(V_i = v)(\sum_{u=0}^{v-1} P(Y = u))^{c-2} \tag{8.15}$$

由此,定理 8.8 得证。

**定理 8.9**　如果节点 $A$ 已经从查询消息的潜在目的节点接收到一个 $\mathrm{bf}_i$,并且使用多播路由策略转发关于对象 $x$ 的消息,那么此事件发生的概率由式(8.17)给出。

**证明**　已经在定理 8.3 和定理 8.5 中定义了离散随机变量 $V_i$,并通过式(8.10)和式(8.11)给出了在不同衰减模型下 $V_i$ 的概率分布函数。对于 $V_i$ 的任意可能取值 $v$,其中,$0 \leqslant v \leqslant k$,考虑对象 $x$ 在除接收到 $\mathrm{bf}_i$ 的邻居链路 $\mathrm{link}_j$ 的其他一条邻居链路上的噪声强度小于或等于 $v$ 的事件,其发生的概率由 $\sum_{u=0}^{v} P(Y=u)$ 给出。此外,考虑对象 $x$ 在除 $\mathrm{link}_j$ 和节点 $A$ 接收到当前查询消息的链路外的其余链路上的噪声强度同时小于或等于 $v$ 的事件,其发生的概率由 $(\sum_{u=0}^{v} P(Y=u))^{c-2}$ 给出。结合事件 $V_i$ 的概率分布可知,节点 $A$ 最终使用单播或多播路由策略的概率为

$$f_{\text{valid}}(V_i) = \sum_{v=1}^{k} P(V_i = v) \cdot (\sum_{u=0}^{v} P(Y = u))^{c-2} \tag{8.16}$$

因为使用单播路由策略转发查询消息的概率已经由式(8.15)给出,所以定理 8.9 定义的事件的发生概率是式(8.16)和式(8.15)之差,即

$$f_{\text{multicast}}(V_i) = f_{\text{valid}}(V_i) - f_{\text{unicast}}(V_i) \tag{8.17}$$

由此,定理 8.9 得证。

**定理 8.10**　如果节点 $A$ 已经从查询消息的潜在目的节点接收到一个 $\mathrm{bf}_i$,并且使用无效路由策略转发关于对象 $x$ 的消息,那么此事件发生的概率由式(8.18)给出。

**证明**　如前所述,关于对象 $x$ 的查询请求能成功通过单播或多播路由策略被转发的概率由式(8.16)给出。不难发现,定理 8.10 中定义的事件是上述事件的逆事件,因此其发生的概率为

$$f_{\text{multicast}}(V_i) = 1 - f_{\text{valid}}(V_i) \tag{8.18}$$

由此,定理 8.10 得证。

## 8.3　基于 BF 的高可行性弱状态概率路由机制

本节首先研究基于 BF 的高可行性弱状态概率路由机制的充分和必要条件,然后提出能够满足这个充分和必要条件的 BF 优化方法,进一步解决基于 BF 的弱状态概率路由机制的两个难题:冗余查询和传输优化问题。

### 8.3.1 基于BF的高可行性弱状态概率路由机制的充分和必要条件

8.2 节已经讨论了基于 BF 的弱状态概率路由机制的单播、多播和无效路由策略发生的前提条件。定理 8.8～定理 8.10 分别证明了这三种路由策略发生的概率。在这三种策略中，单播是弱状态概率路由机制最期望的策略。在该策略中，对任意元素 $x$ 的查询消息一旦进入目的节点的传播范围，就能够沿着最逼近目的节点的方向逐步传递。单播路由策略的好处在于它能够确保路由的正确性并且不产生冗余的查询消息，从而避免将查询消息发送到过多的中间节点。多播路由策略是另一种有效的路由机制，但其在向正确方向转发查询消息的同时也向其他一些错误方向发送一些冗余的查询消息。这种策略的根源在于，当至少一个其他邻居链路上的噪声强度与正确路由链路上的有用信息强度相同时，当前节点无法从中判断出正确的路由方向，因此沿这些方向都转发查询消息。

**定义 8.5** 在任意一个查询消息的目的节点的传播范围内，节点对该查询消息的弱状态概率路由决策可能是有效决策也可能是无效决策。有效决策能够确保采用单播或多播路由决策，而阻止使用无效的路由策略。无效决策会产生无效的路由策略。

由于基于 BF 的弱状态概率路由本质上是一种概率路由机制，因此，不可能也没有必要对每个查询实现绝对有效的路由决策。这里需要的是依高概率为每个查询实现有效的路由决策。对于任意一个查询消息，由定理 8.9 可知，从该查询消息的目的节点收到过 $\mathrm{bf}_i$ 的节点能够依概率 $f_{\mathrm{valid}}(V_i)$ 产生有效的路由决策，且由定理 8.8 可知，产生单播路由决策的概率是 $f_{\mathrm{unicast}}(V_i)$。

到目前为止，人们已经考虑过一个查询消息在一跳传输时的有效弱状态概率路由决策。实际应用中，只有极少部分的查询消息针对一跳范围的其他节点上的对象。因此，应该进一步考虑更具有一般意义的通用场景，即每个查询消息通过多个中间节点的转发才能沿着一条多跳路径到达目的节点。在这个场景中，只有当每个中间节点都依高概率做出有效的弱状态概率路由决策时，查询消息才有机会依高概率被快速地路由到目的节点。

**定义 8.6** 给定任意查询消息，一旦查询进入其目的节点的传播范围，一条有效的路由就能够确保该查询消息历经每个中间节点时都产生有效的路由决策，进而确保该查询消息被发送到目的节点。一条单播路由要求每个中间节点就该查询消息能够产生单播路由决策。一条无效路由意味着在任意一个中间节点就该查询消息产生了无效路由决策。

令 $\sigma$ 是根据具体应用提出的关于每条查询消息能够通过一条有效路由被发送到目的节点的一个概率下界。在定理 8.8 和定理 8.9 的基础上，不难推出，对于任意查询消息，存在有效弱状态概率路由的充分和必要条件是

$$\prod_{i=1}^{h} f_{\text{valid}}(V_i) \geqslant \sigma \tag{8.19}$$

若进一步追求单播的弱状态概率路由，则其充分和必要条件应该是

$$\prod_{i=1}^{h} f_{\text{unicast}}(V_i) \geqslant \sigma \tag{8.20}$$

在定理 8.6 中已经证明，指标 $\theta(x, \text{bf}_i(\text{link}))$ 的期望值随着 $i$ 的增加而递减。因此不难推出，对于 $\theta(x, \text{bf}_i) \leqslant v \leqslant k$，$1 \leqslant i < h$，存在 $P(V_i = v) > P(V_{i+1} = v)$。此外，在一个节点的每条邻居链路上关于同一个查询消息的噪声强度具有相似的分布。综上所述，对于任意查询消息，存在 $f_{\text{unicast}}(V_i) > f_{\text{unicast}}(V_{i+1})$，且 $f_{\text{valid}}(V_i) > f_{\text{valid}}(V_{i+1})$。

至此，若用 $f_{\text{unicast}}(V_h)$ 代替每个 $f_{\text{unicast}}(V_i)$，用 $f_{\text{valid}}(V_h)$ 代替每个 $f_{\text{valid}}(V_i)$，则不等式(8.19)和不等式(8.20)能够被各自简化为

$$(f_{\text{valid}}(V_h))^h \geqslant \sigma \tag{8.21}$$

$$(f_{\text{unicast}}(V_h))^h \geqslant \sigma \tag{8.22}$$

本章其余部分运用不等式(8.21)或不等式(8.22)来指导 BF 的优化。

### 8.3.2 实现高可行性弱状态概率路由机制的 BF 优化方法

为了确保 BF 的互操作和兼容性，很多分布式应用要求所有参与节点为 BF 配置相同的参数 $m$、$k$ 以及哈希函数。基于 BF 的弱状态概率路由机制要运用 BF 的并运算，因此各个参与节点采用同构的 BF 来表示本地资源以及为各个邻居链路创建路由条目。在单机应用领域已经开展了一些关于 BF 的优化工作[3,6~10]，而且在分布式应用领域中也进行了一些面向发送方的 BF 优化工作[11,12]。

在基于 BF 的弱状态概率路由中，各个节点把从相同邻居链路接收到的 BF 的并运算结果作为对应链路的路由条目。如此一来，尽管单个 BF 中被设置为 1 的比特位比例较低，但是合并后的 BF 中该比例很可能会变得很高。因此，任何节点在路由关于任意元素的查询消息时，该元素在其他路由条目中的噪声强度更有可能比在正确路由条目中的有用成员资格信息还强。不管单机应用领域提出的优化方法，还是分布式应用领域中面向发送方的设计方法，都不能解决 BF 在弱状态概率路由领域遇到的全新问题。为此，本节提出面向接收方的 BF 优化方法，其基本思路是在不等式(8.21)或不等式(8.22)的约束下优化单个 BF 的配置，进而确保作为路由条目的 BF 中被置为 1 的比特位比例仍然较低。

除了 BF 的 3 个基本参数外(被表示的集合的势 $n$、BF 的大小 $m$，以及所用哈希函数的数目 $k$)，衰减模型采用的衰减因子 $d$ 和传播范围 $h$ 是决定不等式(8.21)或不等式(8.22)是否成立的另外两个决定性因素。

考虑一个参数 $d$ 和 $h$ 已知的衰减模型，首先调用式(8.2)～式(8.4)计算 $\theta(\text{bf})$

和 $\theta(\mathrm{bf}_i)$，其中，$1\leqslant i\leqslant h$。不难发现，$\theta(\mathrm{bf})$ 是关于变量 $m$、$n$ 以及 $k$ 的函数，而 $\theta(\mathrm{bf}_i)$ 是关于变量 $m$、$n$、$k$ 以及 $d$ 的函数。然后，通过式(8.6)来估计每个路由条目的 BF 中 $p_1$ 的值，并根据式(8.14)最终得到各个邻居链路上的噪声强度分布，而 $p_1$ 是关于变量 $m$、$n$、$k$、$d$、$h$ 的函数。对于一个节点上关于任意对象 $x$ 的查询消息，通过式(8.10)和式(8.11)能够获得相关指标 $\theta(x,\mathrm{bf}_i(\mathrm{link}_j))$ 的分布。此外，通过以 $m$、$n$、$k$、$d$ 和 $h$ 为变量的式(8.15)和式(8.17)，能够计算出单播弱状态概率路由决策 $f_{\mathrm{unicast}}(V_h)$ 和有效弱状态概率路由决策 $f_{\mathrm{valid}}(V_h)$ 的发生概率。最终，不等式(8.21)或不等式(8.22)能够根据下界 $\sigma$ 来约束变量 $m$、$n$、$k$、$d$ 和 $h$ 的取值。

根据拓扑性质、对象在节点上的分布、查询在节点上的分布以及查询关于对象的分布，实际应用可根据参数 $n$、$d$、$h$ 赋予恰当的值。针对上述问题，人们在网络测量和评估研究领域已经开展了大量相关工作，因此能够从应用中提前获得参数 $n$、$d$、$h$ 的需求值。至此，式(8.15)和式(8.17)仅仅依赖变量 $m$ 和 $k$。在此基础上，可以通过优化哈希函数 $k$ 的数量来最大化 $f_{\mathrm{unicast}}(V_h)$ 和 $f_{\mathrm{valid}}(V_h)$，并通过求解依赖变量 $m$ 和 $k$ 的不等式(8.21)或不等式(8.22)来分别计算 $m$ 和 $k$ 的最佳取值。

### 8.3.3　弱状态概率路由决策产生的冗余查询的处理方法

通过比较单播弱状态概率路由和有效弱状态概率路由，不难发现，能够确保不等式(8.21)成立的最优 $m$ 和 $k$ 无法确保不等式(8.22)成立，因为对于变量 $m$ 和 $k$ 的相同取值存在 $f_{\mathrm{unicast}}(V_h)<f_{\mathrm{valid}}(V_h)$。在同一个下界 $\sigma$ 的约束下，为单播弱状态概率路由设计的最优 BF 比为有效弱状态概率路由设计的最优 BF 需要启用更大的位向量。单播弱状态概率路由的优势在于，查询消息不会传播到单播路由路径之外的节点。相对来说，有效弱状态概率路由中 BF 需要更少的位向量，但在每个中间节点可能产生多播路由决策，因此可能产生一些不必要的冗余查询消息。这些冗余的查询消息沿着偏离消息目的节点的其他路径传播。本节首先量化有效弱状态概率路由产生的冗余查询消息的数量，然后讨论如何处理这些冗余的查询消息。

给定关于任意对象 $x$ 的查询消息，考虑从该消息目的节点收到衰减 $\mathrm{bf}_i$ 的节点产生一个多播路由决策的情况，令 $S_i$ 表示除收到 $\mathrm{bf}_{i-1}$ 且向当前节点转发过 $\mathrm{bf}_i$ 的邻居节点的该消息外还被转发给其他邻居的数目。在当前节点的 $c$ 个邻居节点中，查询消息不允许被传送回向其转发该查询消息的邻居节点。因此，$S_i$ 是一个可能取值为 $1\sim c-2$ 的离散随机变量，其物理意义是一项多播路由决策产生的冗余查询消息的数目。

**定理 8.11**　如果一个节点在为转发关于对象 $x$ 的消息时产生一项多播弱状态概率路由决策，则 $S_i$ 的概率分布函数由式(8.23)给出。

**证明**　已经在定理 8.3 和定理 8.5 中定义了离散随机变量 $V_i$，并通过式(8.10)和式(8.11)给出了在不同衰减模型下 $V_i$ 的概率分布函数。对于 $V_i$ 的任

意可能取值 $v$，其中，$0 \leqslant v \leqslant k$，考虑对象 $x$ 在除接收到 $\mathrm{bf}_i$ 的邻居链路 $\mathrm{link}_j$ 外的一条邻居链路上的噪声强度小于 $v$ 的事件，其发生的概率由 $\sum_{u=0}^{v-1} P(Y=u)$ 给出。对于 $V_i$ 的任意可能值 $v$，事件 $S_i=s$ 意味着那 $c-2$ 个其他邻居链路中的 $s$ 个链路上关于对象 $x$ 的噪声强度等于 $v$，而其余 $c-2-s$ 个邻居链路上关于对象 $x$ 的噪声强度小于 $v$。对于离散随机变量 $V_i$ 的一种可能的取值 $v$，事件 $S_i$ 的发生概率为

$$\binom{c-2}{s} P(V_i = v) \cdot P(Y = v)^s \cdot \left(\sum_{u=0}^{v-1} P(Y = u)\right)^{c-2-s}$$

而在 $V_i$ 的各种可能取值情况下，事件 $S_i$ 的总体发生概率为

$$P_m(S_i = s) = \binom{c-2}{s} \sum_{v=1}^{k} P(V_i = v) \cdot P(Y = v)^s \cdot \left(\sum_{u=0}^{v-1} P(Y = u)\right)^{c-2-s} \tag{8.23}$$

由此，定理 8.11 得证。

前面的讨论只考虑了多播弱状态概率路由决策产生的冗余查询消息。不难发现，无效弱状态概率路由决策同样会产生冗余的查询消息，因此将在定理 8.12 中讨论无效弱状态概率路由决策情况下 $S_i$ 的概率分布函数。

**定理 8.12**　若一个节点 $A$ 在转发关于对象 $x$ 的消息时产生一项无效弱状态概率路由决策，则 $S_i$ 的概率分布函数由式(8.24)给出。

**证明**　已经在定理 8.3 和定理 8.5 中定义了离散随机变量 $V_i$，并通过式(8.10)和式(8.11)给出了在不同衰减模型下 $V_i$ 的概率分布函数。对于 $V_i$ 的任意可能取值 $v$，其中，$0 \leqslant v \leqslant k$，考虑对象 $x$ 在除接收到 $\mathrm{bf}_i$ 的邻居链路 $\mathrm{link}_j$ 之外的一条邻居链路上的噪声强度大于 $v$ 的事件，其发生的概率由 $\sum_{u=v+1}^{k} P(Y=u)$ 给出。对于 $V_i$ 的任意可能取值 $v$，事件 $S_i=s$ 意味着那 $c-2$ 个其他邻居链路中的 $s$ 个链路上关于对象 $x$ 的噪声强度相等且大于 $v$，而其余 $c-2-s$ 个邻居链路上关于对象 $x$ 的噪声强度小于或等于 $v$。对于离散随机变量 $V_i$ 的一种可能的取值 $v$，事件 $S_i$ 的发生概率为

$$\binom{c-2}{s} P(V_i = v) \cdot \left(\sum_{u=v+1}^{k} P(Y = u)^s\right) \cdot \left(\sum_{u=0}^{v} P(Y = u)\right)^{c-2-s}$$

而在 $V_i$ 的各种可能取值情况下，事件 $S_i$ 的总体发生概率为

$$P_i(S_i = s) = \binom{c-2}{s} \sum_{v=1}^{k} P(V_i = v) \cdot \sum_{u=v+1}^{k} P(Y = u)^s \cdot \left(\sum_{u=0}^{v} P(Y = u)\right)^{c-2-s} \tag{8.24}$$

由此，定理 8.12 得证。

接着进一步考虑弱状态概率路由决策中的离散随机变量 $S_i$，涵盖了在定理

8.11和定理 8.12 中讨论的两种情况。在此情况下，随机变量 $S_i$ 的概率分布函数为

$$P(S_i=s)=P_m(S_i=s)+P_i(S_i=s)$$

而其数学期望为

$$E[S_i]=\sum_{s=1}^{c-2}s\cdot P(S_i=s)$$

到目前为止，仅仅考虑了查询消息从接收到 $\mathrm{bf}_i$ 的节点到接收到 $\mathrm{bf}_{i-1}$的节点的一跳路由时产生的消息冗余问题。接着进一步考虑更具有一般意义的查询消息，其源节点位于最近目的节点的传播范围之外。这种情况下，该查询消息在进入其目的节点的传播范围之后，要历经 $h$ 个单跳传输，并在每个单跳路由时产生 $E[S_i]$个冗余的查询消息。一个这种查询消息自进入目的节点的传播范围之后，总共产生的冗余消息的平均数目为

$$\sum_{i=1}^{h}\sum_{s=1}^{c-2}s\cdot P(S_i=s) \tag{8.25}$$

每个收到此类冗余查询消息的节点需要耗费额外的计算成本对其进行处理。尽管每个查询消息仅以较低的概率产生非常少的冗余消息，但若这些冗余消息在网络中继续传播，则会导致不可忽视的负面效果。令人乐观的是，发现这些冗余消息会被接收节点以很高的概率终止传输。

**定理 8.13**　考虑对以对象 $x$ 为目标的查询消息进行弱状态概率路由决策，若当前节点 $A$ 收到源自该消息目的节点的 $\mathrm{bf}_i$，则产生 $S_i$ 个冗余查询消息，且这些消息会被接收者依式(8.26)所示的高概率停止转发。

**证明**　已经在定理 8.3 和定理 8.5 中定义了离散随机变量 $V_i$，并通过式(8.10)和式(8.11)给出了在不同衰减模型下 $V_i$ 的概率分布函数。令 $E^i$ 表示没有收到 $\mathrm{bf}_{i-1}$的邻居节点 $B$ 被节点 $A$ 转发了一条冗余消息的事件。对于 $V_i$ 的任意可能取值 $v$，其中，$0\leqslant v\leqslant k$，令 $E_v^i$ 表示从节点 $A$ 到节点 $B$ 的链路上关于对象 $x$ 的噪声强度至少等于 $v$，因此节点 $A$ 向节点 $B$ 转发了该查询消息。

事件 $E_v^i$ 的概率由下列表达式给出：

$$P(E_v^i)=P(V_i=v)\cdot\sum_{u=v}^{k}P(Y=u)$$

而事件 $E^i$ 的概率由下列表达式给出：

$$P(E^i)=\sum_{v=0}^{k}\left(P(V_i=v)\cdot\sum_{u=v}^{k}P(Y=u)\right)$$

至此，不难推导出在事件 $E^i$ 的基础上发生事件 $E_v^i$ 的条件概率为

$$P(E_v^i\mid E^i)=\frac{P(E_v^i)}{P(E^i)}$$

对于 $V_i$ 的任意可能取值 $v$，其中，$0\leqslant v\leqslant k$，考虑如下事件：在节点 $B$ 上除了从节点 $A$ 收到冗余消息的邻居链路，其余邻居链路对应的 BF 中关于对象 $x$ 的成员资格信息量都小于 $v$。此事件意味着节点 $B$ 没能找到一条关于对象 $x$ 的成员资格信息比 $v$ 更多的邻居链路，因此无法依照弱状态概率路由机制对其继续转发。而在 $V_i$ 的各种可能取值下，该事件的发生概率为

$$\sum_{v=1}^{k} P(E_v^i \mid E^i)\cdot\left(\sum_{u=0}^{v-1} P(Y=u)\right)^{c-1} \tag{8.26}$$

由此，定理 8.13 得证。

### 8.3.4　BF 的传输优化方法

依据面向接收方的优化方法对各个节点采用同构 BF 求得各项参数之后，BF 的大小足以依高概率支持关于任何查询的有效弱状态概率路由。但是，当用于表示各个节点上所持有的对象时，会发现 BF 的空间过大。此外，已经知道，每个节点创建的 BF 要作为消息被传递到其他一些节点。在这种情况下，BF 的传输大小成为一个关键性因素。为了降低传输 BF 造成的网络流量，对每个 BF 压缩后再传输。

文献[13]中已经得出结论，传统意义上 $k=(m/n)\ln 2$ 时的最优 BF 无法被进一步压缩。原因在于，在随机性能很好的哈希函数的支持下，这种配置下的 BF 中每个比特位为 0 或 1 的概率都为 1/2。经过面向接收方优化方法设计 BF 能够获得压缩增益。原因在于，在相同哈希函数的支持下，每个节点产生的 BF 中的每一位为 1 的概率远小于 1/2，即 $p_1\ll 1/2$。理论上，一个大小为 $m$ 的 BF 能被压缩到 $mH(p_1)$ 位，其中

$$H(p_1)=-p_1\log_2 p_1-(1-p_1)\log_2(1-p_1)$$

为熵函数。算术编码是目前依据熵函数的最优压缩方法，其能够将大小为 $m$ 的 BF 压缩为 $m(H(p_1)+\varepsilon)$ 位，其中，$\varepsilon$ 是大于 0 的任意数值。

上述理论分析显示，压缩 BF 是一种能够大幅减少传输量从而节省带宽的可行方式。BF 的压缩和解压缩过程能够通过简单的算术编码来实现，其开销是压缩和解压缩过程产生的额外计算成本。

## 8.4　基于 BF 的弱状态概率路由的性能评估

本章构造了一个节点平均度数 $c=5$ 的网络拓扑，即各个节点的平均邻居数目是 5。另外，在每个节点上平均放置了 $n=100$ 个对象。本节通过仿真结果来验证前面提出的观点和方法，包括衰减模型对成员资格信息的影响、噪声对路由决策的影响、面向接收方的 BF 优化，以及冗余查询消息的处理四个方面。这里仅仅展示指数衰减模型下的结果，因为线性衰减模型下会得到相同趋势的结果。

### 8.4.1 衰减模型对成员资格信息的影响

对于一个表示集合 $X$ 的 bf，已经在定理 8.2 中讨论了任意元素 $x\in X$ 在 bf 的衰减版本中的成员资格信息量 $\theta(x, \mathrm{bf}_i)$ 的概率分布。这里，考虑如下配置下离散随机变量 $\theta(x, \mathrm{bf}_i)$ 的概率分布情况，其中，$m=60000$、$n=100$、$k=16$、$d=1.2$、$h=5$、$1\leqslant i\leqslant 5$。随机变量 $\theta(x, \mathrm{bf}_i)$ 的可能取值是 0～16 的整数。图 8.5 所示的仿真实验获得了与理论分析相似的结果。从图 8.5 中不难发现，$\theta(x, \mathrm{bf}_i)$ 较大取值的概率随着 $i$ 的增加而减少，而其较小取值的概率随着 $i$ 的增加而增加，其中，$i$ 表示 bf 的衰减轮次。此外，$\theta(x, \mathrm{bf}_i)$ 的数学期望随着 $i$ 的增加而减少。

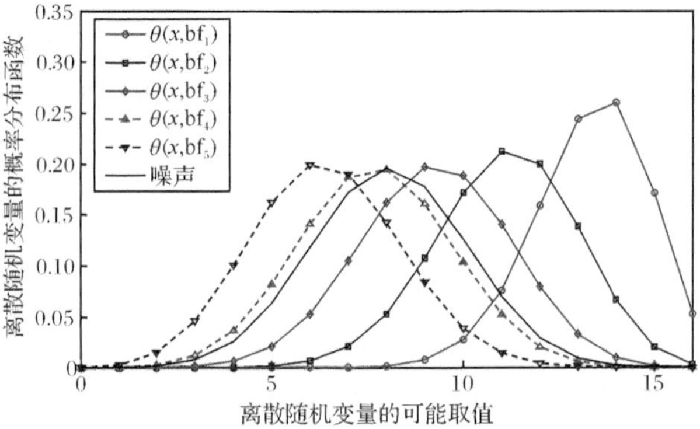


图 8.5　$\theta(x, \mathrm{bf}_i)$ 和噪声的概率分布函数

已知，$\theta(x, \mathrm{bf}_i)$ 不能成为实现基于 BF 的弱状态概率路由机制的依据，因为每个节点将从同一邻居链路收到的所有 BF 的并运算结果作为该链路的路由条目。如同定理 8.3 和定理 8.4 所示，用 $\theta(x, \mathrm{bf}_i(\mathrm{link}_j))$ 代替 $\theta(x, \mathrm{bf}_i)$ 来刻画对象 $x$ 在路由条目 $\mathrm{bf}_i(\mathrm{link}_j)$ 中的成员资格信息量，此处当前节点从其邻居链路 $\mathrm{link}_j$ 接收到一个衰减的 $\mathrm{bf}_i$。图 8.6 所示的 $\theta(x, \mathrm{bf}_i(\mathrm{link}_j))$ 的仿真结果与式(8.10)给出的理论结果趋于一致，而且 $m=60000$、$n=100$、$k=16$、$d=1.2$、$h=5$。从图中不难发现，$\theta(x, \mathrm{bf}_i(\mathrm{link}_j))$ 较大取值的概率随着 $i$ 的增加而减少，而其较小取值的概率随着 $i$ 的增加而增加。此外，$\theta(x, \mathrm{bf}_i(\mathrm{link}_j))$ 的数学期望随着 $i$ 的增加而减小，这与定理 8.7 的分析结果一致。由于 $\theta(x, \mathrm{bf}_i(\mathrm{link}_j))$ 的数学期望大于噪声的数学期望，因此接收到 $\mathrm{bf}_i$ 的节点能够以较高的概率将关于 $x$ 的查询正确地转发到收到 $\mathrm{bf}_{i-1}$ 的节点。

### 8.4.2 噪声对路由决策的影响

若查询消息进入目的节点的传播范围，则每个中间节点对该查询消息的路由决策可能是有效路由决策(单播或多播)，也可能是无效路由决策。上述三种路由

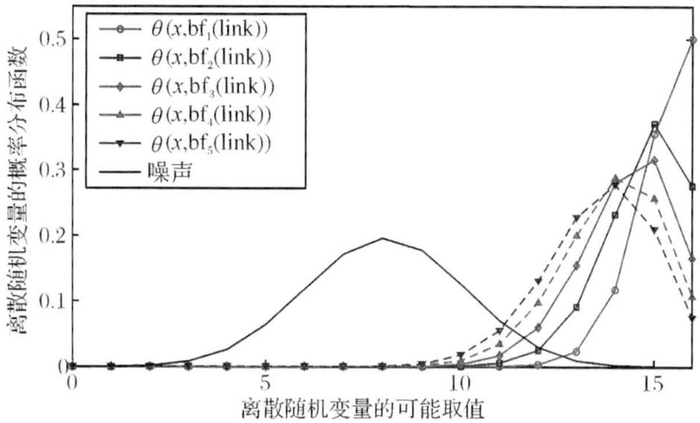


图 8.6　$\theta(x, bf_i(link))$和噪声的概率分布函数

决策在理论上的发生概率已经在定理 8.8～定理 8.10 中得以讨论。图 8.7 和图 8.8显示了单播决策和多播决策在理论上和实验中的发生概率。从中不难发现，单播路由决策的发生概率随着衰减跳数的增加而减少，而多播路由决策的发生概率却随之增加。原因在于，指标 $\theta(x, bf_i(link_j))$的数学期望随着衰减跳数的增加而减少，而噪声的数学期望基本没有变化。因此，噪声强度很可能高于 $\theta(x, bf_i(link_j))$，而且查询消息更有可能面临多播或无效路由决策。如图 8.9 所示，有效路由决策的概率随着衰减跳数的增加而减少。原因是发生概率逐步减少的单播路由决策的负面效应超出了发生概率逐步增加的多播路由决策的正面效应。如图 8.10 所示，无效路由决策的发生概率随着衰减跳数的增加而增加。

如图 8.7～图 8.10 所示，各项路由决策在实际中的发生概率与理论上的发生概率非常相似。单播和有效路由决策的实际发生概率大于理论值，而多播和无效路由决策的实际发生概率要小于理论值。这进一步说明，从面向接收方的角度优化 BF 的方法一定能够满足每条消息通过一条有效或单播弱状态概率路由被发送到目的节点的一个概率下界 $\sigma$。

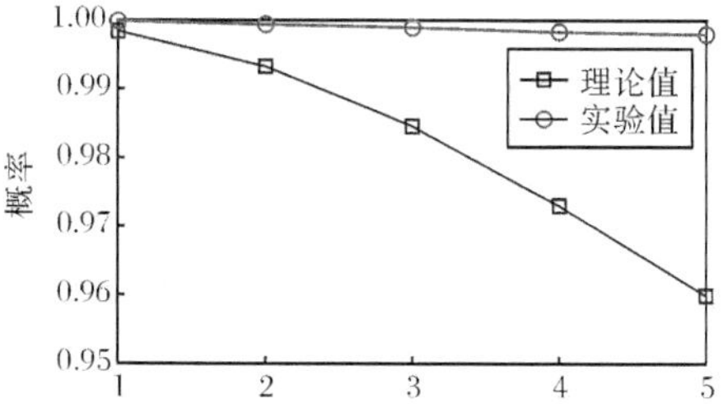


图 8.7　单播弱状态概率路由决策发生的概率

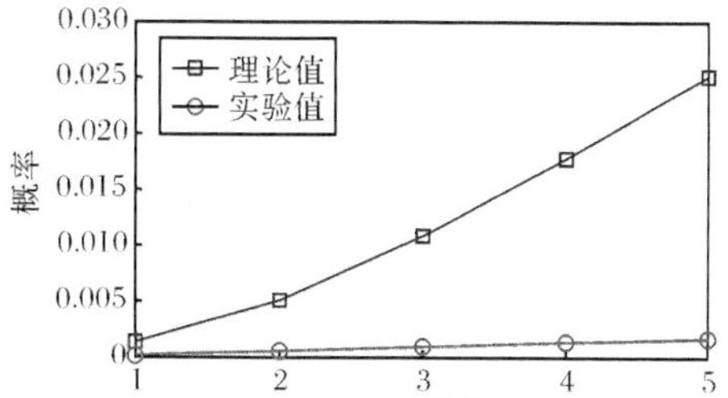


图 8.8　多播弱状态概率路由决策发生的概率

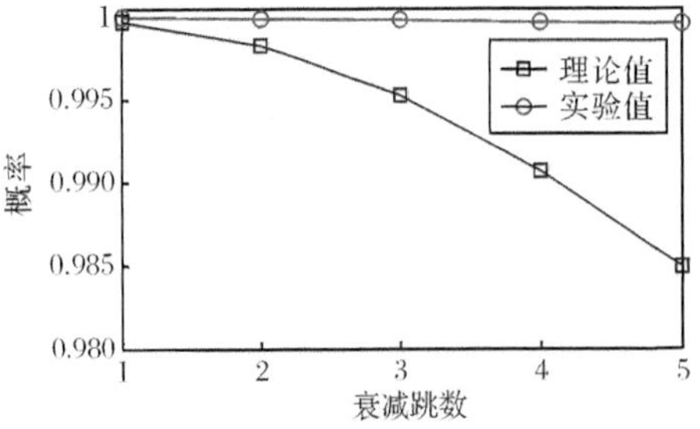


图 8.9　有效的弱状态概率路由决策发生的概率

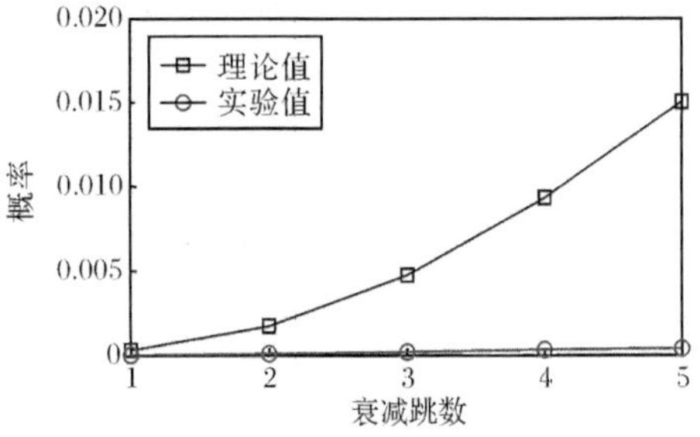


图 8.10　无效的弱状态概率路由决策发生的概率

### 8.4.3　面向接收方的 BF 优化

这里讨论参数 $k$ 和 $d$ 如何影响各个消息沿一条有效或单播弱状态概率路由抵达目的节点的概率。如图 8.11 所示，4 条曲线都遵循关于参数 $k$ 的相同走势，其中，$m=60000$、$n=100$、$h=5$、$d=1.2$。4 条曲线首先随着 $k$ 的增加而增加，并迅速达到最大值，然后又随着 $k$ 的增加而减少。原因是，对于任意的 $x$ 和 $1\leqslant i\leqslant h$，$\theta(x,\mathrm{bf}_i(\mathrm{link}_j))$和噪声强度随着 $k$ 的增加而增加，而且 $\theta(x,\mathrm{bf}_i(\mathrm{link}_j))$比噪声的强度更有可能相对高一些。对于给定的下界 $\sigma$，能够依据不等式(8.21)或不等式(8.22)来求得当前配置下 $k$ 的最佳值。同理，可以求得在参数 $m$ 的不同取值时 $k$ 的最佳值，进而发现 $m$ 和 $k$ 的全局最佳取值。

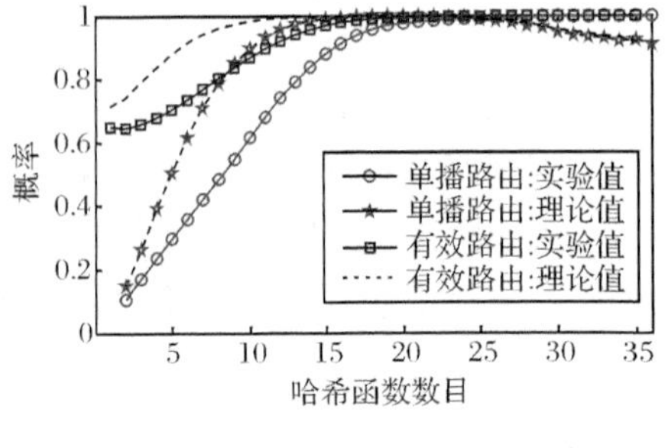


图 8.11　哈希函数数目对弱状态概率路由的影响

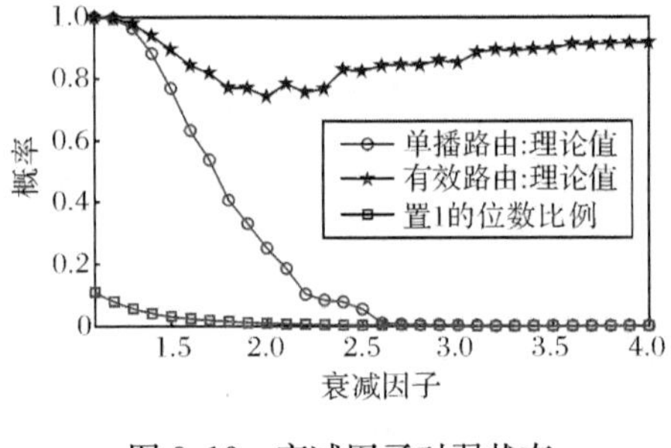


图 8.12　衰减因子对弱状态概率路由的影响

如图 8.12 所示，在理论上，任何查询消息沿着单播路由抵达目的节点的概率随着衰减因子的增加而降低，并在衰减因子超出某个阈值后趋近于 0。原因是，对于 $\forall x\in X$ 和 $1\leqslant i\leqslant h$，$\theta(x,\mathrm{bf}_i(\mathrm{link}_j))$和噪声强度随着衰减因子的增加而减少，且噪声强度比 $\theta(x,\mathrm{bf}_i(\mathrm{link}_j))$更有可能相对高一些。此外不难发现，随着衰减因子的增加，有效路由的概率先逐渐减小后逐渐增加。显然，为了确保任意消息依较高概率沿单播路由抵达目的节点，衰减因子应该是一个比较小的值，尽管较大的衰减因子能够保证任意消息依较高的概率沿有效路由抵达目的节点。对于一个较大的衰减因子，为了令不等式(8.21)或不等式(8.22)成立，必须增大 $k$ 的取值。

### 8.4.4　冗余查询消息的处理

已经知道，当每个节点需要转发一条查询消息时可能受到多播或无效路由决策的影响，向其他邻居节点发生数目非常少的冗余查询消息[由式(8.25)给出]。定理 8.13 中分析了这些冗余消息会被其接收者终止的概率。如图 8.13 所示，由单个查询引起的冗余消息的平均数量的理论值和实际值都随着衰减跳数的增加而增加。图 8.14 显示这些冗余消息被接收者终止的概率的理论值和实际值都随着衰减跳数的增加而减少，然而仍然保持在一个比较高的水平。注意到图 8.13 和图 8.14 中的仿真结果优于理论分析结果。总而言之，冗余查询消息的负面效果能够被控制在一个比较低的水平。这对于确保基于 BF 的弱状态概率路由机制的可行性和可用性具有很大的帮助。

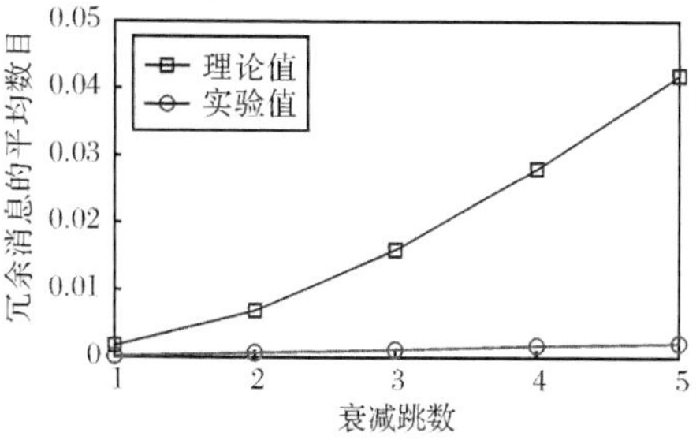


图 8.13　弱状态概率路由机制将一个查询路由到目的节点所产生的冗余消息数目

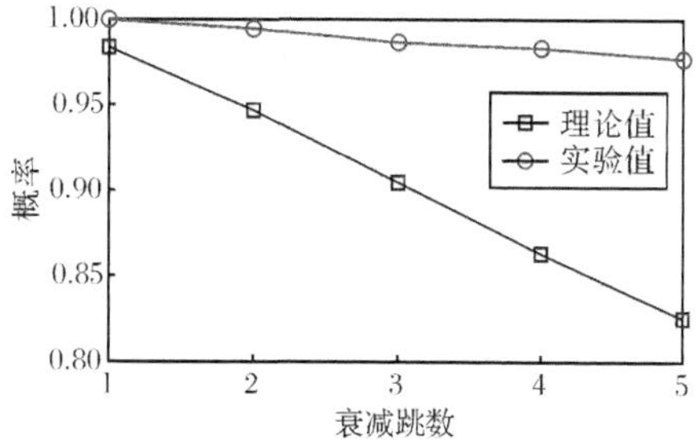


图 8.14　弱状态概率路由机制导致的冗余消息能够在一跳之后被终止的概率

### 8.4.5　弱状态概率路由网络覆盖问题的探索

不难发现，在数据驱动路由机制中，数据查询消息在进入其目标数据传播范围之前经历了一段随机搜索过程，因此限定了数据驱动路由机制的有效覆盖范围，制约了其有效性。如何对非结构化 P2P 网络中的节点进行有效组织，对节点和资源的语义进行有效传递，使网络中的任一节点均能够以极低的查询代价，在确定延迟范围内，高概率地将查询路由到目标节点，一直是个悬而未决的难题。本章提出数据副本复制和弱状态概率路由机制相结合的方法——DCBF，通过为每个节点的资源对象在网络中复制少量的副本，即可确保任意数据查询就能被快速路由到潜在目标节点或副本节点，进而从根本上提高数据驱动路由机制的整体效用。

DCBF 的基本思想是：①对于任何一个共享资源对象，复制一定数量的副本，将每个副本随机路由到网络中的某个节点进行放置，并采用依指数衰减的 BF 传递副本对象的成员资格信息；②每个节点将从相同邻居节点传递进来的 BF 的并运算结果作为该邻居节点的路由条目；③查询路由时，将查询消息沿着目标对象成员资格信息量增大的方向进行。DCBF 算法期望能令任何资源对象的成员资格信息均覆盖网络中的绝大多数节点，从而使任何节点针对任何资源对象的查询均可在确定延迟范围内依很高的概率完成。

弱状态概率路由机制能否将查询消息沿着正确的方向传递，取决于节点路由条目中关于目标对象的成员资格信息量的增大趋势是否如实反映了各节点与目标对象所在节点的距离远近关系。无向随机网络中节点路由条目的更新存在着信息回流、多径叠加和噪声问题，往往使查询消息沿着错误的方向传递。对于有向随机网络，节点路由条目的更新沿着单个方向依衰减传递，资源对象的成员资格信息量在最短路径上历经最小程度的衰减后到达各节点。通过设定资源对象的成员资格信息的最大传递距离小于网络直径，节点从非最短路径上收到关于目标对象的成员资格信息量的期望值接近为零，从而能够有效抑制信息回流和多径叠加的问题，使各节点能够沿着最短路径将查询消息路由到目标节点。

为了获取较高的查准率，将每个资源对象的副本和查询消息数均取为 $O(\sqrt{N})$ 量级。在保证查询准确率的前提下，DCBF 试图进一步降低副本和查询消息的数量，使任何节点发起的针对任何对象的查询均以高概率在确定的延迟内完成。DCBF 将任意共享资源对象复制一定数量的副本，将各个副本随机放置在网络中的节点上，即在网络中随机行走 $3(1+\log N)$ 步[14]后以随机路由的方式查找尚未被该资源对象副本覆盖的某个节点 $u$ 上放置一个副本。此后，节点 $u$ 产生一个 BF 来表示该副本所在节点的全体成员资格信息，并将其依指数衰减的方式向其他节点传递。在传递 BF 的过程中，若接收节点此前已经被该资源对象或某个副本构造的 BF 传播覆盖，则该节点会对接收到的 BF 以不衰减和消息生命期不递减的方式向所有尚未被覆盖的邻居节点传递。

## 8.5 本章小结

现有弱状态概率路由机制并不能按照预想的方式有效处理查询消息，以至于大多数的查询很可能会被传递到错误的目的节点。为了探索问题的根源，并提出可行的解决方法，首先在一个通用衰减模型的基础上对弱状态概率路由问题进行了细致建模，然后量化了衰减模型对成员资格信息量的影响，最后评价了噪声对弱状态概率路由决策的影响。本章提出了有效实现基于 BF 的弱状态概率路由机制的充分和必要条件，并设计了面向接收方的 BF 优化机制来满足此充分和必要条件。此外，还解决了弱状态概率路由机制产生的冗余消息问题和 BF 的网络传输问题。仿真结果与理论分析显示，本章的方法能够以高概率确保基于 BF 的弱状态概率路由机制的可行性和可用性。未来工作将研究网络拓扑结构、资源分布和查询分布对弱状态概率路由机制的影响。

## 参考文献


[1] Kumar A, Xu J, Zegura E W. Efficient and scalable query routing for unstructured peer-to-peer networks[C]//Proceedings of 24th IEEE INFOCOM, Miami, 2005.

[2] Acer U G, Kalyanaraman S, Abouzeid A A. Weak state routing for large scale dynamic networks[C]//Proceedings of ACM 13th MobiCom, Montreal, 2007.

[3] Laufer R P, Velloso P B, Carlos O, et al. Generalized Bloom filters[R]. Los Angeles: University of California, Los Angeles, 2005.

[4] Gilbert R, Johnson K, Wu S, et al. Location independent compact routing for wireless networks[C]//Proceedings of 1st International Workshop on Decentralized Resource Sharing in Mobile Computing & Networking, Los Angles, 2006.

[5] Andrei B, Michael M. Network applications of Bloom filters: A survey[J]. Internet Mathematics, 2002, 1(4): 485-509.

[6] Jimeno M, Christensen K, Roginsky A. A power management proxy with a new best-of-n Bloom filter design to reduce false positives[C]//Proceedings of 26th IEEE IPCCC, New Orleans, 2007.

[7] Chazelle B, Kilian J, Rubinfeld R, et al. The Bloomier filter: An efficient data structure for static support lookup tables[C]//Proceedings of the Fifteenth ACM-Siam Symposium on Discrete Algorithms, New Orleans, 2004.

[8] Kumar K, Xu J, Wang J, et al. Space-code Bloom filter for efficient per-flow traffic measurement[J]. IEEE Journal on Selected Areas in Communications, 2006, 24(12): 2327-2339.

[9] Hao F, Kodialam M, Lakshman T V. Building high accuracy Bloom filters using partitioned Hashing[J]. ACM Sigmetrics Performance Evaluation Review, 2007, 35(1): 277-288.

[10] Steve L, Michael M. Using the power of two choices to improve Bloom filters[J]. Internet Mathematics, 2007, 4(1): 17-33.

[11] Guo D, Wu J, Chen H, et al. Theory and network applications of dynamic Bloom filters [C]//Proceedings of 25th IEEE INFOCOM, Barcelona, 2006.

[12] Almeida P S, Baquero C, Reguiça N, et al. Scalable Bloom filters[J]. Information Processing Letters, 2007, 101(6): 255-261.

[13] Mitzenmacher M. Compressed Bloom filters[J]. IEEE/ACM Transactions on Networking, 2002, 10(5): 604-612.

[14] Teerpstra W W, Kangasharju J, Leng C, et al. Bubblestorm: Resilient, probabilistic, and exhaustive peer-to-peer search[C]//Proceedings of the SIGCOMM, Kyoto, 2007.

# 第 9 章 非结构化 P2P 网络中基于 BF 的索引路由

基于 BF 的概率路由机制的基本思想与基于本地索引的搜索方法一致，只是在索引的实现机制上存在差异。在基于本地索引的搜索方法中，每个节点向确定跳数内的邻居传播原始的本地索引。这种方式面临如下困难：①很多 P2P 应用中用户不允许将原始的本地索引散播到网络中，因为这会带来隐私和版权等方面的问题；②本地索引的传输造成的网络开销应该尽可能小，可能的思路是缩小传播范围或者缩小单个索引的大小。基于 BF 的索引路由的出发点正是解决以上两个难题，其基本思想是用 BF 来表示各个节点的本地索引，进而将生成的 BF 传播到网络中来实现相同的功能。

## 9.1 引　　言

在规模较大、密度较大或者资源受限的网络中，基于 BF 的概率路由机制会演变为基于 BF 的弱状态概率路由机制。第 8 章研究了基于 BF 的弱状态概率路由机制面临的挑战性问题。本章研究在中小规模且资源不受限的网络中基于 BF 的概率路由机制面临的两个难题。这两个难题的解决可以大大降低这种机制对网络带宽的消耗，并且能够提高这种机制的稳定性。

(1) 长久以来，BF 及其衍生数据结构关注如何表示静态集合并尽可能降低其假阳性判定概率。研究发现，在 BF 的单机应用和分布式应用中，动态集合比静态集合更普遍和重要。每个节点在为一个动态集合设计 BF 时难以准确估测其要维护的数据集合的变化趋势，以至于在 BF 部署之后其需要容纳的集合成员很可能大大超过其设计的容量①，进而导致 BF 发生假阳性判定的概率大大超过设计水平，甚至超过应用可以承受的上界。简言之，为静态集合而设计的 BF 及其衍生数据结构若被用于表示动态集合，则会面临假阳性判定概率无法控制的难题。

(2) 众所周知，很多现有网络都呈现出如下统计特征，即少数节点维护很大规模的数据集合，而大量节点维护小规模的数据集合。此外，为了确保 BF 之间的兼容性以及 BF 在不同节点上的互操作性，基于 BF 的概率路由机制要求为所有节点

---

① BF 的容量定义为在其发生假阳性判定的概率不大于一个上界的前提下，该 BF 能够表示的元素的最大数目，即集合大小的最大值。

设计同构的 BF。为了确保每个节点构造的 BF 发生假阳性判定的概率都处于较低水平，BF 的设计容量必须以那些少数节点拥有的大规模数据集合为依据。不难理解，这种设计方式导致大多数节点为此浪费了非常多的内存开销，并造成很大的额外传输开销。

为了解决上述难题，本章提出用动态 Bloom 滤波（dynamic Bloom filter，DBF）来表示集合大小存在变化的动态集合，而不是在该集合大小发生变化后用一个存储空间更大的 BF 再度表示该集合[1]。随着动态集合大小的不断增大，DBF 通过按需扩展自身容量来将其发生假阳性判定的概率一直控制在较低水平。在基于如下三类数据集合的单机应用中，分别比较了 BF 和本章提出的 DBF，它们分别是集合大小已知的静态集合、集合大小上界已知的动态集合，以及集合大小上界未知的动态集合。若动态集合大小的上界已知，则严格的数学分析显示 DBF 比 BF 占用更少的存储空间。若动态集合大小的上界未知，则严格的数学分析显示 DBF 比 BF 具有更低的重构频率。这两项分析结果同时适用于 BF 的单机应用和分布式应用。此外，DBF 同时能够对静态集合提供很好的支持。

## 9.2　BF 的相关知识

### 9.2.1　BF 概述

如前所述，基于 BF 的集合成员资格判定可能会发生假阳性判定。在一个 BF 表示了大小为 $n$ 的集合 $X$ 之后，任意一个比特位的取值仍然为 0 的概率是 $p=(1-1/m)^{nk}\approx e^{-kn/m}$。该 BF 对不属于 $X$ 的任意对象发生假阳性集合成员资格判定的概率记为

$$f_{m,k,n}^{\mathrm{BF}}=(1-p)^k\approx(1-e^{-kn/m})^k \tag{9.1}$$

在集合大小 $n$ 和 BF 的假阳性判定概率的上界给定的情况下，可以根据式(9.1)计算 BF 的大小 $m$ 和哈希函数的数目 $k$。由文献[2]可知，当 $k=\lfloor(m/n)\times\ln 2\rfloor$ 时 $f_{m,k,n}^{\mathrm{BF}}$ 达到最小值 $0.6185^{m/n}$。

已经知道发生假阳性判定的原因在于，即便选择 $k$ 个具有随机均匀分布特性的哈希函数也会导致不同集合元素在位向量中的 $k$ 个哈希地址发生冲突，甚至同一个集合元素的 $k$ 个哈希地址之间发生冲突。对于一个静态集合，能够提前获知整个集合的内容，进而设计一个完美的哈希函数来避免单个哈希函数内的碰撞。在实际应用中，BF 除用来表示静态集合之外还经常用来表示动态集合。因为不可能提前获知整个动态集合的内容，所以不可能为表示该动态集合的 BF 设计出 $k$ 个完美的哈希函数。从另一个角度来看，每个 BF 运用的哈希函数之间也存在哈希碰撞问题。简言之，对于动态集合，通过完美哈希函数试图克服各个 BF 中的哈

希碰撞问题是不切实际的。言外之意,无论 BF 表示静态集合还是动态集合,都无法避免假阳性判定的发生。

为了支持集合成员删除操作,BF 会将要被删除的元素对应的比特位重置为 0。不难发现,这种操作会把和被删除元素的 BF 地址存在冲突的其他元素的一些成员资格信息从 BF 中清除。此时,BF 不再正确反映被表示集合的完整信息,并会以很高的概率发生假阴性判定。假设包含对象 $x$ 的集合 $X$ 表示为一个 BF。若在这个 BF 中对象 $x$ 的 BF 地址对应的比特位中至少有一位为 0,则 $x$ 被判定为不属于集合 $X$。在这种情况下,称 BF 发生了假阴性集合成员资格判定。为了解决这个问题,Fan 等[3]引入 CBF 将 BF 使用的每个比特位替代为一个由多个比特位组成的计数器。当一个元素加入 CBF 时,其 BF 地址对应的 $k$ 个计数器各自加 1;当一个元素从集合中删除时,CBF 上的对应计数器各自减 1。需要注意的是,分配给每个计数器的比特位必须足够多以避免计数器发生溢出。

### 9.2.2 相关研究工作

与本章研究内容最相关的研究工作是北京大学肖明忠等[4]提出的拆分型 BF,其基本思想是在执行和部署一个 BF 之前分配更多的内存空间以提高 BF 的容量。具体而言,拆分型 BF 采用一个固定大小为 $s\times m$ 的比特矩阵代替 BF 采用的大小为 $m$ 的比特向量来表示一个集合。该比特矩阵由 $s$ 个大小为 $m$ 的比特向量组成,当要表示集合的一个元素时从这 $s$ 个比特向量中随机选择一个执行 BF 的集合成员表示算法。拆分型 BF 的假阳性判定概率随着集合大小的增加而增加。若发生假阳性判定的概率超过应用提出的上界,则现有的拆分型 BF 必须运用更大的比特矩阵来重新表示该集合。在实际应用中,拆分型 BF 同样需要提前估计集合大小的上界,并同 BF 一样会遇到本章所关注的两个难题。DBF 同拆分型 BF 存在如下几个方面的差异。

(1) 在集合的势达到$(m\times\ln 2)/k$ 之前拆分型 BF 仍然占用 $s\times m$ 个比特位,进而浪费很多存储空间。DBF 采用按所需的渐进式存储空间分配策略,不会浪费任何存储空间。

(2) 拆分型 BF 并不支持集合成员的删除操作。该操作是 BF 支持动态集合的必要操作,并且在 DBF 中得以实现。

(3) DBF 为本章提出的 BF 面临的两个难题提出了专门的解决方法,而拆分型 BF 并没有关注这些难题。

另外一个相关研究工作是可扩展 BF[5],其在 DBF 提出之后为本章关注的部分问题提出了相似的解决方案。与 DBF 一样,可扩展 BF 也以渐进方式构造多个 BF,但是每个 BF 采用不同的内存分配方法。其第 $i$ 个 BF 被分配 $ma^{i-1}$ 的比特向量,其中 $a$ 是一个给定的正整数且有 $1\leqslant i\leqslant s$。若可扩展 BF 与 DBF 运用相同数目的BF，则可扩展BF的整体假阳性判定概率比DBF低，因为其占用了更多的存储空间。可扩展BF采用异构的BF，具体而言，每个BF的大小不同而且采用不同数目的哈希函数。这直接导致对任意元素进行集合成员资格判定时，需要在每个BF中计算该元素的BF地址。而DBF运用同构的BF，进而任意查询元素在每个BF中的地址都是相同的。这不仅大大降低了集合成员资格判定的计算复杂度和响应延迟，而且为运用Bit slice方法来优化DBF的存储和检索提供了可能。此外，可扩展BF仍然没有解决集合成员删除操作和本章关注的BF的应用难题。

## 9.3 动态集合的精确表示和集合成员资格判定

DBF着重解决大小不确定的动态集合的表示和集合成员资格判定问题，但同样适用于大小和内容已知的静态集合。BF及其衍生数据结构则仅着重解决静态集合的上述问题。若一个BF的假阳性判断概率没有达到设计的上界，则将其称为可用BF，否则，将其称为满秩BF。同理，可以定义可用CBF和满秩CBF的概念。令$n_r$表示一个集合的势。在一个满秩BF或CBF中，$n_r$等于其容量$c$，而在一个可用BF或CBF中，$n_r$小于其容量。

### 9.3.1 DBF的基本结构

为了支持集合成员的删除操作，DBF将CBF而不是BF作为其基本组成部分。一个DBF包含$s$个拥有相同配置的CBF。这里令$s$的初始化值为1，即一个DBF最初仅包含一个被初始化的可用CBF。该可用CBF表示一个动态集合的成员，若随着集合成员的逐步增加，这个可用CBF变为满秩CBF，则DBF在该CBF的基础上追加一个新的可用CBF。然后向该新的可用CBF中插入该动态集合的新增成员，若这个可用CBF也变为满秩则继续追加新的可用CBF等。只要该DBF的任何一个CBF关于一个对象的集合成员资格判定输出为真，则认为该对象在当前DBF表示的集合内。构造一个DBF的第一步是为如下几个基本参数赋予恰当的取值，包括其假阳性判定概率的上界、$s$的最大值、每个CBF发生假阳性判定的概率上界、每个CBF的大小$m$、每个CBF使用的哈希函数的数目$k$，以及每个CBF的容量$c$。用于初始化这些参数的方法因应用场景的不同而异，9.4节将详细讨论这些基本参数的配置方法。

给定一个大小为$n$的动态集合$X$，首先展示一个DBF如何通过一系列集合成员表示操作实现对该集合的表示。算法9-1详细刻画了DBF的集合成员表示操作的各个步骤。当向DBF中插入集合$X$的一个成员$x$时，DBF首先从中找到一个可用CBF。若DBF中当前已经没有可用的CBF，则DBF创建新的CBF作为一个可用CBF，并将$s$的取值增加1。DBF将对象$x$插入当前的可用CBF，并将该可用 CBF 的指标 $n_r$ 增加 1。若动态集合 $X$ 在部署之后其成员数目不会减少，则 DBF 中只有最后一个 CBF 为可用 CBF，而其他 CBF 均为满秩 CBF；否则，已经满秩的 CBF 可能由于一些成员从集合 $X$ 中的退出而转变为可用 CBF。

算法 9-1　Insert(x)

```
要求:x是非空元素
ActiveBF←GetActiveStandardBF();
if ActiveBF 为 null then
    ActiveBF←CreateStandardBF(m,k);
    将 ActiveBF 加入这个 BF 中;
    s+←1;
for i=1 to k do
    ActiveBF[hash_i(x)]+←1;
ActiveBF.n_r+←1;
GetActiveStandardBF()
for j=1 to s do
    if StandardBF_j.n_r<c then
        返回 StandardBF_j;
返回 null;
```

DBF 通过重复调用算法 9-1 实现对集合 $X$ 的表示，之后该 DBF 完全可以代替该集合完成集合成员资格判定。算法 9-2 描述了在任意输入对象 $x$ 的基础上 DBF 如何实施集合成员资格的判定。若在 DBF 的第一个 CBF 中，所有位于$\mathrm{hash}_j(x)$，$1\leqslant j\leqslant k$ 的计数器为非零取值，则对象 $x$ 被认为属于集合 $X$；否则，DBF 在其第二个 CBF 中实施同样的检查操作等。简言之，若 DBF 的所有 CBF 中都不满足判定条件，则对象 $x$ 被认为不属于集合 $X$。若 DBF 中任意一个 CBF 满足判定条件，则对象 $x$ 被认为属于集合 $X$。

算法 9-2　Query(x)

```
要求:x是非空元素;
for i=1 to s do
    counter←0;
    for j=1 to k do
        if StandardBF_i[hash_j(x)]=0 then
            break;
        else
            counter+←1;
    if counter=k then
        返回 true;
返回 false;
```

若集合 $X$ 将一个成员 $x$ 从中删除，则对应的 DBF 为了如实反映集合 $X$ 的集合成员资格信息，则必须以 $x$ 为输入条件来调用算法 9-3。首先，DBF 必须能够从全部 CBF 中挑选出满足如下约束条件的 CBF，即位于 $\text{hash}_j(x), 1 \leqslant j \leqslant k$ 的计数器的取值均不为零。若 DBF 中没有 CBF 能够满足上述约束条件，则关于对象 $x$ 的成员关系信息删除操作被拒绝执行，因为 DBF 判定 $x$ 并不属于集合 $X$。若 DBF 中只有一个 CBF 满足上述约束条件，则该 CBF 中 $\text{hash}_j(x), 1 \leqslant j \leqslant k$ 对应的计数器各自减 1。若 DBF 中存在多个 CBF 满足上述约束条件，则 DBF 认为对象 $x$ 被多个 CBF 表示。在这种情况下，DBF 无法得知哪一个 CBF 在对象 $x$ 插入 DBF 时对其进行了表示。若 DBF 坚持要从中剔除关于对象 $x$ 的集合成员资格信息，则不正确的 CBF 可能会以确定的概率被选择来执行集合成员的删除操作。不难发现，不正确的对象删除操作会破坏 DBF 对集合 $X$ 的表示，进而导致发生最多 $k$ 个集合成员资格的假阴性判定。为了避免 DBF 发生假阴性判定，当面对这类对象时算法 9-3 不执行集合成员信息清除操作，以避免错误地清除其他成员的集合成员资格信息，但是无法阻止集合 $X$ 从中删除对象 $x$。

算法 9-3　Delete(x)

```
要求:x 是非空元素
index←null;
counter←0;
for i=1 to s do
    if BF[i].Query(x) then
        index←i;
        counter+←1;
    if counter>1 then
        break;
if counter=1 then
    for i=1 to k do
        BF[index][hash_i(x)]-←1;
    BF[index].n_r-←1;
    Merge();
    Return true;
else
Return false;
Merge()
for j=1 to s do
if StandardBF_j.n<c then
for k=j+1 to s do
```

```
        if StandardBF_j.n_r + StandardBF_k.n_r < c then
            StandardBF_j ← StandardBF_j ∪ StandardBF_k;
            StandardBF_j.n_r +← StandardBF_k.n_r;
            Clear StandardBF_k from the dynamic Bloom filter;
            Break;
```

若 DBF 中的两个 CBF 的指标 $n_r$ 之和小于单个 CBF 的容量 $c$，则这两个可用 CBF 将由它们的并运算结果来代替，具体如算法 9-3 的 Merge 操作所述。两个 CBF 之间的并运算与前面提出的两个 BF 之间的并运算很相似，只是把 BF 中比特向量之间的或运算代替为计数器向量之间的求和操作。需要注意的是，在成功从 DBF 中删除一个对象之后，DBF 最多只存在一对 CBF 满足并运算的约束条件。因此，在找到这样一对 CBF 之后，算法 9-3 的 Merge 操作停止执行。

向一个 CBF 和 DBF 加入一个对象的平均时间复杂度都为 $O(k)$，此处的 $k$ 代表使用的哈希函数的数目。CBF 和 DBF 的集合成员资格判定的平均时间复杂度分别为 $O(k)$ 和 $O(ks)$，此处的 $s$ 代表 DBF 运用 CBF 的数目。CBF 和 DBF 的集合成员删除操作的平均时间复杂度分别是 $O(k)$ 和 $O(ks)$。

### 9.3.2 DBF 的假阳性判定

如前所述，为了表示一个大小为 $n$ 的集合 $X$ 需要构建一个由 $s=\lceil n/c \rceil$ 个容量为 $c$ 的 CBF 组成的 DBF。若用表示集合 $X$ 的 DBF 来代替该集合来回答集合成员的资格查询，则以一定概率会发生假阳性判定。本节将评价一个 DBF 发生假阳性判定的概率。

若集合 $X$ 的成员数目不大于单个 CBF 的设计容量，则 DBF 发生假阳性判定的概率可以通过式(9.1)来计算，因为此时 DBF 等价于一个 CBF；否则，DBF 发生假阳性判定的概率通过如下简洁的方式计算而得。DBF 的前 $s-1$ 个 CBF 单个发生假阳性判定的概率为 $f_{m,k,c}^{\mathrm{BF}}$，而 DBF 的第 $s$ 个 CBF 发生假阳性判定的概率为 $f_{m,k,n_l}^{\mathrm{BF}}$，其中，$n_l=n-c\lfloor n/c \rfloor$，进而 DBF 的每个 CBF 均没有发生假阳性判定的概率记为 $(1-f_{m,k,c}^{\mathrm{BF}})^{\lfloor n/c \rfloor}(1-f_{m,k,n_l}^{\mathrm{BF}})$。据此不难推算出，DBF 中至少一个 CBF 发生假阳性判定的概率是

$$
\begin{aligned}
f_{m,k,n}^{\mathrm{BF}} &= 1-(1-f_{m,k,c}^{\mathrm{BF}})^{\lfloor \frac{n}{c} \rfloor}(1-f_{m,k,n_l}^{\mathrm{BF}}) \\
&= 1-(1-(1-\mathrm{e}^{-k\frac{c}{m}})^k)^{\lfloor n/c \rfloor}(1-(1-\mathrm{e}^{-k(n-c\lfloor \frac{n}{c} \rfloor)/m})^k)
\end{aligned}
\tag{9.2}
$$

在后面的讨论中，首先用一个 DBF 和单个 CBF 来表示同一个动态集合 $X$，然后观察 DBF 和 CBF 发生假阳性判定的概率 $f_{m,k,c,n}^{\mathrm{BF}}$ 和 $f_{m,k,n}^{\mathrm{BF}}$ 随集合大小 $n$ 的增加表现出的变化趋势。实验结果如图 9.1 所示，其中，$m=1280$、$k=7$、$c=133$。当

$1 \leqslant n \leqslant c$时，DBF 发生假阳性判定的概率与 CBF 发生假阳性判定的概率相等。此时，DBF 正是一个 CBF，并且式(9.2)退化为式(9.1)。当 $n>c$ 时，随着 $n$ 的增加，DBF 发生假阳性判定的概率逐渐变大，而 CBF 发生假阳性判定的概率则快速增大至一个很高的值，然后缓慢向 1 逼近。举例来说，当 $n$ 增加到 $10c$ 时，$f_{m,k,10c}^{\mathrm{BF}}$几乎是 $f_{m,k,c}^{\mathrm{BF}}$的 100 倍，而 $f_{m,k,10c}^{\mathrm{DBF}}$仅是 $f_{m,k,c}^{\mathrm{BF}}$的 10 倍左右。根据式(9.1)、式(9.2)和图 9.1 可以确定 DBF 比 CBF 更适合表示大小超过单个 CBF 容量的动态集合 $X$，进而 DBF 比 CBF 具有更好的扩展性。

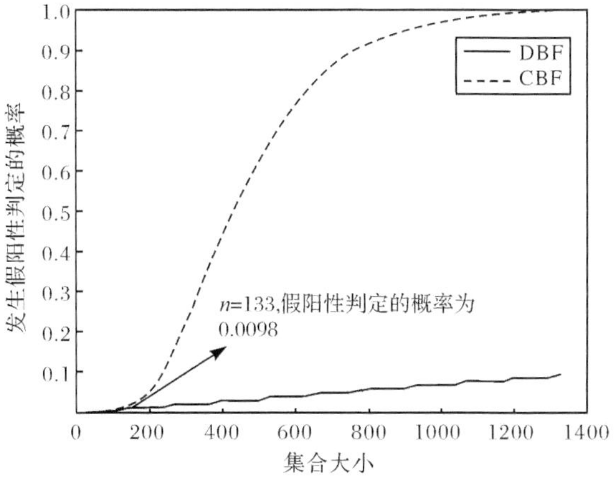


图 9.1　DBF 和 CBF 的假阳性判定概率关于集合大小 $n$ 的走势

在实验中为 DBF 提供四种不同配置的 CBF，并研究 CBF 的假阳性判定概率与 DBF 的假阳性判定概率的比值随着集合大小 $n$ 的增加而体现出的变化趋势。这四种 CBF 的共同配置是哈希函数的数目都是 7，而且假阳性判定概率的上界都是 0.0098，唯一的差异在于 CBF 的大小 $m$ 分别是 320、640、960、1280。从图 9.2 显示的实验结果中不难发现，4 条曲线遵从相似的走势。$f_{m,k,n}^{\mathrm{BF}}$和 $f_{m,k,c,n}^{\mathrm{DBF}}$的比值是关于集合大小 $n$ 的函数。当 $1 \leqslant n \leqslant c$ 时，$f_{m,k,n}^{\mathrm{BF}}/f_{m,k,c,n}^{\mathrm{DBF}}$等于 1。当 $n>c$ 时，随着 $n$ 的增加，$f_{m,k,n}^{\mathrm{BF}}/f_{m,k,c,n}^{\mathrm{DBF}}$首先快速达到峰值，原因在于随着 $n$ 的增加，$f_{m,k,c,n}^{\mathrm{DBF}}$缓慢变大而 $f_{m,k,n}^{\mathrm{BF}}$则快速增大。$f_{m,k,n}^{\mathrm{BF}}/f_{m,k,c,n}^{\mathrm{DBF}}$随后会随着 $n$ 的持续增加而缓慢降低，原因在于随着 $n$ 的增加，$f_{m,k,c,n}^{\mathrm{DBF}}$仍然缓慢变大而 $f_{m,k,n}^{\mathrm{BF}}$则缓慢地逼近最大值。显然，在 $n$ 的取值超过单个 CBF 的设计容量 $c$ 之后，DBF 比 CBF 具有更好的扩展性并且更加适合表示动态集合。此外，变量 $m$ 的差异并不影响 $f_{m,k,n}^{\mathrm{BF}}/f_{m,k,c,n}^{\mathrm{DBF}}$随 $n$ 的变化趋势。

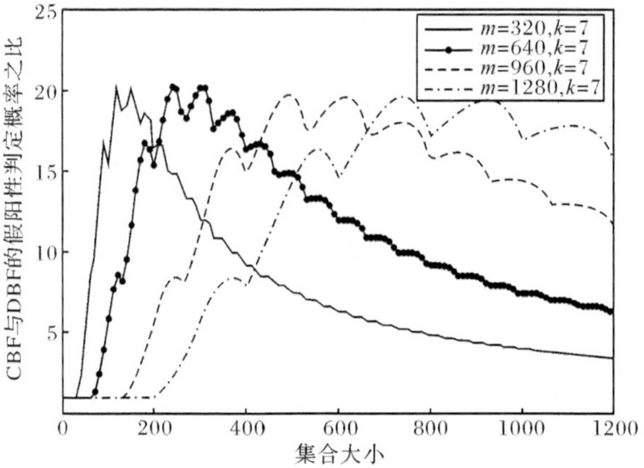


图 9.2 CBF 的假阳性判定概率与 DBF 的假阳性判定概率的比值关于 $n$ 的走势

由式(9.1)和式(9.2)不难发现，$f_{m,k,n}^{\mathrm{BF}}$ 和 $f_{m,k,c,n}^{\mathrm{DBF}}$ 是关于变量 $m$ 的单调递减函数。换句话说，若 $m_1>m_2$，则有 $f_{m_1,k,c,n}^{\mathrm{DBF}}<f_{m_2,k,c,n}^{\mathrm{DBF}}$。事实上，$f_{m,k,n}^{\mathrm{BF}}$ 与 $f_{m,k,c,n}^{\mathrm{DBF}}$ 表现出一样的走势。可以通过实验来验证上述理论分析结果。如图 9.3 和图 9.4 所示，实验结果与理论分析结果完全一致。具体来说，若 $m_1>m_2$，则图 9.3 中的 $f_{m_1,k,n}^{\mathrm{BF}}$ 对应的曲线总是低于 $f_{m_2,k,n}^{\mathrm{BF}}$ 对应的曲线，而图 9.4 中 $f_{m_1,k,c,n}^{\mathrm{DBF}}$ 对应的曲线总是低于 $f_{m_2,k,c,n}^{\mathrm{DBF}}$ 对应的曲线。

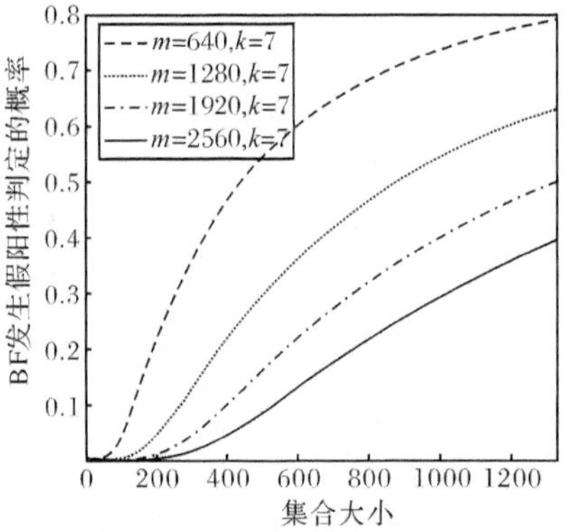


图 9.3 4 种不同配置下的 BF 的假阳性判定概率关于 $n$ 的走势图

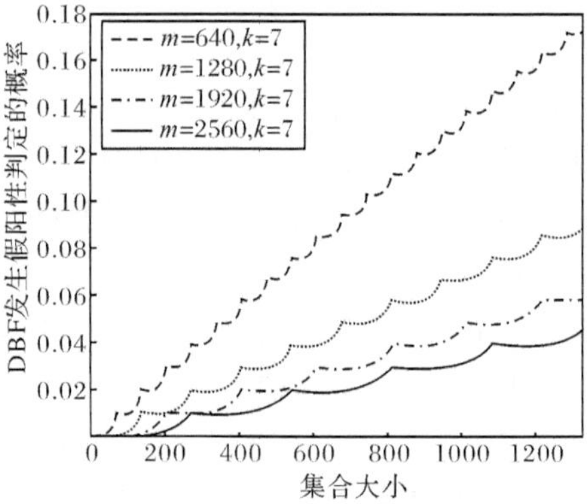


图 9.4 4 种不同配置下 DBF 的假阳性判定概率关于 $n$ 的走势图

### 9.3.3 DBF 的代数运算

本节首先利用 DBF($A$)和 DBF($B$)分别表示两个动态集合 $A$ 和 $B$，其中，DBF($A$)和 DBF($B$)运用相同配置的 CBF；然后考虑两个动态 BF 之间的基本代数运算。

**定义 9.1**(DBF 的并运算)　假设 DBF(*A*)和 DBF(*B*)分别运用 $s_1$ 和 $s_2$ 个大小为 $m$ 的 CBF。DBF(*A*)⋃DBF(*B*)的运算结果是一个大小为$(s_1+s_2)m$ 的比特矩阵。当 $1\leqslant i\leqslant s_1$ 时,其第 $i$ 个行向量等于 DBF(*A*)的第 $i$ 个 CBF。当 $s_1<i\leqslant s_1+s_2$时,其第 $i$ 个行向量等于 DBF(*B*)的第 $i-s_1$ 个 CBF。

**定理 9.1**　DBF(*A*)⋃DBF(*B*)发生假阳性判定的概率大于 DBF(*A*)和 DBF(*B*)发生假阳性判定的概率。

**证明**　已经知道 DBF(*A*)⋃DBF(*B*)、DBF(*A*)、DBF(*B*)都运用同构的 CBF,该 CBF 的基本参数包括 $m$、$k$、$c$。假设动态集合 $A$ 和 $B$ 的大小分别为 $n_a$ 和 $n_b$。不难理解 DBF(*A*)⋃DBF(*B*)发生假阳性判定的概率为

$$f^{\mathrm{DBF}}_{m,k,c,n_a+n_b}=1-(1-f^{\mathrm{BF}}_{m,k,c})^{\left(\lfloor\frac{n_a}{c}\rfloor+\lfloor\frac{n_b}{c}\rfloor\right)}\left(1-\left(1-\mathrm{e}^{-k\frac{n_a-c\lfloor\frac{n_a}{c}\rfloor}{m}}\right)^k\right)\left(1-\left(1-\mathrm{e}^{-k(n_b-c\lfloor\frac{n_b}{c}\rfloor)/m}\right)^k\right) \tag{9.3}$$

已知 DBF(*A*)和 DBF(*B*)发生假阳性判定的概率分别是 $f^{\mathrm{DBF}}_{m,k,c,n_a}$ 和 $f^{\mathrm{DBF}}_{m,k,c,n_b}$。显然 $n_a+n_b>n_a$,因此 $f^{\mathrm{DBF}}_{m,k,c,n_a+n_b}$ 减去 $f^{\mathrm{DBF}}_{m,k,c,n_a}$ 仍然是一个大于 0 的值。同理,$f^{\mathrm{DBF}}_{m,k,c,n_a+n_b}$减去 $f^{\mathrm{DBF}}_{m,k,c,n_b}$ 也大于 0。综上所述,不难发现 DBF(*A*)⋃DBF(*B*)发生假阳性判定的概率大于 DBF(*A*)和 DBF(*B*)发生假阳性判定的概率。

由此,定理 9.1 得证。

**定理 9.2**　若集合 $A$ 和 $B$ 的大小不为零且小于 $c$,则 DBF(*A*)⋃DBF(*B*)发生假阳性判定的概率小于 BF(*A*)⋃BF(*B*)发生假阳性判定的概率。

**证明**　已经知道 DBF(*A*)⋃DBF(*B*)发生假阳性判定的概率是 $f^{\mathrm{DBF}}_{m,k,c,n_a+n_b}$,而 BF(*A*)⋃BF(*B*)发生假阳性判定的概率是 $f^{\mathrm{BF}}_{m,k,n_a+n_b}$。因为集合 $A$ 和 $B$ 的大小均小于 $c$,所以式(9.3)可以简化为

$$f^{\mathrm{DBF}}_{m,k,c,n_a+n_b}=1-(1-(1-\mathrm{e}^{-kn_a/m})^k)(1-(1-\mathrm{e}^{-kn_b/m})^k) \tag{9.4}$$

令 $x=\mathrm{e}^{-kn_a/m}$ 且 $y=\mathrm{e}^{-kn_b/m}$,能够根据式(9.1)和式(9.4)推导出 $f^{\mathrm{BF}}(m,k,n_a+n_b)$ 减去 $f^{\mathrm{DBF}}(m,k,n_a+n_b)$的表达式为

$$f(x,y)=(1-xy)^k+((1-x)(1-y))^k-(1-x)^k-(1-y)^k \tag{9.5}$$

令 $a=1-xy$,$b=(1-x)(1-y)$,$c=1-x$,$d=1-y$。由于 $0<x<1$ 且 $0<y<1$,因此有 $b<c<a$ 且 $b<d<a$。从式(9.5)中抽象出表达式 $f(z)=z^k$ 是一个关于变量 $z$ 的单调递增函数,其中,$0<z<1$。此外,$f(z)=z^k$ 存在 $k$ 阶连续导数,而且其各阶导数都是关于变量 $z$ 的单调递增函数。若 $c<d$,则根据泰勒公式能够推导出:

$$f(a)-f(d)=f(d)(a-d)+\cdots+\frac{f^{k-1}(d)(a-d)^{k-1}}{(k-1)!}+\frac{f^k(\xi)(a-d)^k}{k!},\quad d<\xi<a \tag{9.6}$$

$$f(c)-f(b)=f(c)(c-b)+\cdots+\frac{f^{k-1}(b)(c-b)^{k-1}}{(k-1)!}+\frac{f^{k}(\xi)(c-b)^{k}}{k!},\quad b<\xi<c \tag{9.7}$$

在变量 $a$、$b$、$c$、$d$ 之间存在 $a-d=c-b$，$d<c<a$，$b<d<a$。式(9.6)的各个组成部分大于式(9.7)的相应组成部分，因此由式(9.6)减去式(9.7)可知式(9.5)的取值大于 0。$c>d$ 时可以推算出相同的结果。

由此，定理 9.2 得证。

此外，可以通过 MATLAB 计算 $f^{\mathrm{BF}}_{m,k,n_a+n_b}$ 减去 $f^{\mathrm{DBF}}_{m,k,c,n_a+n_b}$。实验结果显示，即使集合 $A$ 和 $B$ 的大小等于或大于 $c$，DBF($A$)$\cup$DBF($B$)发生假阳性判定的概率仍然小于 BF($A$)$\cup$BF($B$)发生假阳性判定的概率。

### 9.3.4　DBF 的集合成员删除算法的评估

1. 数学分析结果

如前所述，当一个表示集合 $X$ 的 DBF 就 $X$ 的任意对象 $x$ 进行集合成员资格判定时，可能会发现有多个 CBF 好像都对 $x$ 进行了表示。这种情况称为多地址问题，而该对象被认为拥有多个有效的 BF 地址。可以确定的是，在对象 $x$ 插入 DBF 的过程中仅有一个 CBF 对其进行了表示，而其他 CBF 都发生了假阳性判定。当这类对象从集合 $X$ 中退出后，DBF 的集合成员删除操作并没有对其真正删除，这使 DBF 继续保留这类对象的集合成员资格信息。这一特殊考虑的初衷是防止 DBF 发生不正确的数据删除操作，进而避免 DBF 发生假阴性判定。此外，这种操作必将导致 DBF 面对这类对象的集合成员资格查询时发生假阳性判定。究其原因在于，虽然这类对象在集合 $X$ 中已经被删除，但是 DBF 中仍然保留了其成员资格信息。

若集合 $X$ 有 $n$ 个成员，则一个 DBF 需要使用 $s=\lceil n/c\rceil$ 个 CBF 来表示全部集合成员。接下来考虑 $X$ 的任意成员 $x$ 存在多地址问题这一事件的发生概率。若在对象 $x$ 插入 DBF 时被 DBF 的前 $s-1$ 中的某个 CBF 负责处理，则发生该事件的概率可计算为

$$f_1(n)=1-(1-f^{\mathrm{BF}}_{m,k,c})^{s-2}(1-f^{\mathrm{BF}}_{m,k,n_l}) \tag{9.8}$$

若在对象 $x$ 插入 DBF 时被 DBF 的第 $s$ 个 CBF 负责处理，则该事件意味着 DBF 的前 $s-1$ 个 CBF 中至少有一个发生了假阳性判定，并且该事件发生的概率为

$$f_2(n)=1-(1-f^{\mathrm{BF}}_{m,k,c})^{s-1} \tag{9.9}$$

不难发现，式(9.9)的值大于式(9.8)的值，因此用式(9.9)表示发生该事件的概率上界。在集合 $X$ 表示为 DBF($X$)之后，集合 $X$ 中存在多地址问题的成员数目的理论上界是 $nf_2(n)$。实验结果显示，这类元素的实际数量要比该理论上界

小。考虑一种特殊情况，集合 $X$ 的全部元素被逐一删除，而 DBF($X$)也同步执行集合元素删除操作。根据上述讨论可知，DBF($X$)无法确保将全部待删除对象的成员资格信息都清除完毕。实际上，最多 $nf_2(n)$个对象的成员资格信息仍然被保留在了 DBF($X$)中。若在集合 $X$ 的原有成员被全部删除之后另有其他新成员加入集合 $X$，则 DBF($X$)不仅能够完好表示集合 $X$ 的现有元素，而且还包含最多 $nf_2(n)$个遗留元素的集合成员资格信息。本节的实验也获得了相似的结果，并且遗留元素的真实值与理论值之间的差异很小。也就是说，DBF 的集合成员删除操作产生的负面影响总是被控制在一个可以接受的水平上。

2. 仿真实验结果

本部分首先介绍 DBF 的每个 CBF 要运用的 $k$ 个随机且独立不相关的哈希函数的实现细节；然后获得集合 $X$ 中被表示为 DBF($X$)时存在多地址问题的成员数目，并与前面的理论分析结果进行对比。在实验中，所需的 $k$ 个哈希函数将通过下式产生：

$$h_i(x)=(g_1(x)+ig_2(x))\bmod m \tag{9.10}$$

式中，$g_1(x)$和 $g_2(x)$是区间$[1,m]$上的任意两个独立无关的随机整数，而 $i$ 是在区间$[0,k-1]$变化的整数。

对于任意对象 $x$，采用 SDBM_MersenneTwister 方法为其产生两个必需的随机整数 $g_1(x)$和 $g_2(x)$。具体来讲，首先用 SDBM 哈希函数关于对象 $x$ 的输出作为随机数发生器 MersenneTwister 的种子，然后用 MersenneTwister 产生两个随机整数，并被分别赋予 $g_1(x)$和 $g_2(x)$。MersenneTwister 能够快速生成高质量的伪随机数，是目前已知的最好伪随机数发生器。在一个哈希函数和随机数发生器的辅助下，式(9.10)被执行 $k-1$ 轮次后就能够为任意对象 $x$ 产生其 BF 地址 Bfaddress($x$)。与直接调用 $k$ 个独立随机哈希函数来产生 Bfaddress($x$)的方式相比，这种机制能够大大降低整个过程的计算复杂度，并缩短响应时间。

多地址问题会导致一些对象即便已经从集合 $X$ 中退出，它们的集合成员资格信息仍然被 DBF($X$)保留。任意集合 $X$ 中表现出多地址问题的成员数目与该集合的势的比值记为 $r$，已经知道 $r$ 的理论上界是 $f_2(n)$，接下来通过实验获得 $r$ 的实际值及其实验上界。

考虑到 DBF 和 CBF 被设计用来表示任何可能的数据集合，并且在 BF 的研究领域内没有形成公认的测试数据集合。因此，本节的实验对测试数据集合并没有加以任何限制，而是从著名的 P2P 网络文件系统电骡的一个 trace 中提取出文件的名称集合作为测试数据集合。该 trace 涵盖了电骡系统从 2003 年 12 月 9 日～2004 年 2 月 2 日系统各个节点上存储的文件名称，共包括 11014603 个不同的文件。在此基础上，初始化了 10 个大小为 $ic$ 的集合，并构建了 10 个 DBF，其中，1

$\leqslant i \leqslant 10$。在实验中,每个 CBF 的参数配置是 $m=1280$、$k=7$、$c=133$。对于每个 DBF,对其集合成员逐一检测是否存在多地址问题,进而获得 $r$ 的实验上界。此外,对于每个集合,将其所有成员从中全部删除,同时对应的 DBF 也同步执行集合元素删除操作。如此能够统计出每个 DBF 中最终遗留下来的集合成员数目,进而可以计算出指标 $r$ 的实际值。表 9.1 显示了 10 个数据集下 $r$ 的实验上界和实际值。

**表 9.1 不同大小的集合下指标 $r$ 的实验上界和实际值,其中,$c=133$**

| $n/c$ | 2 | 3 | 4 | 5 | 6 | 7 | 8 | 9 | 10 |
|---|---|---|---|---|---|---|---|---|---|
| $r$ 的实验上界 | 4 | 7 | 11 | 22 | 37 | 53 | 74 | 98 | 123 |
| $r$ 的实际值 | 3 | 4 | 4 | 6 | 9 | 13 | 20 | 30 | 36 |

如图 9.5 所示,指标 $r$ 的实际值小于其实验上界、理论上界,以及对应 DBF 的假阳性判定概率。图中的 4 条曲线都随着被表示集合大小的增加而逐渐增长。当该动态集合的实际大小小于 $10c$ 时,$r$ 的实际值对应的曲线增长缓慢并保持在一个较低的水平。

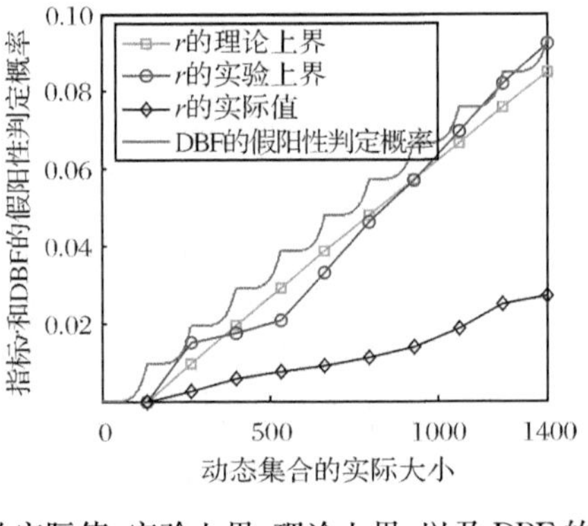


图 9.5 指标 $r$ 的实际值、实验上界、理论上界,以及 DBF 的假阳性判定概率

考虑 $n/c$ 分别等于 10、8、5 的 3 个动态集合和对应的 DBF。首先从每个集合中删除其全部成员,并同时在对应的 DBF 中实施相同的操作。这 3 个集合在清空其全部成员之后,相应的 DBF 并没有随之退化为一个被重置为 0 的 CBF,而是分别保留了 36、20、6 个遗留成员的集合成员资格信息。向这 3 个空集中连续添加新成员,并在对应的 DBF 中实施相同的操作。不难理解,3 个 DBF 中遗留成员的集合成员资格信息将增大它们发生假阳性判定的概率。出于如下两方面的考虑,认为多地址问题对 DBF 的假阳性判定概率造成的负面影响可以承受:①在实际应用中,一个动态集合清除其全部成员操作的发生频率通常非常低,且连续发生两次这种操作的时间间隔也很长;②由于多地址问题的存在,每个 DBF 的假阳性判定

概率虽然比期望值大一些，但是如图 9.6 所示，每个 DBF 的假阳性判定概率增加的量很小以至于增加后的假阳性判定概率仍然处于很低的水平。未来的研究中将寻求关于多地址问题的更好解决方法。

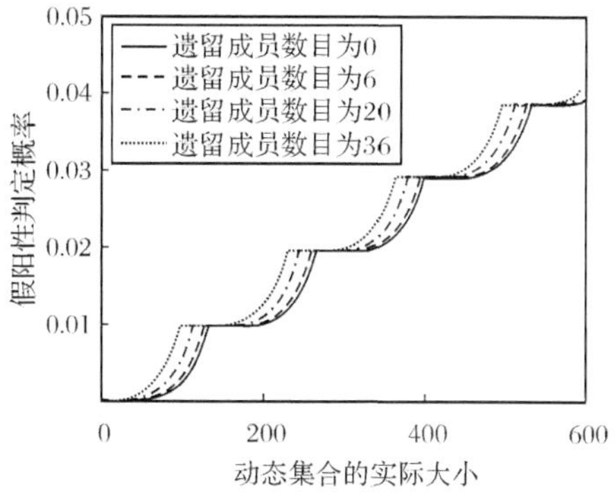


图 9.6　DBF 的假阳性判定概率随着动态集合实际大小和遗留成员数目的走势

### 9.3.5　DBF 的优化

本节考虑以 BF 为基本单元的 DBF，并从如下两方面来优化 DBF。但是，此处提出的优化策略并不适用于以 CBF 为基本单元的 DBF。

1. 集合成员表示算法的优化

前面提出的 DBF 集合成员表示算法在如下两种情形下可以被优化。首先，一个集合的新成员在被 DBF 进行集合成员表示之前可能会使 DBF 发生一个假阳性判定，但是按照先前提出的集合成员表示算法，该新成员仍然要被插入 DBF 的一个可用 BF 中。不难理解，这类新成员会使 DBF 为其分配不必要的 BF 地址，而这类事件的累计效果有可能导致 DBF 额外分配不必要的 BF。其次，若被表示的集合是一个多集合，则某些集合成员会被多次插入 DBF 中，进而有可能导致 DBF 也额外分配不必要的 BF[6]。要在上述两种情形中优化 DBF，则 DBF 在进行集合成员表示之前首先要对其进行集合成员资格判定，只有不导致假阳性判定发生的成员才被进一步表示，否则不需要对其进行集合成员表示。这种优化策略的问题在于会将集合成员表示操作的复杂度从 $k$ 增加到 $O(ks)$。考虑到这种优化策略存在额外的计算成本，只有在算法 9-1 会导致 DBF 造成至少一个不必要的 BF 时才运用此处提出的优化算法。

前面已经讨论一个大小为 $n$ 的集合被 DBF 表示之后，该集合在 DBF 中存在多地址问题的成员数目的理论上界是 $nf_2(n)$，而且实际上界与该理论上界非常接近。因此，只有在式(9.11)成立时，算法 9-1 才会导致 DBF 产生至少一个不必要的 BF，进而有必要运用优化算法。

$$\text{ratio}=\frac{nf_2(n)}{c}=\frac{n(1-(1-f_{m,k,c}^{\text{BF}})^{s-1})}{c}\geqslant 1 \tag{9.11}$$

根据式(9.11)不难发现，变量 ratio 是一个关于 $s$ 和 $f_{m,k,c}^{\text{BF}}$ 的单调递增函数，其中，$s=\lceil n/c \rceil$ 表示该 DBF 运用到的 BF 的数目，而 $f_{m,k,c}^{\text{BF}}$ 表示单个 BF 的假阳性判定的上界。图 9.7 所示的实验结果进一步验证了变量 ratio 是关于 $s$ 和 $f_{m,k,c}^{\text{BF}}$ 的单调递增函数。图 9.7 显示，当 $f_{m,k,c}^{\text{BF}}\leqslant 0.01$、$s\leqslant 10$ 或 $f_{m,k,c}^{\text{BF}}\leqslant 0.001$、$s\leqslant 20$ 时，变量 ratio 的取值总是小于 1，这意味着在这些情况下 DBF 没有必要采用优化后的集合成员表示算法。在其他情况下，算法 9-1 会导致 DBF 至少额外运用了一个 BF，因而应该被优化后的相应算法替代。

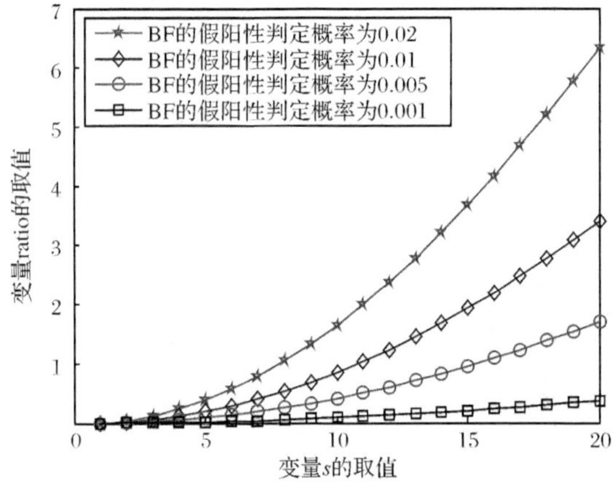


图 9.7　具有多地址问题的成员数目与单个 BF 的容量之比随变量 $s$ 的走势

在考虑了 DBF 在前面提出的第一种场景下的优化问题之后，还需要进一步考虑 DBF 表示多集合时存在的优化问题。若一个多集合中各个成员的发生频率分布提前已知，则该多集合可以当做一般集合来考虑，只是集合的大小要按照多集合的方式来计算；否则，建议采用优化后的集合成员表示算法。

2. DBF 的存储和检索优化

有两种不同的方式可以用来存储由多个 BF 组成的 DBF。它们分别称为 Bit string 和 Bit slice[7]，并广泛运用于数据库的很多研究领域。具体来说，Bit string 方法依次独立存储一个 DBF 的各个 BF 并最终形成一个长度为 $sm$ 的位字符串，而 Bit slice 方法则将 DBF 存储为一个 $ms$ 的位片断。不难发现，为了回答一个集合成员资格的判定，DBF 的每个 BF 中只有 $k$ 个位置需要检测。为了响应一个集合成员资格的判定，Bit string 方法需要将全部 $sm$ 个比特位检索出来，而 Bit slice 则只需要从中检索出 $k$ 个位片断即可满足要求。因此，Bit slice 方法比 Bit string

更适用于存储和检索 DBF。

## 9.4　DBF 性能评估

在下面的讨论中，一个 BF 在表示大小为 $n$ 的静态集合后发生假阳性判定的概率上界记为 $\alpha$。在 $\alpha$ 和 $n$ 已知的前提下，BF 的另外两个参数 $m$ 和 $k$ 的最优取值为 $m=\lceil n\log\alpha/\log 0.6185\rceil$ 和 $k=\lceil (m/n)\ln 2\rceil$。显然，分配给每个 BF 的存储空间大小是关于 $n$ 的单调递增函数。已经知道，BF 及其衍生数据结构非常适用于表示静态集合，但是很多应用在静态集合之外还常常需要对大小不确定的动态集合进行表示。由 DBF 的结构可知，DBF 同时支持对动态集合和静态集合的表示。本节首先考虑单机应用中 DBF 和 BF 表示三种不同类型集合时体现出的性能差异，然后讨论分布式应用背景下 DBF 和 BF 的性能差异。

### 9.4.1　大小和内容固定的静态集合

一个动态集合 $X$ 可以理解为处于一个离散时间序列上的一系列静态集合。本节用 BF 和 DBF 分别表示同一个动态集合，并在每个离散时间点上比较它们的性能和成本。在动态集合 $X$ 的实际大小 $n$ 没有超过估计的上界之前，表示集合 $X$ 的 DBF 和 BF 是等价的。在 $n$ 超过设计的上界之后，DBF 需要分配更多的 BF 来对 $X$ 进行表示，而 BF 可以通过分配更大的存储空间来重新表示整个集合 $X$。考虑在 $n$ 超过估计的上界后，一个 DBF 和 BF 对集合 $X$ 进行表示并达到相同的假阳性判定概率，比较此时两者占用的存储空间大小。

令 $c$ 表示组成 DBF 的每个 BF 的容量。已经知道，$s=\lceil n/c\rceil$ 表示 DBF 为了表示大小为 $n$ 的集合而采用的容量为 $c$ 的 BF 数目。若用 DBF 表示集合 $X$，则其发生假阳性判定的概率由式(9.2)决定，并且可以简化为式(9.12)。若用单个 BF 来表示集合 $X$，则其发生假阳性判定的概率由式(9.1)决定。在式(9.12)和式(9.1)相等的前提下，BF 的大小 $m_1$ 和 DBF 的大小 $sm$ 的比值的表达式为(9.13)。

$$f_{m,k,c,n}^{\mathrm{DBF}}=1-(1-(1-\mathrm{e}^{-kc/m})^k)^s \tag{9.12}$$

$$\frac{m_1}{sm}=\frac{-kc}{m\ln(1-\sqrt[k]{1-(1-y)^s})} \tag{9.13}$$

由式(9.13)和图 9.8 可以看出，BF 比 DBF 占用较少的存储空间来表示 $n>c$ 的集合并能达到相同的假阳性判定概率。同时不难看出，只要 $n$ 与估计的上界之间的差距不是太大(即 $s$ 的取值不是非常大)，DBF 和 BF 占用的存储空间的差异就不十分明显。考虑到不断重构 BF 会产生巨大的成本，而且 DBF 不会比不断重构后的最优 BF 消耗过多的存储空间，这里选择用 DBF 来表示动态集合。

下面将从另外一个角度对 DBF 和 BF 进行比较。考虑在 $n$ 超过估计的上界

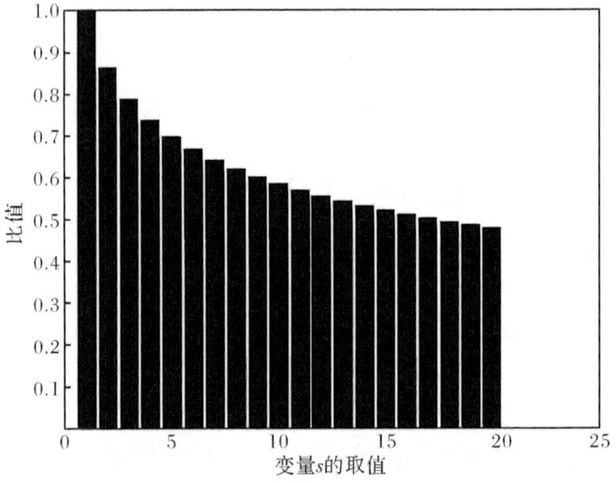


图 9.8　BF 大小与 DBF 大小的比值关于$\lceil n/c \rceil$的走势

后,DBF 和 BF 在占用同样大小的存储空间对大小为 $n$ 的集合 $X$ 进行表示,然后比较 DBF 和 BF 发生假阳性判定的概率。换句话说,随着集合 $X$ 势的不断增加,BF 可以将其大小也扩展为 $sm$ 个比特位并重新表示整个集合。大小为 $sm$ 的 BF 表示一个大小为 $n$ 的集合之后,其发生假阳性判定的概率为

$$f^{\text{NBF}}_{m,k,c,n}=(1-\mathrm{e}^{-kn/(ms)})^k \tag{9.14}$$

DBF 的假阳性判定概率由式(9.2)决定。$f^{\text{NBF}}_{m,k,c,n}$和 $f^{\text{DBF}}_{m,k,c,n}$的比较结果如图 9.9所示。实验结果表明,当 $n\leqslant c$ 时,有 $f^{\text{DBF}}_{m,k,c,n}=f^{\text{NBF}}_{m,k,c,n}=f^{\text{BF}}_{m,k,c}$;当 $n>c$ 时,$f^{\text{DBF}}_{m,k,c,n}$随着集合大小的增加而近似线性增长,而 $f^{\text{NBF}}_{m,k,c,n}$在整体上随集合大小的增加而缓慢变大。令 $n_x$ 和 $i$ 都是正整数且 $n_x<c$,则关于 $f^{\text{NBF}}_{m,k,c,n}$存在如下结论:

$$f^{\text{NBF}}_{m,k,c,n_x+(i-1)c}\leqslant f^{\text{NBF}}_{m,k,c,n_x+ic}$$

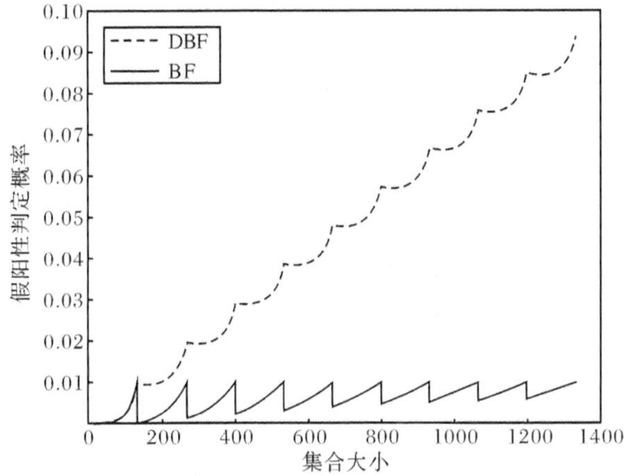


图 9.9　DBF 和 BF 表示同一个动态集合时的假阳性判定的走势

综上所述，假设让一个 BF 和一个 DBF 对同一个动态集合进行表示，而该 BF 允许随着集合大小的变化而实时重构以扩大其容量。在此条件下，为了获得与 DBF 一样的假阳性判定概率，BF 不会比 DBF 多占用存储空间。此外，若允许 BF 和 DBF 采取相同的存储空间分配策略，则 BF 的假阳性判定概率要低于 DBF 的假阳性判定概率。尽管 BF 比 DBF 在空间利用率方面更加高效，但是 BF 会频繁重构并重新表示整个集合，进而会产生很大甚至巨大的成本。相反，若用 DBF 表示相同的动态集合，只要其假阳性判定概率随着集合大小的增长未超过应用提出的上界，则完全不需要重构 DBF，也不需要对整个集合重新表示。当然，在 DBF 的假阳性判断概率超过该上界之后，DBF 也需要重构并对整个集合重新表示，但是 DBF 的重构频率要远远低于 BF 的重构频率。

后面将在一个动态集合的整个生命周期内对 DBF 和 BF 进行比较，而不对两者在一系列离散时间序列上的表现进行比较。

### 9.4.2 集合大小上界已知的动态集合

本节用 DBF 和 BF 表示同一个动态集合 $X$，其集合大小的上界为 $N$。令 $\alpha$ 表示 BF 和 DBF 发生假阳性判定概率的上界。在很多应用中，动态集合 $X$ 大小的可能值在一个很大的范围内浮动[8,9]，而最大取值往往比最小取值和平均取值大很多。若用 BF 来表示这类型的动态集合，则这些应用通常在一开始就为 BF 分配很大的存储空间，即 $m=\lceil N\ln\alpha/\ln 0.6185\rceil$。如此大的存储空间足够容纳集合 $X$ 中将来所有可能出现的成员，但是却使 BF 引以为豪的存储空间的高效利用率大打折扣，甚至荡然无存。若运用 DBF 来表示这类动态集合，则它能够以一种按需和渐进的方式为其分配足够而不过多的存储空间。无论 BF 还是 DBF，它们的共同设计目标是确保发生假阳性判定的概率不超过上界 $\alpha$，并确保随集合大小的变化不需要重构自身的数据结构来重新表示整个集合。

接着研究在动态集合大小这一离散随机变量的概率分布已知的前提下，如何设计所需存储空间最小但仍能确保假阳性判定概率低于上界 $\alpha$ 的 DBF。假设 DBF 由 $s$ 个 BF 组成，并将 DBF 发生假阳性判定的概率上界 $\alpha$ 具体分解到组成 DBF 的每个 BF 发生假阳性判定的概率上界 $\delta$。由式(9.2)可知，$\alpha=1-(1-\delta)^s$。据此可以推导出参数 $\delta$ 的取值为 $\delta=1-(1-\alpha)^{1/s}$。

此外，DBF 的最大设计容量是 $N$，其代表 DBF 在确保发生假阳性判定的概率不超过上界 $\alpha$ 的前提下所能表示的集合成员的最大数目。这 $N$ 个集合成员被均匀地分配给 $s$ 个 BF，DBF 的第 $i$ 个 BF 的容量定义为 $c_i=\lceil N/s\rceil$，其中，$1\leqslant i\leqslant s$。为了设计出所需存储空间最小但仍能确保假阳性判定概率低于上界 $\alpha$ 的 DBF，必须为参数 $m$、$k$、$\delta$、$s$ 赋予最恰当的取值。

令 $p_i$ 表示动态集合 $X$ 的大小为 $i$ 的概率，其中，$1\leqslant i\leqslant N$ 并且有 $\sum_{i=1}^{N}P_i=1$。赋予 DBF 的第 $i$ 个 BF 一个参数 $r_i$，其代表该 BF 在表示整个集合 $X$ 的过程中被 DBF 使用的概率。不难发现，$r_1$ 总是等于 1，因为只要集合 $X$ 不为空，DBF 的第一个 BF 一定会被运用到。对于 $j=2,3,\cdots,s$，有 $r_i=\sum_{j=c(i-1)+1}^{N}p_j$，其中，$c$ 仍然代表每个 BF 的最大设计容量。为了表示集合 $X$，需要分配给 DBF($X$)的最小存储空间的期望值的上界是 $\sum_{i=1}^{s}m\cdot r_i$。已经知道，每个 BF 占用的存储空间为 $m=\lceil (N/s)\ln(\ln\delta/\ln 0.6185)\rceil$。可以把研究的问题转化为最小化目标函数 $\sum_{i=1}^{s}r_i\cdot (N/s)\ln\delta/\ln 0.6185$ 的数学规划问题：

$$\text{Minimize}\sum_{i=1}^{s}r_i(N/s)\ln\delta/\ln 0.6185$$
$$\text{subject to}\begin{cases}\delta=1-(1-\alpha)^{1/s}\\ s>0\end{cases}\tag{9.15}$$

参数 $s$ 的最优取值能够通过求解上述优化问题得到。根据 $s$ 和 $\alpha$ 可以为 DBF 的各个同构 BF 求得发生假阳性判定的概率上界 $\delta=1-(1-\alpha)^{1/s}$，以及最大设计容量 $c=\lceil N/s\rceil$。在获知每个 BF 的参数 $\delta$ 和 $c$ 之后，可以根据 BF 的传统参数优化方法获得 $m=\lceil c\ln\beta/\ln 0.6185\rceil$和 $k=\lceil (m/c)\ln 2\rceil$。不难发现，集合大小的概率分布直接影响到上述数学优化问题的最优解以及 DBF 各个参数的最优取值。通过实验分析在集合大小服从五种不同的概率分布模型下，DBF 所需最小存储空间的数学期望。它们分别是均匀分布、正态分布、随机 Zipf 分布、最大 Zipf 分布、最小 Zipf 分布。实验结果如图 9.10 所示，其中正态分布的参数为 $\mu=\lceil N/2\rceil$和$\sigma^2=20$，而 Zipf 分布的参数为 0.4，另外，$N=1330$ 和 $\alpha=0.0098$。

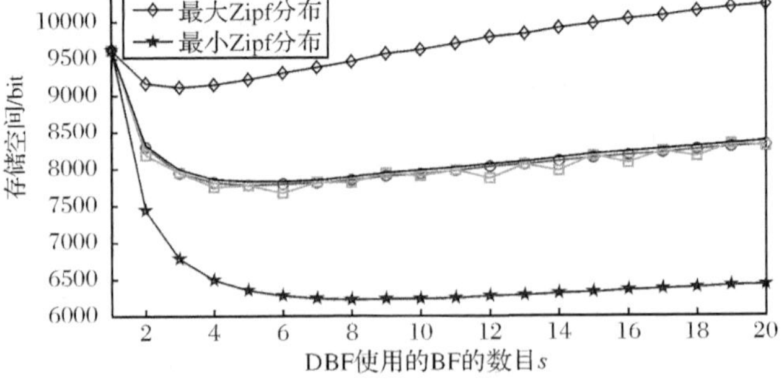


图 9.10　在集合大小的不同分布条件下，该集合的 DBF 占用的存储空间

集合大小这一离散随机变量的均匀分布和正态分布已经在数据库领域被广泛运用于生成人造数据集合来模拟真实的数据集合[10]。在很多网络应用中，各个节点上的集合大小服从Zipf分布。若集合大小的任意可能取值以相同的概率被映射到区间$\{1,\cdots,N\}$中的任意一个整数，则该Zipf分布称为随机Zipf分布。集合大小的$N$种可能取值根据发生的概率水平由高到低存在一个Zipf排列。若离散随机变量集合大小的所有可能取值由大到小的排序是该Zipf排列的倒序，则该Zipf分布称为最小Zipf分布。若离散随机变量集合大小的所有可能取值由大到小的排序与该Zipf排列相同，则该Zipf分布称为最大Zipf分布。

如图9.10所示，在上述五种分布下，DBF所需最小存储空间的数学期望随参数$s$的增加服从相似的变化趋势。具体来讲，DBF所需最小存储空间的期望值随着$s$的增加而减少，但是在$s$超过一定阈值之后随着$s$的增加而逐渐变大。在相同的$s$约束下，从图中不难发现，最大Zipf概率分布条件下的DBF的最小存储空间需求大于其他所有分布下的该指标取值。原因在于，在相同的$s$约束下，最大Zipf概率分布条件下的参数$r_i$取值大于其他分布下该参数的取值，其中，$2\leqslant i\leqslant s$。另外，根据上述5条曲线不难发现，DBF的最小存储空间需求能够在$s$处于曲线的拐点时获得，并且小于在相同约束条件下用一个BF来表示该动态集合所需的存储空间开销，即图中当$s=1$时各条曲线的纵坐标取值。

接下来评价集合大小的上界对表示该集合的DBF所需最小存储空间的影响，此外也考虑单个BF表示该集合所需的存储开销受集合大小上界的影响。无论利用单个BF还是DBF对该集合进行表示，其假阳性判定概率的上界都是$\alpha=0.0098$。图9.11所示的实验结果显示，随机Zipf分布和均匀分布对应的曲线非常近似，以至于基本重叠。从随机Zipf分布的定义不难理解其等价于均匀分布，而此处的实验结果也验证了这一点。此外，不难发现，最大Zipf分布和最小Zipf分布对应的曲线分布位于5条DBF曲线中的最高处和最低处。这意味着在相同的横坐标下，这两种情况下的DBF所需最小存储空间的期望值分别为最大和最小。此外，五种分布下用DBF表示该动态集合都比用单个BF来表示该动态集合占用的存储空间少。这一结论在集合大小的上界取任何值时都成立，而且性能差异随着集合大小上界的增加而变得更加显著。

实验中还关注集合大小的上界对DBF和BF所需存储空间之比的影响。实验结果如图9.12所示，在最大Zipf分布、随机Zipf分布、正态分布、最小Zipf分布下DBF能够比BF分别节省5%、19%、20%、35%的存储开销。另外，不难发现集合大小的上界对DBF和BF所需存储空间之比的影响非常小，而集合大小的分布模型对该比值有非常大的影响。

下面进一步评价假阳性判定概率的上界$\alpha$对BF和五种分布下的DBF的最小存储空间需求的影响，其中动态集合大小的上界为$N=13330$。图9.13显示，最大 Zipf 分布和最小 Zipf 分布下的 DBF 在 5 个对应 DBF 中分别消耗最多和最少数目的存储空间，而且无论 $\alpha$ 取何值，5 个 DBF 总是比 BF 占用的存储空间少。

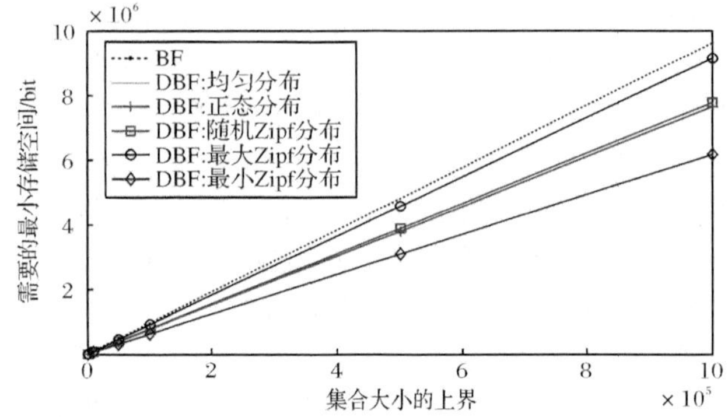


图 9.11 *BF* 和 *DBF* 的存储空间开销随集合大小的上界的走势

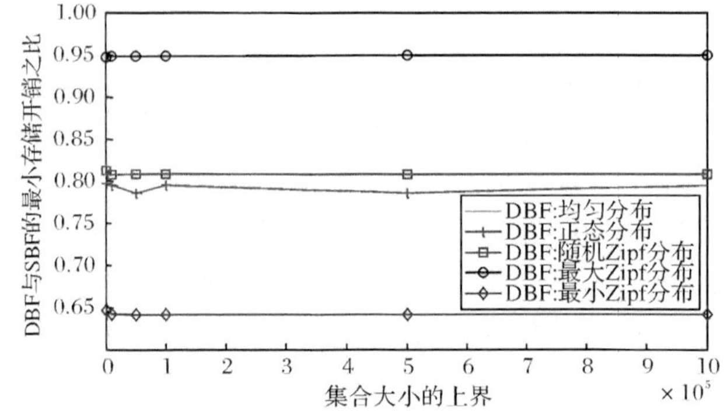


图 9.12 DBF 与 BF 的最小存储开销之比随集合大小的上界的走势

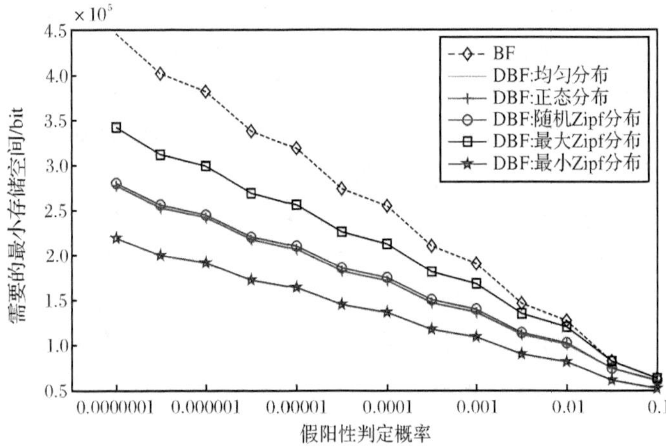


图 9.13 DBF 与 BF 需要的最小存储空间随假阳性判定概率的走势

实验还关注 $\alpha$ 对 DBF 和 BF 所需存储空间之比的影响。如图 9.14 所示，不同分布下 DBF 和 BF 所需存储空间之比首先随着 $\alpha$ 的增加而变大，而且在 $\alpha$ 增大到 40%左右之后几乎达到 1。换句话说，五种分布下用 DBF 来表示一个动态集合比用一个 BF 表示该集合能够节省存储空间，并且随着 $\alpha$ 的增加能够节省更多的存储空间。

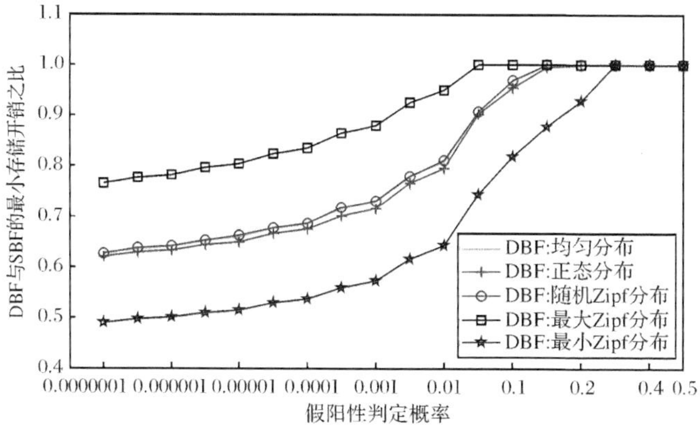


图 9.14　DBF 与 BF 的最小存储开销之比随假阳性判定概率的走势

图 9.15 显示了三种 Zipf 分布中其参数对 DBF 的最小存储需求的影响，其中 $N=1330$，$\alpha=0.0098$。Zipf 分布的参数越大意味着某些取值发生的频率要比其他取值发生的频率更高，而较小的 Zipf 参数意味着各种可能取值的发生频率之间的差异较小。不难发现，随着 Zipf 参数取值的增加，最小 Zipf 分布下的 DBF 的最小存储需求逐步降低至一个很低的水平，而且一直比 BF 需要的存储空间少；随机 Zipf 分布下的 DBF 的最小存储需求基本保持不变，但仍然小于 BF 的存储空间需求；而最大 Zipf 分布下的 DBF 的最小存储需求逐步增高至一个较高水平，而且在 Zipf 参数超过 0.6 之后，DBF 开始比 BF 占用更大的存储空间。显然，最小 Zipf 分布下的 DBF 比在其他两种 Zipf 分布下的 DBF 更优。

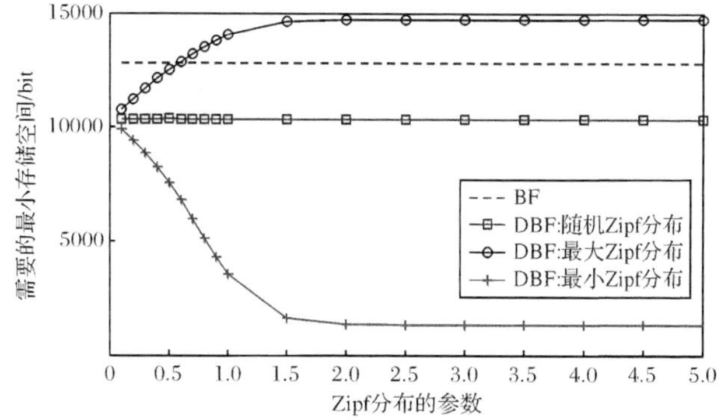


图 9.15　Zipf 分布的参数对需要最小存储空间的影响

图 9.16 显示了在集合大小这一离散随机变量服从正态分布的条件下，均方差 $\sigma$ 对 DBF 所需最小存储空间的影响。从图中不难看出，随着均方差 $\sigma$ 的增加，DBF 需要更大的存储空间，但是一直少于用一个 BF 来表示该动态集合所需的存储空间。

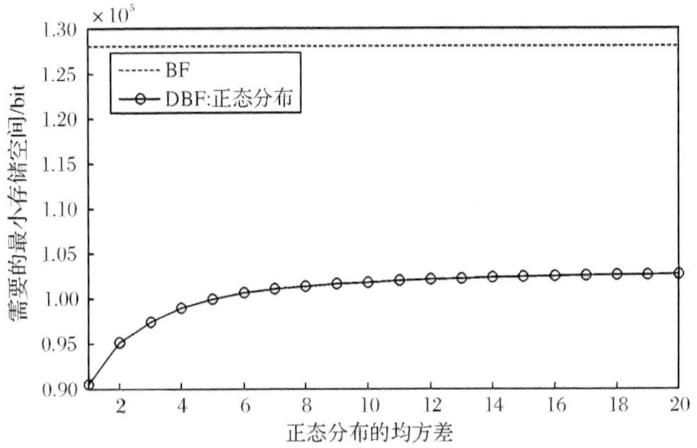


图 9.16 正态分布的均方差对需要的最小存储空间的影响

### 9.4.3 集合大小上界未知的动态集合

本节考虑另一种不同的场景，即集合大小的上界不存在或者应用无法提前获知集合大小的上界 $N$。在这种场景下，通常采用 $\beta$ 和 $\gamma$ 来代替原来采用的上界 $\alpha$ 来约束表示该集合的 DBF 或 BF 发生假阳性判定的概率。此处，$\beta$ 和 $\gamma$ 分别表示发生假阳性判定概率的两个上界，而且有 $\beta<\gamma$。在运行过程中，应用首先期望发生假阳性判定的概率小于 $\beta$，但是当假阳性判定概率大于 $\beta$ 且小于 $\gamma$ 时也可以承受。无论 BF 还是 DBF，它们的共同目标在集合大小变化的过程中始终确保发生假阳性判定的概率不超过上界 $\gamma$。为了满足这一目标，在集合大小的变化过程中 DBF 和 BF 都有可能按需被重构而重新表示整个集合。

当面对一个未知大小上界的动态集合时，在对其进行处理之前，应用通常要对其上界给出一个估计值 $n_0$。若用一个 BF 来表示该集合，则 BF 的参数配置为 $m=\lceil n_0\ln\beta/\ln 0.6185\rceil$ 且 $k=\lceil(m/n_0)\ln 2\rceil$。由图 9.1 可知，若集合大小超过估计的上界 $n_0$，则 BF 发生假阳性判定的概率会超过 $\beta$，并且随着集合大小的继续增长很快会急剧大于 $\beta$。当集合大小超过 $n_0\ln(\beta-\gamma)$ 时，BF 发生假阳性判定的概率会最终超过上界 $\gamma$。此时，应用不得不重新构造一个容量更大的 BF 来重新表示整个集合。具体而言，关于集合大小上界的估计值 $n_0$ 需要赋予一个至少为 $n_0\ln(\beta-\gamma)$ 的数值，然后重新计算新 BF 的最优参数 $m$ 和 $k$。若随着集合大小的继续增加，调整之后的 BF 发生假阳性判定的概率再度大于 $\gamma$，则 BF 要依据相同的规则被再度重新构造。

接下来讨论如何用 DBF 表示集合大小上界未知的动态集合。DBF 会先用一个采用上述配置的 BF 表示该动态集合，当该 BF 累计表示的集合成员数目达到其设计容量时，DBF 会分配一个新的 BF 来扩展其设计容量，依此类推，DBF 能够随着集合大小的增加按需分配更多的 BF 来提高其设计容量。如图 9.1 所示，随集合大小的增加，DBF 发生假阳性判定的概率会逐渐增加，但是比用一个 BF 来表示该集合时发生假阳性判定的概率增长得缓慢。一旦集合大小超过 $n_0\lceil\ln(1-\gamma)/\ln(1-\beta)\rceil$，DBF 发生假阳性判定的概率仍然会超过 $\gamma$。此时，应用需要重新构造 DBF 来重新表示整个集合。具体而言，关于集合大小上界的估计值 $n_0$ 需要赋予一个至少为 $n_0\lceil\ln(1-\gamma)/\ln(1-\beta)\rceil$ 的更大数值，然后按照相同的方法重新为 DBF 的每个成员 BF 计算最佳的参数配置。此处，$n_0$ 的赋值策略是一个悬而未决的问题。本章提出的方法能够兼容各种可能的策略，因此不就这个问题展开深入研究。若随着集合大小的继续增加，调整后的 DBF 发生假阳性判定的概率再度大于 $\gamma$，则 DBF 要依据相同的规则被再度重构。

综上所述，若集合大小的上界无法提前获知，则在特定条件下表示该集合的 DBF 或 BF 都不可避免地要被重新构造并再度表示整个集合。令人欣慰的是，DBF 的调整频率要远小于 BF，尤其当 $\beta$ 和 $\gamma$ 之间的差距较大时 DBF 在这方面的优势更加明显。换句话说，DBF 比 BF 的调整频率低且产生的成本低，因此基于 DBF 的应用比基于 BF 的应用更加稳定。需要说明的是，当 $\beta$ 和 $\gamma$ 之间的差距较小时，本章提出的方法的优势不再明显。为了解决这种不常见的问题，首先令 $N=n_0$、$\alpha=\gamma$，并估计集合大小在 $0\sim N$ 内的分布，然后采用 9.4.2 节中提出的方法来设计 DBF 并表示整个集合。当 DBF 发生假阳性判定的概率超过 $\gamma$ 之后，应用首先对集合大小上界的 $n_0$ 重新估值，然后设计容量更大的 DBF 来表示整个集合。

### 9.4.4　分布式应用

9.4.1～9.4.3 节只讨论了 BF 和 DBF 在单机应用中处理动态集合的相关事项。接下来讨论两者在分布式应用中面对动态集合时遇到的问题。在基于 BF 的概率路由机制等很多分布式应用中，参与分布式应用的各个节点需要将产生的 BF 传递给其他一些节点，并被这些节点所用。为了确保 BF 之间的兼容性以及 BF 在不同节点上的互操作性，全部节点必须采用具有相同的参数 $m$、$k$、哈希函数。

首先考虑应用已经提前获知每个节点上动态集合大小的公共上界 $N$ 和 BF 发生假阳性判定的公共概率上界 $\alpha$ 的情形。此时，尽管每个节点要面对的动态集合的上界存在差异，但是仍采用相同的配置：$m=\lceil N\ln\alpha/\ln0.6185\rceil$ 和 $k=\lceil(m/N)\cdot$

ln2⌉。如前所述，这种方法要求拥有小规模数据集合的大量节点为其 BF 分配过多的存储空间，进而与拥有大规模数据集合的少数节点的 BF 保持兼容性和互操作性。若各个节点上的动态集合的全部可能取值的平均发生概率能够提前估计或测试出来，则本章提出的 DBF 可以解决 BF 在分布式应用中面临的这一难题。具体来讲，每个节点根据要面对的动态集合的实际大小为 DBF 分配足够而不过多的存储空间，而不需要像 BF 一样以各个节点面对的最大集合为依据分配不必要的额外存储空间。此外，每个节点产生的异构 DBF 在其他节点上仍然能够保证其互操作性，原因在于异构 DBF 采用同构的 BF。DBF 的各类参数的最优取值可以运用 9.4.2 节中提出的方法来求解。唯一的差异在于：DBF 需要求解的最优问题的目标函数转变为最小化各个节点为 DBF 分配的存储空间的总和，而不再是最小化 DBF 所用存储空间的数学期望。相关细节已经在 9.4.2 节中详细讨论，此处不再赘述。

接下来考虑应用未能提前获知每个节点上动态集合大小的公共上界 $N$ 和 BF 发生假阳性判定的公共概率上界 $\alpha$ 的情形。在此情况下，如在 9.4.3 节讨论的，应用会采用 $\beta$ 和 $\gamma$ 来代替原来采用的上界 $\alpha$ 来约束表示该集合的 DBF 发生假阳性判定的概率，并对集合大小上界给出一个估计值 $n_0$。在这种情况下，若采用 BF 来表示该集合，则任何节点上的动态集合的大小一旦超过 $n_0\ln(\beta-\gamma)$，都会导致所有节点重构其 BF，并向其他节点重新发送重构后的 BF。显然，这些操作将产生大量甚至巨大的计算成本和传输消息成本。一种可能的替代方法是一开始就过高估计 $n_0$ 的值，进而在每个节点上创建一个很大的 BF，但是这种方法使 BF 的存储空间高效利用的优势不复存在。

已知当一个节点上的集合大小超过 $n_0\ln(\beta-\gamma)$ 时，所有节点的 BF 都需要被重构。但是若选用 DBF 来替代 BF，则全部节点不会立即重构它们产生的 DBF，只有当集合大小超过 $n_0\lceil\ln(1-\gamma)/\ln(1-\beta)\rceil$ 时才有必要执行 DBF 的重构操作。不难发现，DBF 比 BF 的调整频率低且产生的成本低，而且基于 DBF 的应用比基于 BF 的应用更加稳定。尤其是当 $\beta$ 和 $\gamma$ 之间的差距较大时，DBF 在这方面的优势更加明显。相关细节已经在 9.4.3 节中详细讨论，此处不再赘述。

## 9.5　本章小结

BF 广泛用于解决数据库和网络领域中的很多重要问题，其中之一便是在非结构化 P2P 网络中实现概率路由机制。BF 及其衍生出的各种数据结构仅适用于处理静态集合，而在包括概率路由在内的很多应用中，动态集合比静态集合更普遍和重要。但是，为静态集合而设计 BF 不能被直接用来表示动态集合，因为随着集合大小的变化其无法一直将发生假阳性判定的概率控制在较低水平。

此外,为了确保 BF 之间的兼容性以及 BF 在不同节点上的互操作性,基于 BF 的概率路由机制要求为所有节点设计同构的 BF。但是网络中只有少数节点维护很大规模的数据集合,而大量节点维护小规模的数据集合。为了确保每个节点构造的 BF 的假阳性判定概率都处于较低水平,BF 的设计容量必须以那些少数节点拥有的大规模数据集合为依据。不难理解,这种设计方式导致大多数节点为此浪费了非常多的内存开销,并造成了很大的额外传输开销。

为了解决上述难题,本章提出 DBF 来精确表示动态集合并支持静态集合。随着动态集合的不断增大,DBF 通过按需扩展容量将假阳性判定的发生概率控制在较低水平。当一个动态集合大小的上界已知时,严格的数学分析显示 DBF 比 BF 占用更少的存储空间。当一个动态集合大小的上界未知时,严格的数学分析显示 DBF 比 BF 具有更低的重构频率。这两项分析结果同时适用于 BF 的单机应用和分布式应用。

一般而言,下列两个应用场景中需要采用动态 BF:①对动态变化的集合进行精确表示并支持集合成员关系判定;②对大小存在较大差异的众多静态集合进行统一表示并支持集合成员关系判定。

## 参 考 文 献


[1] Guo D, Wu J, Chen H, et al. Theory and network applications of dynamic Bloom filters[C]//Proceedings of the 25th IEEE INFOCOM, Barcelona, 2006.

[2] Bloom B H. Space/time tradeoffs in Hash coding with allowable errors[J]. Communications of the ACM, 1970, 13(7): 422-426.

[3] Fan L, Cao P, Almeida J, et al. Summary cache: A scalable wide-area Web cache sharing protocol[J]. IEEE/ACM Transactions on Networking, 2000, 8(3): 281-293.

[4] Xiao M Z, Dai Y F, Li X M. Split Bloom filters[J]. Chinese Journal of Electronic, 2004, 32(2): 241-245.

[5] Almeida P S, Baquero C, Pregui N M, et al. Scalable Bloom filters[J]. Information Processing Letter, 2007, 101(6): 255-261.

[6] Wang J, Xiao M, Jiang J, et al. I-DBF: An improved Bloom filter representation method on dynamic set[C]//Proceedings of the 5th GCC, Changsha, 2006.

[7] Kent A, Davis R S. A signature file scheme based on multiple organizations for indexing very large text databases[J]. Journal of the American Society for Information Science, 1990, 41(7): 508-534.

[8] Faloutsos M, Faloutsos C, Faloutsos P. On power-law relationships of the internet topology [C]//Proceedings of the ACM SIGCOMM, Cambridge, 1999.

[9] Hao F, Kodialam M, Lakshman T V. Incremental Bloom filters[C]//Proceedings of the

IEEE 27th INFOCOM, Phoenix, 2008.

[10] Melnik S, Molina H C. Adaptive algorithms for set containment joins[J]. ACM Transactions on Database Systems, 2003, 28(1): 56-99.

# 第 10 章　数据驱动路由中的噪声干扰抑制问题

基于 BF 的弱状态概率路由机制的核心思想是:①每个节点为其所属的资源对象构造从自身向周边邻居节点依规则衰减的信息梯度;②若节点转发查询消息并且处于该消息的潜在目标节点构造的信息梯度范围内,则该节点选择沿查询对象信息梯度最高的方向转发此消息,而且在消息的整个传递路径上关于其查询对象的信息梯度越来越高;③当存在多个最高信息梯度方向时,沿着这些方向同时转发此查询消息。由于噪声的原因,当各个节点共享资源的个数较多时,其他路由条目的噪声很可能与正确路由条目上的信息强度相当,甚至更强一些,从而导致大多数的查询消息沿着不正确的邻居方向转发进而偏离潜在的目标节点。此外,数据驱动路由机制的构造过程存在回流和多径叠加问题,会严重干扰正确的路由决策。为此,本章提出高效方法来有效抑制噪声的影响,可使基于 BF 的弱状态概率路由算法以很高的概率将查询消息向正确方向转发,并使各节点能够沿着最短路径将查询消息路由到目标节点。

## 10.1　引　　言

Kumar 等[1]首次设计了一种依指数衰减的 BF(exponentially decaying Bloom filter,EDBF),并在此基础上提出了一种非结构化 P2P 网络中的弱状态概率路由机制 SQR 算法。SQR 算法将节点产生的代表其共享资源对象语义的 BF 在网络中的一定区域内传播,而在传播过程中,BF 的信息量随着传播范围的增加而依指数衰减。各节点将从同一邻居链路传递进来的 BF 的并运算结果作为该链路的路由条目,并将查询消息沿着目标对象成员资格信息量最大的方向传递。由于存储多个 BF 的并运算结果仅需要一个 BF 的空间开销,与早期保存从同一邻居链路传递进来的所有 BF 作为该邻居链路的路由条目相比,SQR 算法能够大量节省存储空间并减少查询的响应时间。然而,当各个节点共享资源的个数较多时,噪声的干扰会使弱状态概率路由 SQR 算法十分低效,大多数查询消息向背离正确的方向传递,从而违背了基于 BF 数据驱动路由机制的设计初衷。

图 10.1 为弱状态概率路由机制的示例。在查询消息进入目标节点 $A$ 的衰减覆盖范围之前,查询消息采取随机路由沿着路径 $K\rightarrow H\rightarrow G\rightarrow E$ 转发。此后,根据有效信息与噪声强度的对比关系,查询消息或沿着错误方向进行传播[图 10.1(a)],或沿着正确方向进行传播[图 10.1(b)]。第 8 章已经深入分析了弱状态概率路由

机制存在的问题，建立了相应的模型，并给出了该机制正常运行所需满足的约束条件，然而，该模型建立在局部网络拓扑度数为常数的树形结构基础上，每个节点共享相同个数的资源，约束条件太苛刻，且相关参数的设置和获取也并非易事。

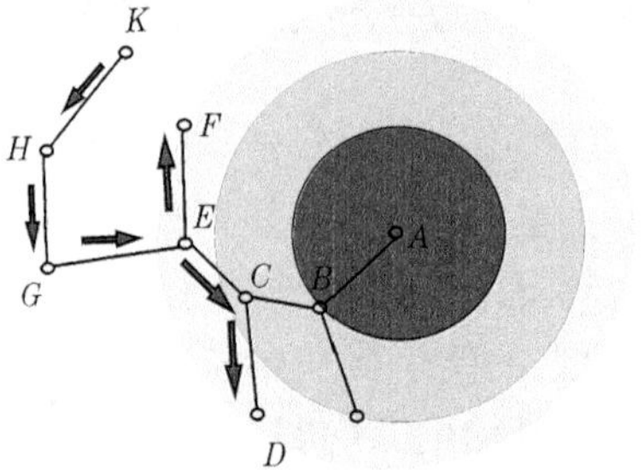


(a) 无效弱状态概率路由

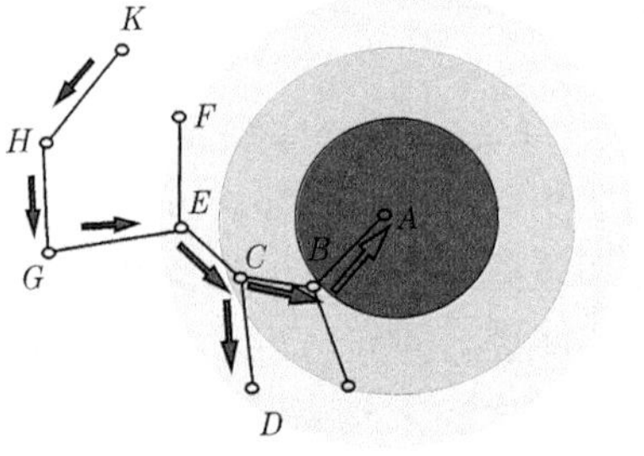


(b) 有效弱状态概率路由

图 10.1 弱状态概率路由机制的示例

为此，本章提出了一种新的 BF 变种——操作型 BF(operative Bloom filter, OBF)，并采用 OBF 结构代替单个 BF 作为邻居链路的路由条目。基于 OBF 的弱状态概率路由机制，一方面记录从相同邻居链路传播进来对 BF 的所有更新操作及每次更新操作对应的资源发布节点等属性信息；另一方面，向邻居节点更新路由条目时，可从所有邻居节点的路由条目中生成所有从最短路径传递进来的资源对象的 OBF。基于 OBF 的弱状态概率路由机制，以对每次更新操作计算成员资格信息量的方式，从邻居路由条目中选择成员资格信息量最强的邻居节点转发查询请求。上述方法使 OBF 能够解决基于 BF 的弱状态概率路由机制面临的信息多径叠加问题和噪声干扰问题，进而使弱状态概率路由能够以很高的概率沿着正确方向进行传播。OBF 结构的不足之处是，当各节点共享资源的个数较多时，一条链路的路由条目需要的空间开销较大。针对 OBF 问题，本章进一步提出基于衰减 BF 的数据驱动路由算法 DWalker。

DWalker 基于有向随机网络，以指数衰减 BF 的形式发布和传递节点共享资源对象的元信息，且最大传递距离小于网络中任意两点之间距离的期望值，从而有效抑制了衰减 BF 传递过程中的多径叠加问题。此外，DWalker 以多个 BF 代替单个 BF 表达一个路由条目，在保持单个 BF 假阳性判定概率的前提下，可根据需要动态增加 BF，以容纳更多资源对象的路由信息。DWalker 可使进入目标对象传播范围内的查询消息以较高的概率辨认出正确的路由方向。理论分析和实验结果表明，DWalker 能够以较低的查询代价、路由条目中较少 BF 的个数和较低的路由延迟来实现较高的查询命中率。

# 10.2　OBF 理论

## 10.2.1　OBF 的设计

如前所述，BF 的基本思想是用一个长度为 $m$ 的比特位向量 $V$ 对大小为 $n$ 的集合 $X$ 进行精确表示，并代替被表示的集合 $X$ 回答类似元素 $x$ 是否在集合 $X$ 中的判定。比特位向量 $V$ 的各个比特位的初始值为 0。BF 使用 $k$ 个相互独立且随机分布的哈希函数 $h_1, h_2, \cdots, h_k$，这些哈希函数的取值均是 $0 \sim m-1$ 的整数。向 BF 中添加被表示的元素 $x \in X$ 的过程为：将向量 $V$ 中位于 $h_1(x), h_2(x), \cdots, h_k(x)$ 的比特位均置为 1，而不改变其他比特位的值。在集合元素的表示过程中，向量 $V$ 中任意比特位可能被多次选中并重复置为 1。任意元素 $z$ 根据 BF 的比特位向量 $V$ 即可进行集合成员关系的判定。具体而言，若位于 $h_1(z), h_2(z), \cdots, h_k(z)$ 的比特位取值均为 1，则可以判定元素 $z \in X$，否则 $z \notin X$。如前所述，上述成员关系的判定不存在假阴性判定错误，但是存在发生假阳性判定的可能。即 BF 不会把属于集合 $X$ 的元素误判为不属于 $X$ 的元素，但可能把不属于集合 $X$ 的元素误判为 $X$ 的元素。BF 发生假阳性判定的概率为

$$f_p \approx \left(1 - \mathrm{e}^{-k\frac{n}{m}}\right)^k \tag{10.1}$$

OBF 数据结构的基本思想是，保存每次更新操作对各比特位的设置，同时记录每次更新操作的相关属性，如引起本次更新的资源发布源节点及发布序号；进行成员资格判定时，针对每次更新操作所设置的比特位进行匹配。通过这种方法，OBF 能够仅保存从最短路径传递进来的资源对象的成员资格信息，消除不同节点和相同节点多次发布的资源对象的成员资格信息之间的相互干扰，因此 OBF 能够有效支持基于 BF 的弱状态概率路由。

OBF 的抽象结构为

$$\mathrm{OBF} = \{\mathrm{Update}_1, \mathrm{Update}_2, \cdots, \mathrm{Update}_i, \cdots\}$$

$$\mathrm{Update}_i = (\mathrm{Sets}_i, \mathrm{Properties}_i)$$

$$\mathrm{Sets}_i = \{\cdots, \mathrm{set}(j), \mathrm{set}(k), \mathrm{set}(l), \cdots\}, \quad \mathrm{Properties}_i = \{\mathrm{src\_id}, \mathrm{res\_id}\}$$

OBF 数据结构是由所有更新操作组成的集合，每个更新操作 $\mathrm{Update}_i$ 由操作集 $\mathrm{Sets}_i$ 和属性集 $\mathrm{Properties}_i$ 组成。更新操作集 $\mathrm{Sets}_i$ 由本次更新操作对应的比特位的设置操作 set 组成，其中，$\mathrm{set}(j)$ 表示将第 $j$ 位设置为 1。属性集 $\mathrm{Properties}_i$ 由资源发布节点的标识 src_id 和本次资源发布的标识 res_id 组成。一次更新操作集 $\mathrm{Sets}_i$，既可对被设置比特位逐个以索引表示，也可采用 BF 的比特位向量直接表示，具体选择存储空间较小者。

向 OBF 插入更新操作时，首先生成更新操作的操作集及本次更新对应的资

源发布节点标识和资源发布的标识，然后向 OBF 集合添加本次更新操作。需要删除某次更新时，则直接将其从 OBF 集合中剔除。

### 10.2.2　基于 OBF 的衰减传递模型

基于 OBF 的衰减传递模型由资源发布节点对其共享资源对象表示为 bf，并将 bf 依指数衰减在网络中各个节点之间传播。节点对接收到的 bf 以 OBF 的形式进行保存，并且以该 OBF 作为传播 bf 进来的邻居节点的路由条目。具体传播过程是：资源发布节点将其标识 src_id 和本次资源发布的标识 res_id 与 bf 一起传播给其所有的邻居节点；邻居节点收到 bf 后，对 bf 中值为 1 的各个比特位以 $1/d$ 的概率保留原貌，从而得到衰减后的 $bf_i$，将 $bf_1$ 与 src_id 和 res_id 一起传播给当前节点的所有其他邻居节点。节点接收到 $bf_i(1\leqslant i<h)$ 后，对 $bf_i$ 中值为 1 的各个比特位仍然以 $1/d$ 的概率保留得到衰减后的 $bf_{i+1}$，并将 $bf_{i+1}$ 与 src_id 和 res_id 进一步传递给当前节点所有其他邻居节点，直到 bf 传递的距离为 $h(i<h)$ 或 $bf_i$ 中所有比特位的值均为 0。

### 10.2.3　基于 OBF 路由条目设计

节点为每个邻居节点关联一个 OBF 作为该邻居链路的路由条目。节点接收到从邻居节点传递进来的更新 update 时，首先判断该更新操作是否从最短路径传播而来，若是，则将本次更新操作加入该邻居节点的 OBF 路由条目中，并删除其他邻居链路 OBF 路由条目中从非最短路径接收到的本次更新操作；否则，丢弃该更新操作。判断本次更新是否从最短路径传播而来的方法是扫描所有邻居链路的路由条目的 OBF，通过每次操作的属性 src_id 和 res_id，找出本节点从不同路径接收到的与本次更新对应的所有更新，比较所有更新对应 BF 中值为 1 的比特位个数，将对应 BF 中值为 1 的比特位个数最多的更新作为当前从最短路径传递进来的更新。节点接收路由条目更新操作的算法如算法 10-1 所示。

算法 10-1　void rcv_update(Node node, Update update)

```
for 每一个邻居的路由条目 OBF
    //判断 obf 是否包含与 update 的 src_id 和 res_id 相同的更新;
    if obf 已经更新
        //从 obf 中取得与 update 的 src_id 和 res_id 相同的更新 oldUpdate
        oldUpdate=getUpdate(obf, update);
        //比较 oldUpdate 和 update 分别对应 BF 中值为 1 的比特个数
        if membership(oldUpdate)<membership(update)
            从当前邻居的路由条目中删除 oldUpdate;
        else
            return void;
```

进行路由查询，将查询与邻居节点路由条目中的每次更新操作进行匹配，并用匹配最大值作为该邻居节点与查询的语义相关性。计算每条路由条目与查询语义相关性的算法过程如算法 10-2 所示。路由转发时，选择相关性最大的邻居节点进行转发。

算法 10-2　relevance(OBF obf, BF query)

```
max=0
for obf 中的每个 update
    //计算 update 对应 BF 与 query 相同比特位值均为 1 的比特位个数
    temp=CommonOnes(update,query);
    if temp>max
        max=temp;
return max;
```

## 10.3　理论分析与数据比较

### 10.3.1　理论分析

OBF 通过保存每次更新操作对各个比特位的设置，以及消除不同节点和相同节点多次发布的资源对象的成员资格信息之间的相互干扰，能够仅保存从最短路径传播而来的资源对象的成员资格信息。相对于以单个 BF 作为邻居节点的路由条目，OBF 大大提高了弱状态概率路由的成功概率，但是 OBF 的空间开销也稍大。

**定义 10.1**　给定集合 $X$ 和其对应的 bf，令 $\theta(x,\mathrm{bf})$ 表示在对应 bf 中任意元素 $x\in X$ 的成员资格信息量，即 Bfaddress($x$)中设置为 1 的比特位的个数。如前所述，Bfaddress($x$)由 $h_i(x)$构成，其中，$1<i\leqslant k$。令 $\theta(X,\mathrm{bf})$表示集合 $X$ 在对应 bf 中的信息量，即 bf 中被设置为 1 的比特位的个数。

**定义 10.2**　令 $\mathrm{bf}_i$ 表示一个 bf 在第 $i$ 轮衰减后的结果，其中，$i\geqslant 1$。在 $\mathrm{bf}_i$ 中保留 $\theta(\mathrm{bf}_i)$个为 1 的比特位。对于 bf 依指数衰减，则有

$$\theta(\mathrm{bf}_i)=\begin{cases}\theta(\mathrm{bf}), & i=1\\ \lfloor \theta(\mathrm{bf}_{i-1})/d \rfloor, & i>1\end{cases} \tag{10.2}$$

令 $c$ 为节点的度数，每个 bf 传递的最大距离为 $h$，则节点通过一条邻居链路 $\mathrm{link}_j$ 最多从网络中能收到 $|\mathrm{link}_j|=\sum_{i=1}^{h}(c-1)^{i-1}$ 个 BF。令$|\mathrm{link}_j|$个 BF 的并运算产生一个新 BF 为 $\mathrm{bf}(\mathrm{link}_j)$，则 $\mathrm{bf}(\mathrm{link}_j)=\bigcup_{i=1}^{h}\bigcup_{l=1}^{(c-1)^{i-l}}\mathrm{bf}_i^l$。令 $\beta(\mathrm{link}_j)$表示通过链路 $\mathrm{link}_j$ 接收到所有 bf 的成员资格信息量的总和，则有 $\beta(\mathrm{link}_j)=\sum_{i=1}^{h}\sum_{l=1}^{(c-1)^{i-l}}\theta(\mathrm{bf}_i^l)$，且 $\theta(\mathrm{bf}(\mathrm{link}_j))=m\left(1-\left(1-\frac{1}{m}\right)^{\beta(\mathrm{link}_j)}\right)$，其中，$m$ 为 bf 的长度。

**定理 10.1** 若一个对象 $x$ 被 bf 表示，则当 $i=1$ 时，$\theta(x,\mathrm{bf}_i)$等于 $k$。否则，$\theta(x,\mathrm{bf}_i)$是一个离散随机变量，记为 $U_i$，其概率分布函数为

$$P(U_i=a)=\frac{\binom{k}{k-a}\binom{\theta(bf)-k}{\theta(\mathrm{bf})-\theta(\mathrm{bf}_i)-k+a}}{\binom{\theta(\mathrm{bf})}{\theta(\mathrm{bf})-\theta(\mathrm{bf}_i)}} \tag{10.3}$$

**定理 10.2** 若一个对象 $x$ 被 bf 表示，则指标 $\theta(x,\mathrm{bf}_i(\mathrm{link}_j))$是一个离散随机变量，记为 $V_i$，其概率分布函数为

$$P(V_i=v)=\sum_{a=0}^{v}P(U_i=a)P(W_i=v-a\mid U_i=a) \tag{10.4}$$

式中，$P(W_i=v-a\mid U_i=a)=\binom{k-a}{b}P\left(E_{=1}^{\alpha(\mathrm{link}_j)}\right)^bP\left(E_{=1}^{\alpha(\mathrm{link}_j)}\right)^{k-a-b}$，而 $\alpha(\mathrm{link}_j)=\beta(\mathrm{link}_j)-\theta(\mathrm{bf}_i)$，$P(E_{=0}^z)=\left(1-\frac{1}{m}\right)^z$，$P(E_{=1}^z)=1-P(E_{=0}^z)$。

令 $\theta(x,\mathrm{bf}_i(\mathrm{link}_j'))$表示节点 $A$ 从任意其他链路 $\mathrm{link}_j'$上关于对象 $x$ 的成员资格信息量。若节点 $A$ 的 $h$ 跳内节点上没有对象 $x$ 的副本，则 $\theta(x,\mathrm{bf}_i(\mathrm{link}_j'))$定义为对象 $x$ 在链路 $\mathrm{link}_j'$上的噪声强度指标。$\theta(x,\mathrm{bf}_i(\mathrm{link}_j'))$是一个离散随机变量，记为 $Y$，其可能的值为 $0\sim k$ 的整数。其概率分布函数为 $P(Y=u)=\binom{k}{u}p_1^u p_0^{k-u}$[2]，其中，$u$ 表示 $Y$ 的可能取值，$p_0$ 和 $p_1$ 分别表示 $\mathrm{bf}_i(\mathrm{link}_j')$中取值为 0 和 1 的比特位的比例，并用作 $\mathrm{bf}_i(\mathrm{link}_j')$任意一个比特位为 0 和 1 的概率。

**定理 10.3** 若节点 $A$ 已经从查询消息的潜在目的节点接收到一个 $\mathrm{bf}_i$，则使用单播或多播①转发关于对象 $x$ 的消息的概率为

$$f_{\mathrm{valid}}(V_i)=\sum_{v=1}^{k}P(V_i=v)\left(\sum_{u=0}^{v}P(Y=u)\right)^{c-2} \tag{10.5}$$

**定理 10.4** 若节点 $A$ 已经从查询消息的潜在目的节点接收到一个 $\mathrm{bf}_h$，则使用单播或多播转发关于对象 $x$ 的消息，能够成功到达目的节点的概率为

$$P_{\mathrm{BFvalid}}=\prod_{v=1}^{h}f_{\mathrm{valid}}(V_i) \tag{10.6}$$

**证明** 因为节点 $A$ 已经从查询消息的潜在目的节点接收到一个 $\mathrm{bf}_h$，所以中间各节点使用单播或多播转发关于对象 $x$ 的消息的概率为 $f_{\mathrm{valid}}(V_i)$，$1\leqslant i\leqslant h$。因此，使用单播或多播转发关于对象 $x$ 的消息，成功到达目的节点的概率为 $P_{\mathrm{BF}_{\mathrm{valid}}}=\prod_{v=1}^{h}f_{\mathrm{valid}}(V_i)$。由此，定理 10.4 得证。

① 单播定义为沿接收到 $\mathrm{bf}_i$ 的链路 $\mathrm{link}_j$ 转发查询消息，而多播定义为除了沿接收到 $\mathrm{bf}_i$ 的链路 $\mathrm{link}_j$ 转发查询消息，还产生了冗余消息。

**定理 10.5**　若节点 $A$ 已经从查询消息的潜在目的节点接收到一个 $\mathrm{bf}_i$，则使用单播转发关于对象 $x$ 的消息的概率为

$$f_{\text{unicast}}(V_i)=\sum_{v=1}^{k}P(V_i=v)\Big(\sum_{u=0}^{v-1}P(Y=u)\Big)^{c-2} \tag{10.7}$$

**定理 10.6**　若节点 $A$ 已经从查询消息的潜在目的节点接收到一个 $\mathrm{bf}_h$，则使用单播或多播转发关于对象 $x$ 的消息，能够成功到达目的节点的概率为

$$P_{\text{BFunicast}}=\prod_{v=1}^{h}f_{\text{unicast}}(V_i) \tag{10.8}$$

**证明**　定理 10.6 的证明与定理 10.4 类似，不再赘述。

令 $\theta(x,\mathrm{obf}(\mathrm{link}_j'))$表示节点 $A$ 从任意其他链路 $\mathrm{link}_j'$上关于对象 $x$ 的成员资格信息量的最大值，即 $\mathrm{relevance}(\mathrm{obf}(\mathrm{link}_j'),\mathrm{bloomfilter}(x))$。若节点 $A$ 的 $h$ 跳内节点上没有对象 $x$ 的副本，则 $\theta(x,\mathrm{obf}(\mathrm{link}_j'))$定义为对象 $x$ 在链路 $\mathrm{link}_j'$上的噪声强度指标。$\theta(x,\mathrm{obf}(\mathrm{link}_j'))$是一个离散随机变量，记为 $Z$，其可能的值为 $0\sim k$ 的整数。令 $\theta(x,\mathrm{obf}(\mathrm{link}_j'))$表示节点 $A$ 从任意其他链路 $\mathrm{link}_j'$上关于对象 $x$ 在 $\mathrm{bf}_i^l$ 中的成员资格信息量，其中，$1\leqslant i\leqslant h$，$1\leqslant l\leqslant(c-1)^{i-1}$。$\theta(x,\mathrm{obf}(\mathrm{link}_j'))$是一个离散随机变量，记为 $Z_i^l$，其可能的值为 $0\sim k$ 的整数。$Z$ 的分布函数为

$$P(Z=v)=(1-P(Z>v))\prod_{i=1}^{h}\prod_{l=1}^{(c-1)^{i-l}}(1-P(Z_i^l=v)) \tag{10.9}$$

式中，$v$ 表示 $Z$ 可能的取值且有 $P(Z>k)=0$。$Z_i^l$ 的分布函数为

$$P(Z_i^l=u)=\left(1-\left(1-\frac{1}{m}\right)^{\theta(\mathrm{bf}_i^l)}\right)^u$$

式中，$u$ 表示 $Z_i^l$ 的可能取值。

**定理 10.7**　若节点 $A$ 已经从查询消息的潜在目的节点接收到一个 $\mathrm{bf}_i$，并使用 OBF 存储接收到的 $\mathrm{bf}_i$，则使用单播或多播转发关于对象 $x$ 的消息的概率为

$$f_{\text{valid}}(U_i)=\sum_{v=1}^{k}P(U_i=v)\Big(\sum_{u=0}^{v}P(Z=u)\Big)^{c-2} \tag{10.10}$$

**证明**　对于 $U_i$ 的任意可能取值 $v$，其中，$0\leqslant v\leqslant k$，考虑对象 $x$ 除接收到 $\mathrm{bf}_i$ 的邻居链路 $\mathrm{link}_j$ 外的其他一条邻居链路上的噪声强度不大于 $v$ 的事件，其发生的概率由 $\sum_{u=0}^{v}P(Z=u)$ 给出。此外，考虑对象 $x$ 在除 $\mathrm{link}_j$ 和节点 $A$ 接收到当前查询消息的邻居链路外的其余邻居链路上的噪声强度同时不大于 $v$ 的事件。该事件发生的概率由 $\Big(\sum_{u=0}^{v}P(Z=u)\Big)^{c-2}$ 给出，因为存在噪声的平均邻居链路数目是 $c-2$。结合事件 $U_i$ 的概率分布可知，节点 $A$ 最终使用单播或多播转发关于对象 $x$ 的消息的概率为 $f_{\text{valid}}(U_i)=\sum_{v=1}^{k}P(U_i=v)\Big(\sum_{u=0}^{v}P(Z=u)\Big)^{c-2}$。由此，定理 10.7

得证。

**定理 10.8** 若节点 $A$ 已经从查询消息的潜在目的节点接收到一个 $bf_h$，各节点使用 OBF 存储接收到的 $bf_i(1\leqslant i\leqslant h)$，则使用单播或多播转发关于对象 $x$ 的消息，能够成功到达目的节点的概率为

$$P_{\text{OBFvalid}}=\prod_{v=1}^{h}f_{\text{valid}}(U_i) \tag{10.11}$$

**证明** 定理 10.8 的证明与定理 10.4 类似，此处不再赘述。

**定理 10.9** 若节点 $A$ 已经从查询消息的潜在目的节点接收到一个 $bf_i$，并使用 OBF 存储接收到的 $bf_i$，则使用单播转发关于对象 $x$ 的消息的概率为

$$f_{\text{unicast}}(U_i)=\sum_{v=1}^{k}P(U_i=v)\Big(\sum_{u=0}^{v-1}P(Z=u)\Big)^{c-2} \tag{10.12}$$

**证明** 定理 10.9 的证明与定理 10.7 类似，此处不再赘述。

**定理 10.10** 若节点 $A$ 已经从查询消息的潜在目的节点接收到一个 $bf_h$，各节点使用 OBF 存储接收到的 $bf_i(1\leqslant i\leqslant h)$，则使用单播转发关于对象 $x$ 的消息，能够成功到达目的节点的概率为

$$P_{\text{OBFunicast}}=\prod_{v=1}^{h}f_{\text{unicast}}(U_i) \tag{10.13}$$

**证明** 定理 10.10 的证明与定理 10.4 类似，不再赘述。

假设每个节点共享 $n$ 个资源对象，依指数衰减的 BF 发布其共享资源对象，并以 OBF 存储其接收到的各个 $bf_i$。其中，BF 的长度为 $m$，哈希函数的个数为 $k$，衰减指数为 $d$，传递的最大距离为 $h$，各节点的度数为 $c$。由于为了对一个长度为 $m$ 的 BF 的任意位进行索引，所需的索引空间大小为$\lceil\log_2 m\rceil$比特位，因此，单个节点以 OBF 存储通过一条邻居链路 $\text{link}_j$ 接收到的 $h$ 范围内节点发布资源的 $bf_i(1\leqslant i\leqslant h)$所需的空间大小近似为

$$\sum_{l=1}^{h}\min\Big(\frac{m(1-e^{-\frac{nk}{m}})\lceil\log_2 m\rceil}{d^{l-1}},m\Big)(c-1)^{l-1} \tag{10.14}$$

相对而言，单个节点以 BF 存储通过一条邻居链路 $\text{link}_j$ 接收到的 $h$ 跳步范围内节点发布资源的 $bf_i(1\leqslant i\leqslant h)$所需的空间大小为 $m$。

在使用 BF 的传统方法中，各节点通过一条邻居链路 $\text{link}_j$ 接收其 $h$ 跳步范围内节点发布资源的全部单个 bf，并完整保存下来。因此，若节点 $A$ 已经从查询消息的潜在目的节点接收到一个 bf，则其将查询正确路由到目的节点的概率为 1，而空间开销为 $\sum_{l=1}^{h}m(c-1)^{l-1}$ bit。

### 10.3.2 数据比较

10.3.1 节给出了分别以 OBF、单个 BF 和传统方法的 BF 作为路由条目时，各

自的有效路由(单播或多播成功率)和单播路由成功率及空间开销。为了直观地比较各种方法的优劣,本节通过设置成功率相关的参数,给出不同参数取值对应的有效路由和单播路由成功率及空间开销。各参数的设置如表10.1所示。在OBF方法中,各节点以BF的形式一次性发布其所有共享资源。obf($i$)和bf($i$)中的参数$i$表示从离查询节点$i$个跳步的节点进行弱状态概率路由。

**表10.1　参数设置**

| 参数 | 取值 | 参数 | 取值 |
|---|---|---|---|
| $m$ | 60000 | $d$ | 1.4 |
| $k$ | 16 | $c$ | 5 |
| $n$ | 10～200 | $h$ | 5 |

图10.2和图10.3分别给出各种方法对应的有效路由成功率和单播路由成功率,图10.4给出各种方法对应的空间开销。由图10.2和图10.3可以看出,以单个BF作为路由条目,从离查询节点不同距离的节点进行弱状态概率路由,不同距离的有效路由成功率和单播路由成功率随各节点共享资源的个数$n$的增加有相似的变化趋势;不同距离的有效路由成功率随各节点共享资源的个数$n$的增加先减小后增大;不同距离的单播路由成功率随各节点共享资源个数$n$的增加而减小。无论有效路由还是单播路由,在各节点共享资源个数$n$一定的情况下,离潜在查询节点的距离越远,其成功率越低;当距离为5时,有效路由成功率的最小值达到了0.155;单播路由随着各节点共享资源的个数$n$的增加而迅速减小,并接近0。

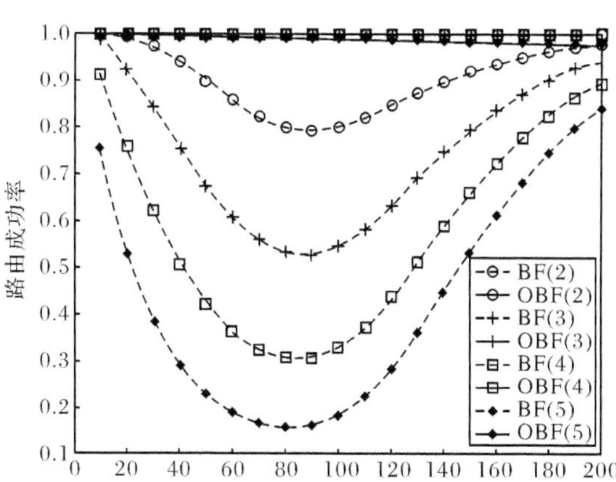


图10.2　有效路由成功率

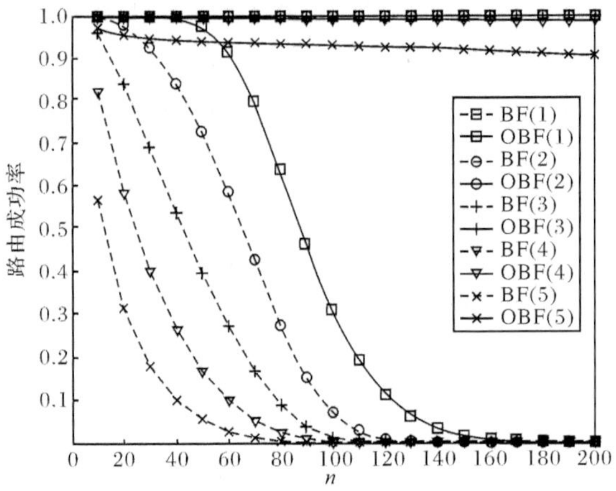


图 10.3　单播路由成功率

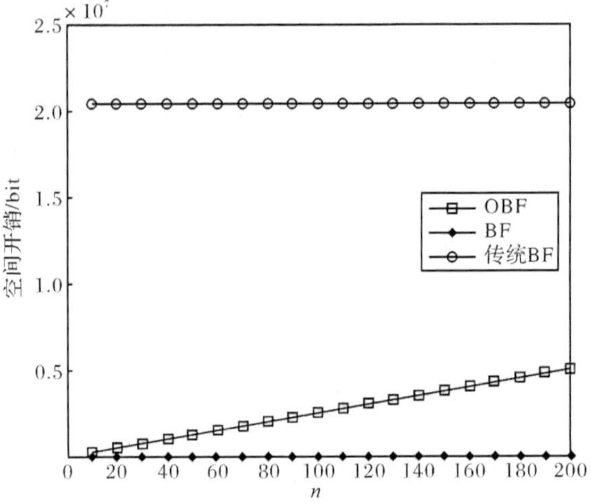


图 10.4　空间开销

OBF 对应的有效路由成功率和单播路由成功率，在不同距离、不同数量的共享资源时，均达到了很高的水平。有效路由成功率为 1 或非常接近 1；当与潜在查询节点的距离小于等于 4 时，单播路由成功率为 1 或非常接近 1；当与潜在查询节点的距离为 5 时，其成功率最小值仍在 0.9 以上。在传统 BF 方法中，各节点保存了其 $h$ 跳步范围内所有节点共享资源的 BF，因此其路由成功率为 1。在空间开销方面，以单个 BF 作为路由条目时，其空间开销最小且达到 60000bit；以 OBF 作为路由条目时，其空间开销稍大，且随着各节点共享资源个数的增加而增大；而传统方法的空间开销最大，且远大于单个 BF 和 OBF。

相对于以单个 BF 作为路由条目，OBF 以稍大的空间开销获得了很高的有效路由成功率和单播路由成功率。相对于传统方法的 BF，OBF 的空间开销小得多，而查询成功率与其非常接近。

## 10.4　基于衰减 BF 的路由方法 DWalker

当各节点共享资源的个数较多时，OBF 方法使一条链路的路由条目需要的空间开销较大。针对这一问题，本节进一步提出基于衰减 BF 的高效概率路由算法 DWalker。DWalker 以 BF 作为链路的路由条目，但是能够以较低的查询代价、路由条目中较少 BF 的个数和较低的路由延迟实现较高的查询命中率。

### 10.4.1　DWalker 的设计方法

DWalker 的基本思想是：①基于有向随机网络，以依指数衰减 BF 的形式发布和传递节点共享资源的元信息，且最大传递距离小于网络直径，从而能够有效抑制衰减 BF 传递过程中的多径叠加问题；②以多个 BF 代替仅用单个 BF 表达一个路由条目，在控制单个 BF 假阳性判定概率的前提下，可根据需要动态增加 BF，容纳更多资源对象的路由信息，具有较好的扩展性；③仅根据 BF 的比特位个数 $m$、哈希函数的个数 $k$、衰减指数 $d$、最大传输距离 $h$ 及 BF 中值为 1 的比特位个数等本地知识，以严格的数学分析为基础，计算出各个 BF 中值为 1 的比特位个数的最大比例，以及下一跳转发节点的路由条目至少被查询匹配的值为 1 的比特位个数的临界值，使进入目标对象传播范围内的查询消息既能够以较高的概率辨认出正确路由方向，又能够以较小的概率向错误方向进行路由转发。

1. 基于有向随机网络及指数衰减 BF 的资源对象发布与传递

基于衰减 BF 的概率路由能否沿着正确的方向传递，取决于节点路由条目中关于目标对象成员资格信息量的增大趋势是否如实反映了各节点与目标对象所在节点的距离远近关系。双向随机网络中衰减 BF 的传递存在回流、多径叠加和噪声问题，往往使查询消息沿着错误的方向传递。对于有向随机网络，衰减 BF 沿着单个方向衰减传递，资源对象的成员资格信息量在最短路径上以最小的衰减到达各节点。通过设定衰减 BF 最大传递距离小于网络直径，节点从非最短路径上收到关于目标对象的成员资格信息量的期望值接近于零，从而能够有效抑制衰减 BF 的回流和多径叠加问题。

**定理 10.11**　假设有向随机网络为 $G$，其网络规模为 $n$，节点出度为 $c$，令 $G$ 的网络直径为 AVG，则资源对象的 BF 传递的最大距离小于 AVG 时，节点从非最短路径上接收到的资源对象的成员资格信息量的期望值为 0。

基于有向随机网络的节点接收和转发 BF 的算法核心思想如下：节点从其上行邻居节点得到 src 节点的原路由条目数组 srcBFArray，并将接收到的当前 BF 加入该路由条目中。原路由条目数组 srcBFArray 最初仅有一个 BF，当该 BF 与待加入 BF 的并运算结果中值为 1 的比特位个数达到设定的上限值时，额外创建一个新的 BF，以容纳待加入的 BF。将收到的 BF 加入 srcBFArray 的具体过程如下：依次遍历数组 srcBFArray 中的各个 BF，若存在一个已有 BF 与新加入 BF 进行并运算后值为 1 的比特位个数未达到上限值，则保存两者的并运算结果，否则将新收到的 BF 插入数组的末尾。将衰减后的 BF 传递给所有下行邻居节点，由其进行进一步处理。

2. 参数优化

**定义 10.3**　对于任意资源对象 $x$ 及某个路由条目中的 BF entry，将 $\theta(x,\text{entry})$ 中不是由接收到的任何 $\text{bf}_i(x)(1\leqslant i\leqslant h)$ 设置为 1 的比特位个数定义为资源对象 $x$ 相对于路由条目 entry 的噪声。

在传统基于依指数衰减 BF 的弱状态概率路由中，路由噪声很可能接近甚至比正确路由条目中的成员资格信息还要强，导致大部分查询沿背离目的节点的方向传递。为此，DWalker 依据本地知识考虑设置单个 BF 中值为 1 的比特位的最大比例(简称 BF 的饱和率，记为 $\alpha$)，以限制路由噪声的不良影响。根据具体路由条目的 BF 中值为 1 的比特位个数，计算出当前路由条目的噪声概率分布及非噪声与噪声叠加后的概率分布。进一步计算该路由条目的 BF 与查询对象 $x$ 的 BF 表示进行与运算后值为 1 的比特位个数的临界值。当大于等于该临界值时，查询以较高的概率认为该路径为正确的路由方向；当小于该临界值时，查询以较大的概率认为该路径为错误的路由方向。从而，DWalker 令进入目标对象传播范围内的查询消息既能够以较高的概率辨认出正确的路由方向，又能够以较小的概率沿着错误方向产生冗余的路由转发。

**定理 10.12**　给定 bf，设 bf 中值为 0 和 1 的比特位的比例分别为 $p_0$ 和 $p_1$，这两个指标分别指代 bf 中任意比特位取 0 和 1 的概率。从 bf 中任选 $k$ 个比特位后值为 1 的比特位总数目是一个离散随机变量，记为 $V$，其概率分布函数为

$$P(V=b)=\binom{k}{b}p_1^b p_0^{k-b} \tag{10.15}$$

**证明**　由于 bf 中任意比特位取 0 和 1 的概率分别为 $p_0$ 和 $p_1$，则对于任取的 $k$ 个比特位，有 $b$ 个比特位为 1 而其余比特位为 0 的概率是 $p_1^b p_0^{k-b}$。考虑到从 $k$ 个比特位中取 $b$ 个比特位的取法共有 $\binom{k}{b}$ 种，因此，从 bf 中任选 $k$ 个比特位后有 $b$ 个比特位为 1 的概率是 $\binom{k}{b}p_1^b p_0^{k-b}$。由此，定理 10.12 得证。

**定理 10.13**　设 $x$ 被 bf 表示，路由条目的 BF entry 由 $bf_i$ 与其他 BF 的并运算得到。该 entry 中值为 0 和 1 的比特位的比例分别为 $p_0$ 和 $p_1$，并分别指代其中任意比特位取 0 和 1 的概率，则 $\theta(x,\text{entry})$ 是一个离散随机变量，记为 $Z_i$，其概率分布函数为

$$P(Z_i = c) = \sum_{u=0}^{c} P(U_i = u)\binom{k-u}{c-u} p_1^{c-u} p_0^{k-c} \tag{10.16}$$

**证明**　entry 是 $bf_i$ 与其他 BF 的并运算结果，对于 $x$，$\theta(x,\text{entry})$ 是由噪声与非噪声叠加后的结果。因此，$Z_i$ 取 $c$ 的概率可由非噪声 $U_i$ 取 $u$ 的概率、同时噪声取 $c-u$ 的概率的各种情况的乘积求和得到，即 $P(Z_i = c) = \sum_{u=0}^{c} P(U_i = u)\binom{k-u}{c-u} p_1^{c-u} p_0^{k-c}$。由此，定理 10.13 得证。

给定 BF 的比特位个数 $m$、哈希函数的个数 $k$、衰减指数 $d$、最大传输距离 $h$，若任意对象 $x$ 被 bf 表示，则 $bf_h$ 为 bf 经 $h$ 轮衰减后的结果。令 $p_c$ 为路由条目 entry 接收到 $bf_h$ 后进行正确路由的概率下界，$p_b$ 为 entry 未接收到 $bf_i(1 \leqslant i \leqslant h)$ 并进行错误路由的概率上界。饱和率 $\alpha$ 的设置应满足 $\exists t, P(Z_h \geqslant t) \geqslant p_c$ 并且 $P(V \geqslant t) \leqslant 1-p_b$。当查询消息的 BF 与 entry 进行与运算后值为 1 的比特位个数大于等于临界值 $t$ 时，进行正确路由的概率大于等于 $p_c$，进行错误路由的概率小于等于 $p_b$。值得说明的是，对于接收到 $bf_h$ 的路由条目，若 $\alpha$ 的设置使 $\exists t, P(Z_h \geqslant t) \geqslant p_c$ 并且 $P(V \geqslant t) \leqslant 1-p_b$ 成立，则对于接收到 $bf_i(1 \leqslant i < h)$ 的路由条目，$\alpha$ 的该设置同样使 $\exists t, P(Z_h \geqslant t) \geqslant p_c$ 并且 $P(V \geqslant t) \leqslant 1-p_b$ 成立。

当 $\theta(\text{bf}) \gg k$ 时，$U_i$ 在不同的 $\theta(\text{bf})$ 条件下具有极为相似的概率分布。因此，当 $\theta(\text{bf}) \gg k$ 时，假设 $U_i$ 的概率分布服从 $\theta(\text{bf}) = m\alpha$ 时的概率分布，其中 $m\alpha \gg k$。因此，对于给定的 $p_c$ 和 $p_b$，各个节点仅依据本地知识，即可计算出路由条目 BF 的饱和率。另外，依据各个路由条目的 BF 中值为 1 的比特位的实际比例及目标资源对象的 BF 到达该路由条目的衰减次数，可计算出各个路由条目 BF 的临界值 $t$。目标资源对象的 BF 到达该路由条目的衰减次数可以通过最大传输距离 $h$ 及查询消息已经遍历的接收到目标资源对象的衰减 BF 的节点个数进行保守估计，并以估计值代替目标资源对象的 BF 到达该路由条目的实际衰减次数计算临界值 $t$。

### 3. 路由算法

传统基于衰减 BF 的弱状态概率路由算法选择路由条目的 BF 与查询的 BF 进行与运算后值为 1 的比特位个数最多（即成员资格信息最强）的路由条目转发查询消息。但是噪声很可能接近甚至比正确路由条目中的成员资格信息还要强，而这导致大部分查询会沿背离目的节点的方向传递。与传统弱状态概率路由不

同的是，当查询消息进入目标对象的传播范围内时，对于每一个路由条目的 BF，DWalker 计算出该路由条目的 BF 与查询的 BF 进行与运算后值为 1 的比特位个数的临界值 $t$。若两者的运算结果大于等于 $t$，则以较大的概率 $p_c$ 认为其为正确的路由条目，并以较小的概率 $p_b$ 认为其是错误的路由条目。

### 10.4.2 理论分析

若查询消息尚未进入目标对象的传播范围，DWalker 以随机路由的方式在节点之间转发查询消息。若查询消息进入目标对象的传播范围，各节点将查询消息沿正确方向转发的概率下界为 $p_c$。若节点的路由条目未接收到目标对象的成员资格信息，则该节点错误选择该路由条目进行转发的概率上界为 $1-(1-p_b)^s$，其中，$s$ 为该路由条目的 BF 个数。因此，若节点 $u$ 从节点 $v$ 接收到目标对象的第 $i$ 次衰减结果，其中，$1\leqslant i\leqslant h$，则 DWalker 将查询消息从节点 $u$ 沿正确方向以路由延迟 $i$ 成功路由到节点 $v$ 的概率下界为

$$P(u\rightarrow v)=p_c^i \tag{10.17}$$

### 10.4.3 模拟实验

本节在 Peersim 上实现了 DWalker，并将其与 SQR、传统方法进行比较。其中，传统方法中节点通过邻居链路接收 $h$ 跳步内所有节点发出的 BF，并将这些 BF 的并运算结果作为该邻居链路的路由条目。实验参数设置如表 10.2 所示。

表 10.2 实验参数

| 参数 | 取值 | 参数 | 取值 |
|---|---|---|---|
| 节点个数 $n$ | 2000 | 衰减指数 $d$ | 1.2 |
| 初始出度 $c$ | 4 | 最大传输距离 $h$ | 4(AVG=5.53) |
| 初始拓扑 | 随机 | $p_c$ | 0.95、0.98 |
| BF 的比特位个数 $m$ | 6000 | $p_b$ | 0.05 |
| 哈希函数的个数 $k$ | 16 | 饱和率 $\alpha$ | 0.25 |

实验过程如下。各节点发布相同个数资源对象的 BF 后，任选 100 个节点作为查询的目标节点。对于任意目标节点，距离其 $h$ 个跳步内的所有节点发起针对该节点上任意共享资源的查询，并统计查询命中率的均值、查询代价的均值以及各节点路由条目中 BF 个数的均值。

图 10.5 给出了临界值 $t$ 的取值范围与饱和率 $\alpha$ 的关系。由图 10.5 可以看出，BF 的衰减次数 $i$ 越小，$t$ 取值的上限越大。在以下的模拟实验中，$p_c=0.95$、$p_b=0.05$ 以及 $p_c=0.98$、$p_b=0.05$ 两种情况下，取 $\alpha=0.25$ 时，$t$ 均存在，而且实验中 $t$ 尽可能取较大的值。

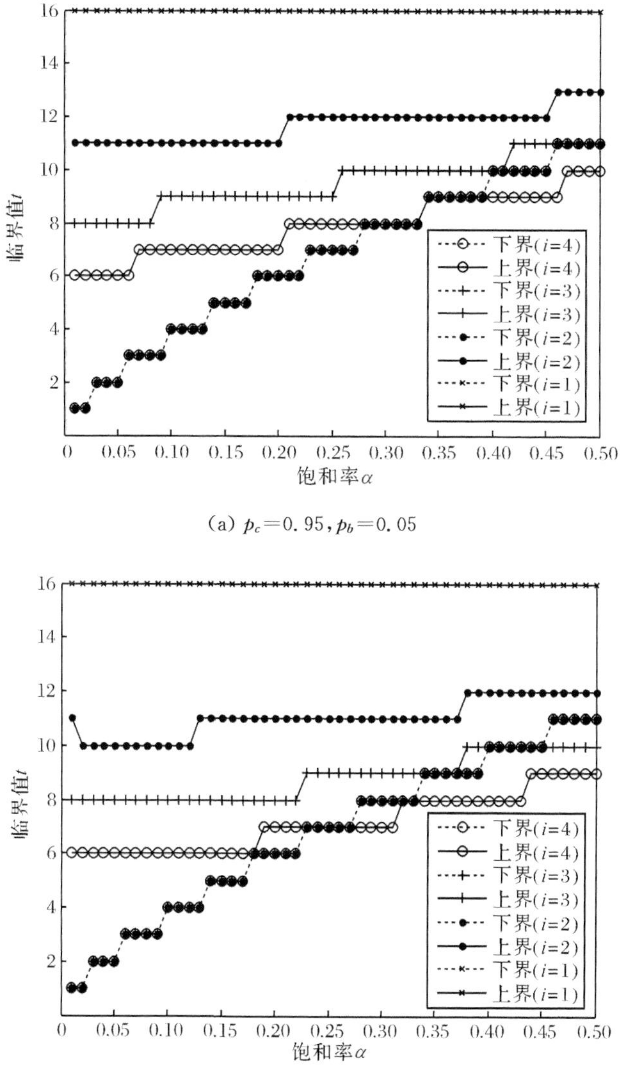


(a) $p_c=0.95, p_b=0.05$

(b) $p_c=0.98, p_b=0.05$

图 10.5　临界值 $t$ 的取值与饱和率 $\alpha$ 的关系

图 10.6 给出了查询命中率、查询代价与各节点共享资源个数的关系。图 10.7 给出了路由条目中 BF 的个数与各节点共享资源个数的关系。SQR 采用单播策略时，虽然查询代价较低，但是查询命中率随着各节点共享资源个数的增加而急剧下降，而且最低值接近 0。SQR 采用多播策略(即路由过程中，将查询消息转发给所有成员资格信息量最大的路由条目对应的邻居节点)时，查询命中率随着各节点共享资源个数的增加先降低后增加(最低达到了 0.4 左右)，而查询代价随着

资源个数的增加急剧上升(最大值接近 150)。

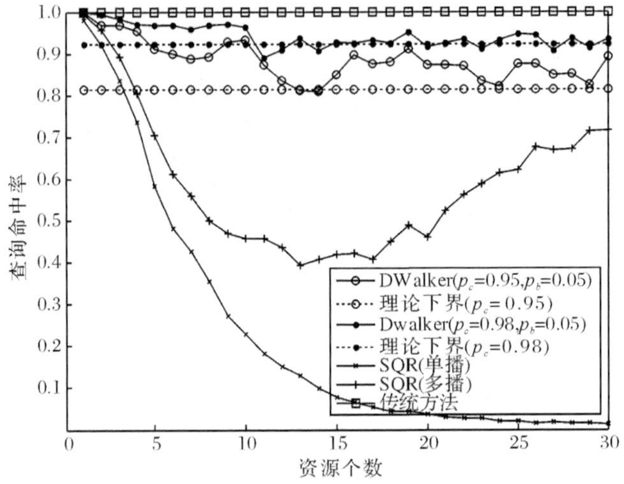


(a) 查询命中率

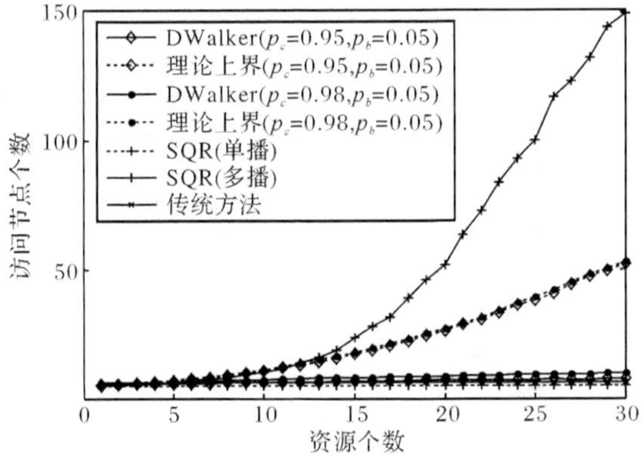


(b) 查询代价

图 10.6　查询命中率、查询代价与各节点共享资源个数的关系

结合图 10.6(a)和图 10.6(b)不难发现,在查询命中率降低的过程中,查询代价缓慢增加,即对应着其他链路路由条目的噪声强度以一定的概率大于正确路由条目中的信息强度。另外,在查询命中率增加的过程中,查询代价急剧上升,即查询命中率的上升是由于各节点共享资源个数达到一定数量后,其他链路上路由条目的噪声强度以较大的概率与正确路由条目的强度等同,产生了大量的近似泛洪形式的消息转发。正是这个原因使采取单播策略的 SQR 的查询命中率逐渐降低,最终退化为类似随机路由。SQR 中每条路由条目仅采用 1 个 BF。传统方法

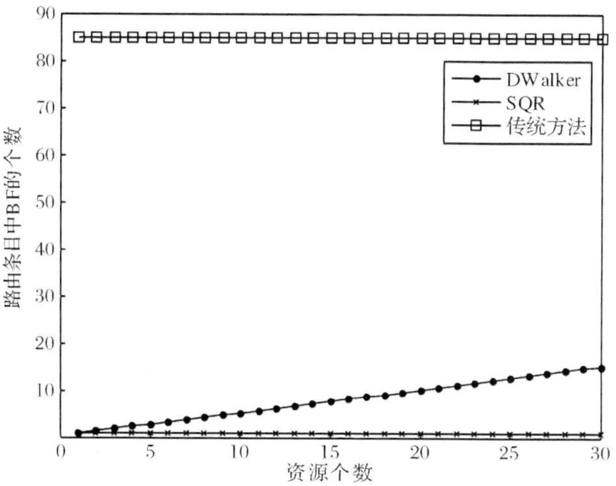


图 10.7　路由条目中 BF 的个数与各节点共享资源个数的关系

的查询命中率为 1，且查询代价较低，然而其每条路由条目使用了 85 个 BF，远远大于 SQR 和 DWalker 路由条目所采用的 BF 的个数。当 $p_c=0.95$ 和 $p_c=0.98$ 时，DWalker 的命中率基本上均大于理论下界值的期望，而查询代价均小于理论值的下界。相对于传统方法和 SQR，DWalker 以较低的查询代价使绝大多数查询沿正确方向传播，获得了较高的查询命中率。

## 10.5　本章小结

本章重点分析和解决了数据驱动路由中的噪声干扰抑制问题。数据驱动路由机制的构造过程存在回流和多径叠加问题，会严重干扰正确的路由决策。为此，本章提出了一种 OBF 数据结构和基于衰减 BF 的高效概率路由方法 DWalker。这两种设计能高效地抑制噪声对路由的影响，可使弱状态概率路由算法以很高的概率将查询消息向正确方向转发，并使全状态路由算法能够确保各节点能够沿着最短路径将查询消息路由到目标节点。

### 参考文献

[1] Kumar A，Xu J，Zegura E W. Efficient and scalable query routing for unstructured peer-to-peer networks[C]//Proceedings of the IEEE 24th INFOCOM，Miami，2005.
[2] 郭得科. 基于 Kautz 图和 Bloom 滤波的对等网络研究[D]. 长沙：国防科学技术大学博士学位论文，2008.